建筑设计
及其方法研究

JIANZHU SHEJI
JIQI FANGFA YANJIU

主　编　宋海宏　陈宇夫　李　梅
副主编　白朝勤　甘孝君　袁友胜　路忽玲

中国水利水电出版社
www.waterpub.com.cn

内 容 提 要

本书围绕建筑设计的自身理论与设计方法展开论述,内容以建筑的概念、分类、分级、构成要素,与人、自然、社会的关系为起点,分析了建筑设计的形式美规律、发展沿革、思维方法、表达方法、空间与组织、结构与材料等内容,并论述了影响建筑构造的因素,墙体、楼地层、楼梯的构造设计,建筑结构、建筑设备、建筑施工的技术,建筑装饰方法、建筑测绘等。

本书适合高等院校建筑专业的学习者阅读。

图书在版编目(CIP)数据

建筑设计及其方法研究 / 宋海宏,陈宇夫,李梅主编. -- 北京 : 中国水利水电出版社, 2014.10(2022.10重印)
ISBN 978-7-5170-2609-9

Ⅰ. ①建… Ⅱ. ①宋… ②陈… ③李… Ⅲ. ①建筑设计—研究 Ⅳ. ①TU2

中国版本图书馆CIP数据核字(2014)第236406号

书　　名	建筑设计及其方法研究
作　　者	主 编 宋海宏 陈宇夫 李 梅
	副主编 白朝勤 甘孝君 袁友胜 路忽玲
出版发行	中国水利水电出版社
	(北京市海淀区玉渊潭南路1号D座 100038)
	网址:www.waterpub.com.cn
	E-mail:sales@mwr.gov.cn
	电话:(010)68545888(营销中心)、82562819(万水)
经　　售	北京科水图书销售有限公司
	电话:(010)63202643、68545874
	全国各地新华书店和相关出版物销售网点
排　　版	北京鑫海胜蓝数码科技有限公司
印　　刷	三河市人民印务有限公司
规　　格	184mm×260mm 16开本 23.5印张 601千字
版　　次	2015年1月第1版 2022年10月第2次印刷
印　　数	3001-4001册
定　　价	83.00元

前　　言

　　建筑设计基础教育是建筑教育的重要组成部分,它涉及建筑创作的观念、原则和方法等核心问题。随着时代的发展,传统的建筑教育模式已经不能适应新时期人才培养的要求。特别是进入 21 世纪,随着城市化进程的加快,建筑领域的科技进步、市场竞争日趋激烈,师徒传承已随着学校的一再扩招而成为历史,以往过于注重模仿与表现技法的训练,以逼真再现为目标的教学思路与教学模式已经滞后,建筑设计的教学也不再仅仅是对功能平面的程式化设计、外观形象的讨论和传授。如何拓宽学生的知识领域,培养学生的创造精神,提高学生的实践能力?

　　针对新的历史时期建筑教育培养目标,我们进行了建筑设计基础教学的改革。如何在保证绘图基本功训练质量的基础上,更好地激发和培养学生的创造能力与创新意识,成为我们进行教学改革的基本目标。将传统的基本功训练融入以设计为主线的建筑设计基础教学中去,努力培养学生的创造性思维,成为改革的重点。围绕改革的目标与重点,编者参阅众多建筑设计著作,结合自身的教学与实践经验,编写了本书。

　　本书共设十章,分别对建筑、建筑设计、建筑装饰设计、建筑测绘进行了分析和研究。在建筑方面,内容包括建筑的概念,建筑的分类与分级,建筑的构成要素,建筑与人、自然、社会的关系,中外建筑的发展,世界三大建筑体系。在建筑设计方法方面,内容包括建筑设计的形式美规律,建筑设计的思维方法、构思与实际应用,建筑图纸、模型、渲染技法、方案等表达方式,建筑设计内外空间的组织形式与设计,建筑的结构、材料,墙体、楼地层、楼梯、屋顶、门窗等构造方法,建筑设计与建筑结构技术、设备技术、施工技术等。在建筑装饰方面,内容包括建筑装饰设计的定义、特点、分类、内容、要素、依据、重要性、作用、发展趋势,室内外装饰设计等。建筑测绘内容则包括建筑测绘的基本知识、古建筑测绘的工具、仪器、分级、流程,近代建筑的实例分析等。

　　纵观本书,知识覆盖面广,信息量大,理论结合实例,图文并茂,具有较强的前沿性、创新性、知识性及实用性。书中深入浅出地介绍了土木建筑技术与国内外建筑文化知识,注重知识性与实用性相结合、理论知识与经典案例相结合。在写作过程中,编者力求内容新颖、概念准确、用词及符号规范、行文易于理解,书中涵盖内容与相关专业课程的衔接更为合理。书中甄选了部分国内外经典案例及图示,可以增加学习者的学习兴趣,改善工科专业教学用书的枯燥、乏味特性。

　　对建筑设计及其方法的研究任重而道远,本书只是对建筑设计及其方法研究的初步探索,其中未臻完善之处在所难免,敬请有关专家与同行给予批评指正,希望各位专家学者将发现的问题和建议及时反馈,以便于有针对性地进一步完善与发展。

编者

2014 年 6 月

目　　录

第一章　建筑设计概述

第一节　建筑的概念

一、建筑的含义

建筑是为了满足人类社会活动的需要，利用物质技术条件，按科学法则和审美要求，并通过对空间的塑造、组织与完善所形成的人为物质环境。《辞海》对建筑的注释是：建造房屋、道路、桥梁、碑塔等一切工程。《韦氏英文词典》对建筑的解释是：设计房屋与建造房屋的科学及行业，创造的一种风格。中国传统建筑如图1-1所示；欧式建筑如图1-2所示。

图1-1　中国传统建筑

图1-2　欧式建筑

建筑可以包括建筑物与构筑物两类，供人们生活、工作、学习等活动使用的房屋称为建筑物，如住宅、学校、办公楼等，为了保证这些建筑物能被人们正常使用而配套设置的一些辅助建筑，如水塔、蓄水池、烟囱、电视塔等，称之为构筑物。

由此可见,建筑是为人们生活提供的一种专业场所,要营造这一场所,会涉及多个学科与行业。它是人们天天接触的十分熟悉的物体,所以也就对它在使用功能和精神功能方面赋予了较高的期望与要求。

二、建筑的多维度理解

(一)建筑就是房子

当我们把建筑当作一门学问来研究时,发现建筑就是房子的说法是不确切的。房子是建筑物,但建筑又不仅仅只是房子,它还包括不是房子的其他对象,如纪念碑、北京妙应寺白塔等。纪念碑和塔不能住人,不能说是房子,但是都属于建筑物。这个问题比较混沌、模糊。但是,人们对这些对象不是房子却属于建筑物已经有所了解了。

(二)建筑就是空间

房子是空间,这一点是无疑的,而那些不属于房子的纪念碑、塔等对象也是空间吗?事实上,两者的实体与空间是相反的。房子是实体包围着空间,而纪念碑是空间包围着实体。前者是实空间,后者则是虚空间。实空间、虚空间都是人活动的场所。因此,我们说建筑就是空间这种提法是有一定道理的。

(三)建筑是住人的机器

现代建筑大师勒·柯布西耶曾经说过"建筑是住人的机器"。他指出建筑应该是提供人活动的空间,包括物质活动和精神活动等。

(四)建筑就是艺术

18 世纪的德国哲学家谢林曾经说过"建筑是凝固的音乐",后来德国的音乐家豪普德曼又补充道:"音乐是流动的建筑。"这些认识无疑是把建筑当作艺术来看待了。但建筑不仅仅具有艺术性,建筑与艺术二者具有交叉关系(见图 1-3)。建筑还有其他属性,如技术性、空间性、实用性等。而艺术领域不单纯只有建筑,还包括绘画、雕塑、诗歌、戏剧等。

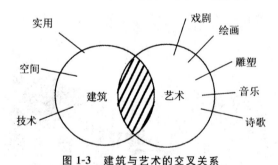

图 1-3 建筑与艺术的交叉关系

(五)建筑是技术与艺术的综合体

被誉为"钢筋混凝土的诗人"的意大利著名建筑师奈尔维认为"建筑是技术与艺术的综合体"。其设计的罗马小体育宫所运用的波形钢丝网水泥的圆顶薄壳既是结构的一部分,又是建筑造型的重要元素,在造型设计中发挥着美学功效。此外,建筑大师赖特认为:建筑是用结构来表达思想的,有科学技术因素蕴含在其中。

三、建筑的属性

(一)功能性

功能性是建筑最重要的特征,它赋予了建筑基本的存在意义和价值。一个建筑最重要的功能性表现在要为使用者提供安全坚固并能满足其使用需要的构筑物与空间,其次建筑也要满足必要的辅助功能需要,比如建筑要应对城市环境和城市交通问题,要合理降低能耗的问题等。

(二)经济性

维特鲁威提出的"坚固、适用"其实就是经济性的原则。在几乎所有的建筑项目中,建筑师都必须要认真考虑,如何通过最小的成本付出来获得相对较高的建筑品质,实用和节俭的建筑并不意味着低廉,而是一种经济代价与获得价值的匹配和对应。

悉尼歌剧院(见图1-4)是一座典型的昂贵的建筑,它的昂贵之所以最终能被世人所接受和认可,缘于它为城市作出了不可替代的卓越贡献。为了让这组优美的薄壳建筑能够满足合理的功能并在海风中稳固矗立,澳大利亚人投入相当于预算14倍多的建设资金。现在,这个建筑已经成为了澳大利亚的标志。

图1-4　悉尼歌剧院

(三)工程技术性

所谓工程技术性,就意味着建筑需要通过物质资料和工程技术去实现,每个时代的建筑都反映了当时的建筑材料与工程技术发展水平。如古罗马人建造的万神庙(见图1-5)以极富想象力的建筑手段淋漓尽致地展现了一个充满神性的空间,巨大的穹顶归功于古罗马人发明的火山灰混凝土以及拱券技术。

图1-5　万神庙的穹顶

（四）文化艺术性

文化艺术性是指建筑或多或少地反映出当地的自然条件和风土人情,建筑的文化特征将建筑与本土的历史与人文艺术紧密相连。文化性赋予建筑超越功能性和工程性的深层内涵,它使得建筑可以因袭当地文化与历史的脉络,让建筑获得可识别性与认同感、拥有打动人心的力量,文化性是使得建筑能够区别于彼此的最为深刻的原因。

在西班牙梅里达小城内的罗马艺术博物馆(见图 1-6)设计中,建筑师莫内欧以巨大的连续拱券和建筑侧边高窗采光的手法,成功地唤起参观者对于古罗马时代的美好追忆,红砖优雅的纹理与古老遗迹交相呼应,现代与远古在一个空间里和谐共生,建筑以简单而朴素的方式表达了对于历史文化的尊重。

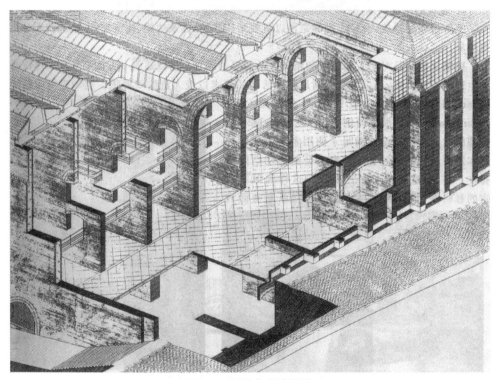

图 1-6　罗马艺术博物馆

第二节 建筑的分类与分级

一、建筑的分类

(一)按建筑的使用功能分类

1. 居住建筑

居住建筑(见图1-7),指供人们居住、生活的建筑,包括公寓、宿舍和民居、小区、别墅等。

图1-7 居住建筑

2. 公共建筑

公共建筑,主要是指提供人们进行各种社会活动的建筑物,它包括行政办公建筑(见图1-8)、文教建筑、托教建筑、科研建筑、医疗建筑、商业建筑、观览建筑、体育建筑(见图1-9)、旅馆建筑、交通建筑、通信广播建筑、园林建筑、纪念性建筑。

图1-8 行政办公建筑

图 1-9　体育建筑

3. 工业建筑

工业建筑(见图 1-10),是供工业生产所用的建筑物的统称,包括各类厂房和车间以及相应的建筑设施,还包括仓库、高炉、烟囱、栈桥、水塔、电站和动力站以及其他辅助设施等。

图 1-10

4. 农业建筑

农业建筑(见图 1-11),主要是指用于农业、牧业生产和加工的建筑,如温室、畜禽饲养场、粮食与饲料加工站、农机修理站等。

图 1-11　农业建筑

（二）按建筑的规模分类

1．大量性建筑

大量性建筑（见图 1-12），主要是指量大面广、与人们生活密切相关的那些建筑，如住宅、学校、商店、医院、中小型办公楼等。

图 1-12　大量性建筑——大型商场

2．大型性建筑

大型性建筑（见图 1-13），主要是指建筑规模大、耗资多、影响较大的建筑，与大量性建筑比，其修建数量有限，但这些建筑在一个国家或一个地区具有代表性，对城市的面貌影响很大，如大型火车站、航空站、大型体育馆、博物馆、大会堂等。

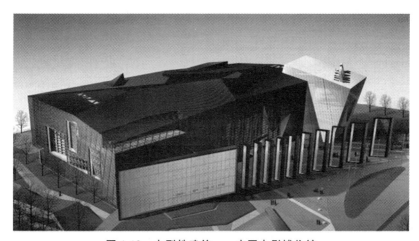

图 1-13　大型性建筑——中国电影博物馆

（三）按建筑的层数分类

1．住宅建筑的层数划分

住宅建筑中，低层为 1～3 层；多层为 4～6 层（见图 1-14）；中高层为 7～9 层（见图 1-15）；高层为 10～30 层（见图 1-16）；超高层为高度大于 100m 的建筑。

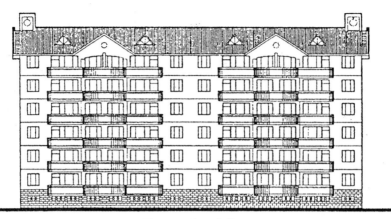

图 1-14 多层建筑

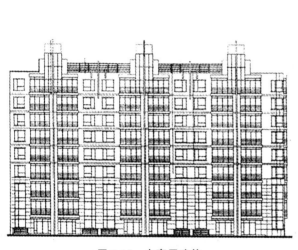

图 1-15 中高层建筑

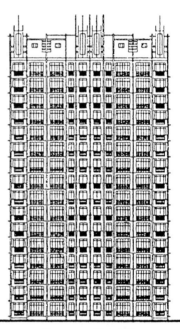

图 1-16 高层建筑

需要注意的是,世界上对高层建筑的界定,各国规定有差异。表 1-1 列出部分国家对高层建筑高度的有关规定。

表 1-1 部分国家对高层建筑高度的有关规定

国名	起始高度	国名	起始高度
德国	＞22m(至底层室内地板面)	英国	24.3m
法国	住宅:＞50m,其他建筑:＞28m	俄罗斯	住宅:10 层及 10 层以上
日本	31m(11 层)	美国	22～25m 或 7 层以上
比利时	25m(至室外地面)		

我国《民用建筑设计通则》(GB 50352—2005)规定,民用建筑按层数或高度的分类是按照《住宅设计规范》(GB 50096—1999)、《建筑设计防火规范》(GB 50016—2006)《高层民用建筑设

计防火规范》(GB 50045—1995)为依据来划分的。简单说,10层及10层以上的居住建筑,以及建筑高度超过24m的其他民用建筑均为高层建筑。根据1972年国际高层建筑会议达成的共识,确定高度100m以上的建筑物为超高层建筑。

2. 公共建筑及综合性建筑的层数划分(见图1-17)

建筑物总高度在24m以下者为非高层建筑,总高度在24m以上者为高层建筑(不包括高度超度24m的单层主体建筑)。建筑物高度大于100m时,不论住宅或公共建筑均为超高层建筑。

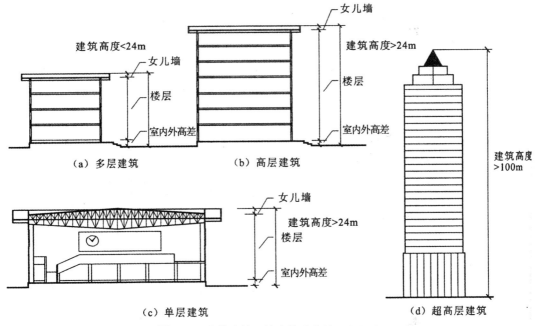

图 1-17 公共建筑及综合性建筑的层数划分

3. 工业建筑(厂房)的层数划分

单层厂房、多层厂房、混合层数的厂房。

(四)按主要承重结构材料分类

(1)砖木结构建筑(见图1-18)。如砖(石)砌墙体、木楼板、木屋盖的建筑。

图 1-18 砖木结构建筑

（2）砖混结构建筑。用砖墙、钢筋混凝土楼板层、钢（木）屋架或钢筋混凝土屋面板建造的建筑。

（3）钢—钢筋混凝土结构建筑。建筑物的主要承重构件全部采用钢筋混凝土。如装配式大模板滑模等工业化方法建造的建筑，钢筋混凝土的高层、大跨、大空间结构的建筑。

（4）钢筋混凝土结构建筑（见图1-19）。如钢筋混凝土梁、柱，钢屋架组成的骨架结构厂房。

图 1-19　钢筋混凝土结构建筑

（5）钢结构建筑。如全部用钢柱、钢屋架建造的厂房。

（6）其他结构建筑。如生土建筑、塑料建筑、充气塑料建筑等。

二、建筑的分级

（一）民用建筑耐火等级

在建筑设计中，应对建筑的防火与安全给予足够的重视，特别是在选择结构材料和构造做法上，应根据其性质分别对待。耐火等级取决于房屋的主要构件的耐火极限和燃烧性能。耐火极限是指对任一建筑构件按时间—温度标准曲线进行耐火试验，构件从受到火的作用时起，到失去支持能力或完整性破坏或失去隔火作用（即背火一面的温度升到220℃）时止的这段时间，以小时（h）为单位。

《建筑设计防火规范》（GB 50016—2006）把建筑物的耐火等级划分成四级，一级耐火性能最好，四级最差。性质重要的或规模较大的建筑，通常按一、二级耐火等级进行设计；大量性或一般的建筑按二、三级耐火等级设计；次要或临时建筑按四级耐火等级设计。

不同耐火等级建筑物相应构件的燃烧性能和耐火极限不应低于表1-2和表1-3的规定。

表 1-2　建筑物构件的燃烧性能和耐火极限①　　　　　　　单位:h

构件名称	燃烧性能和耐火极限	耐火等级			
		一级	二级	三级	四级
墙	防火墙	不燃烧体 3.00	不燃烧体 3.00	不燃烧体 3.00	不燃烧体 3.00
	承重墙	不燃烧体 3.00	不燃烧体 2.50	不燃烧体 2.00	难燃烧体 0.50
	非承重外墙	不燃烧体 1.00	不燃烧体 1.00	不燃烧体 0.50	燃烧体
	楼梯间的墙 电梯井的墙 住宅单元之间的墙 住宅分户墙	不燃烧体 2.00	不燃烧体 2.00	不燃烧体 1.50	难燃烧体 0.50
	疏散走道两侧的墙	不燃烧体 1.00	不燃烧体 1.00	不燃烧体 0.50	难燃烧体 0.25
	房间隔墙	不燃烧体 0.75	不燃烧体 0.50	难燃烧体 0.50	难燃烧体 0.25
柱		不燃烧体 3.00	不燃烧体 2.50	不燃烧体 2.00	难燃烧体 0.50
梁		不燃烧体 2.00	不燃烧体 1.50	不燃烧体 1.00	难燃烧体 0.50
楼板		不燃烧体 1.50	不燃烧体 1.00	燃烧体	燃烧体
屋顶承重构件		不燃烧体 1.50	不燃烧体 1.00	燃烧体	燃烧体
疏散楼梯		不燃烧体 1.50	不燃烧体 1.00	不燃烧体 0.50	燃烧体
吊顶(包括吊顶搁栅)		不燃烧体 0.25	难燃烧体 0.25	难燃烧体 0.15	燃烧体

注:1. 除本规范另有规定者外,以木柱承重且以不燃烧材料作为墙体的建筑物,其耐火等级应按四级确定。

2. 二级耐火等级建筑的吊顶采用不燃烧体时,其耐火极限不限。

3. 在二级耐火等级的建筑中,面积不超过 100m^2 的房间隔墙,如执行本表的规定确有困难时。可采用耐火极限不低于 0.3h 的不燃烧体。

4. 一、二级耐火等级建筑疏散走道两侧的隔墙,按本表规定执行确有困难时,可采用 0.75h 不燃烧体。

5. 不燃烧体是指用不燃烧材料做成的建筑构件。此类构件在空气中受到火烧或高温作用时,不起火、不碳化、不燃烧,如砖、石、混凝土等。

6. 难燃烧体是指用难燃烧材料做成的建筑构件。此类材料在空气中受到火烧或高温作用时难燃烧、难碳化,火源移开后微燃立即停止,如沥青混凝土、石膏板、钢丝网抹灰等。

7. 燃烧体是指用容易燃烧的材料做成的建筑构件。此类材料在空气中受到火烧或高温作用时立即起火或燃烧,火源移开后继续燃烧或微燃,如木材、纤维板、胶合板等。

① 邢双军．建筑设计原理．北京:机械工业出版社,2008

表 1-3　高层民用建筑构件的燃烧性能和耐火等级　　　　　　　　单位:h

构件名称		燃烧性能和耐火极限	耐火等级	
			一级	二级
墙		防火墙	不燃烧体 3.00	不燃烧体 3.00
		承重墙、楼梯间、电梯井和住宅单元之间的墙	不燃烧体 2.00	不燃烧体 2.00
		非承重墙、外墙、疏散走道两侧的隔墙	不燃烧体 1.00	不燃烧体 1.00
		房间隔墙	不燃烧体 0.75	不燃烧体 0.50
柱			不燃烧体 3.00	不燃烧体 2.50
梁			不燃烧体 2.00	不燃烧体 1.50
楼板、疏散楼梯、屋顶承重构件			不燃烧体 1.50	不燃烧体 1.00
吊顶			不燃烧体 0.25	难燃烧体 0.25

(二)建筑的耐久年限

建筑物的耐久年限主要是根据建筑物的重要性和规模大小来划分,作为基本建设投资、建筑设计和材料选择的重要依据,见表 1-4。

表 1-4　按主体结构确定的建筑耐久年限分级

级别	耐久年限	适用于建筑物性质
一	100 年以上	适用于重要的建筑和高层建筑
二	50～100 年	适用于一般性建筑
三	25～50 年	适用于次要建筑
四	15 年以下	适用于临时性建筑

(三)工程等级

工程等级建筑物的工程等级以其复杂程度为依据,共分六级,见表 1-5。

表 1-5　建筑物的工程等级

工程等级	工程主要特征	工程范围举例
特级	1. 国家重点项目或以国际活动为主的特高级大型公共建筑; 2. 有国家历史意义或技术要求高的中小型公共建筑; 3. 30 层以上建筑; 4. 高大空间有声、光等特殊要求的建筑物	国宾馆、国家大会堂、国际会议中心、国际体育中心、国际贸易中心、国际大型航空港、国际综合俱乐部、重要历史纪念建筑、国家级图书馆、博物馆、美术馆、剧院、音乐厅、三级以上人防建筑等

工程等级	工程主要特征	工程范围举例
一级	1. 高级大型公共建筑； 2. 有地区性历史意义或技术要求特别复杂的中小型公共建筑； 3.16层以上、29层以下或超过50m高的公共建筑	高级宾馆、旅游宾馆、高级招待所、别墅、省级展览馆、博物馆、图书馆、科学试验研究楼（包括高等院校）、高级会堂、高级俱乐部、300床位以上的医院、疗养院、医疗技术楼、大型门诊楼、大中型体育馆、室内游泳馆、大城市火车站、航运站、邮电通信楼、综合商业大楼、高级餐厅、四级人防等
二级	1. 中高级、大型公共建筑； 2. 技术要求较高的中小型建筑； 3.16层以上、29层以下住宅	学校教学楼、档案楼、礼堂、电影院、部、省级机关办公楼、300床位以下的医院、疗养院、地、市级图书馆、文化馆、少年宫、中等城市火车站、邮电局、多层综合商场、高级小住宅等
三级	1. 中级、中型公共建筑； 2.7层以上（含7层）、15层以下有电梯的住宅或框架结构的建筑	中、小学教学楼、试验楼、电教楼、邮电所、门诊所、百货楼、托儿所、1～2层商场、多层食堂、小型车站等
四级	1. 一般中小型公共建筑； 2.7层以下无电梯的住宅、宿舍及砌体建筑	一般办公楼、单层食堂、单层汽车库、消防站、杂货店、理发室、蔬菜门市部等
五级	1～2层单功能，一般小跨度结构建筑	一般为小跨度结构建筑

表1-6 民用建筑工程设计等级分类表

工程项目		特级	一级	二级	三级
一般公共建筑	单体建筑面积	80000m² 以上	20000m² 以上		
		5000m² 以上至20000m²	5000m² 以下		
	立项投资	两亿元以上	40000元以上至两亿元	1000万元以上至4000万元	1000万元及以下
	建筑高度	100m 以上	50m以上至100m	24m以上至50m	24m及以下（其中砌体建筑不得超过抗震规范高度限值要求）
住宅宿舍	层数		20层以上	12层以上至20层	12层及以下（其中砌体建筑不得超过抗震规范层数限值要求）
住宅小区工厂生活区	总建筑面积		100000m² 以上	100000m² 及以下	

续表

工程项目		特级	一级	二级	三级
地下工程	地下空间（总建筑面积）	50000m² 以上	10000m² 以上至 50000m²		
	附建式人防（防护等级）		四级及以上		
特殊公共建筑	超限高层建筑抗震要求	抗震设防区特殊超限高层建筑	抗震设防区建筑高度100m 及以下的一般超限高层建筑		
	技术复杂,有声、光、热、震动、视线等特殊要求	技术特别复杂	技术比较复杂		
	重要性	国家级经济文化、历史、涉外等重要项目工程	省级经济文化、历史、涉外等重要项目工程		

第三节　建筑的构成要素

建筑构成的三要素是建筑功能、建筑技术和建筑艺术形象,见图 1-20。

图 1-20　建筑三要素

一、建筑功能——实用

建筑功能主要是指建筑的用途和使用要求,建筑功能是建筑艺术设计的第一基本要素,一切的建筑设计来源就是实用,建筑功能在建筑设计中起主导作用。随着社会的发展,建筑功能也会随着人们的物质文化水平不断变化和提高。例如住宅楼、办公楼、商场大厦、工厂、医院、科技馆、美术馆、电视塔等。住宅是为了满足人们居住的需要,商场大厦是为了满足人们物质上的需求,科技馆、美术馆是为了满足人们精神生活上的需要(见图 1-21～图 1-24)。这些都是根据人们不同的使用要求而产生的功能不同的建筑类型。

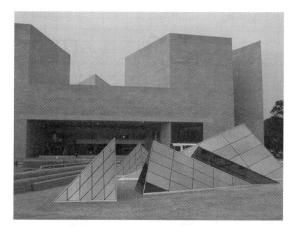

图 1-21　华盛顿国家美术馆

图 1-22　商场大厦

图 1-23　中国科技馆

图 1-24　居民住宅

由于建筑的功能主要是为了满足人的生存生活需要,因此,它有三个方面的要求。

(1)符合人体的各种活动尺度的要求。人体的各种活动尺度与建筑空间有着十分密切的关系。为了满足使用活动的需要,应该了解人体活动的一些基本尺度。如幼儿园建筑的楼梯阶梯踏步高度、窗台高度、黑板的高度等均应满足儿童的使用要求;医院建筑中病房的设计,应考虑通道必须能够保证移动病床顺利进出的要求等。家具尺寸也反映出人体的基本尺度,不符合人体尺度的家具对使用者会带来不舒适感。

人体活动常用尺寸见图 1-25。

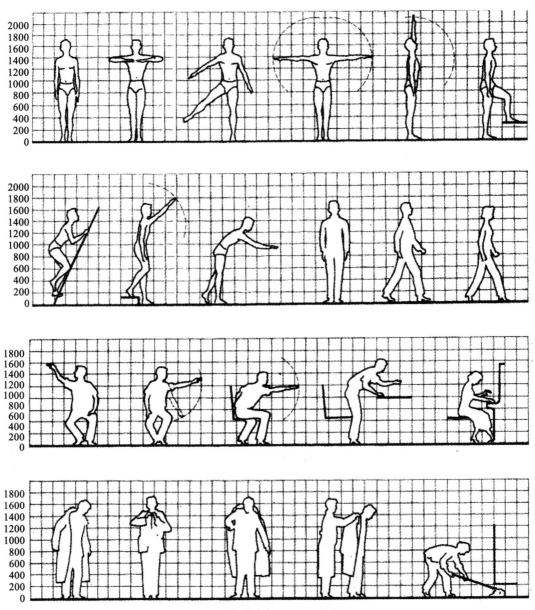

图 1-25　人体活动常用尺寸(单位：mm)

（2）人的生理要求。人对建筑的生理要求主要包括人对建筑物的朝向、保温、防潮、隔热、隔声、通风、采光、照明等方面的要求，这些是满足人们生产或生活所必需的条件。

（3）符合人的心理要求。建筑中对人的心理要求的研究主要是研究人的行为与人所处的物质环境之间的相互关系。不少建筑因无视使用者的需求，对使用者的身心和行为都会产生各种消极影响。

如室内空间的比例直接影响到人们的精神感受（见图 1-26），封闭或开敞、宽大或矮小、比例协调与否都会给人以不同的感受。面积大而高度低的房间会给人以压抑感，面积小而高度高的房间又会给人以局促感。

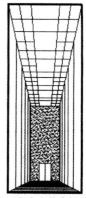

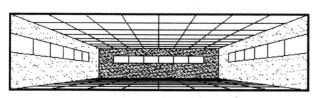

(a)面积大而高度小的房间给人压抑感　　　　(b)面积小而高度大的房间给人局促感

图1-26　室内空间的比例影响心理感受

二、建筑技术——坚固

建筑设计艺术最主要，也是最重要的要素就是建筑技术，它关系建筑物的坚固程度，和对人们生命安全的基本保证。建筑技术主要包括建筑材料、建筑设计、建筑施工和建筑设备等。

(一)建筑结构

结构是建筑的骨架，结构为建筑提供合乎使用的空间；承受建筑物及其所承受的全部荷载，并抵抗自然界作用于建筑物的活荷载，如风雪、地震、地基沉陷、温度变化等可能对建筑引起的损坏。结构的坚固程度直接影响着建筑物的安全与寿命。

柱、梁板和拱券结构是人类最早采用的两种结构形式，由于天然材料的限制，当时不可能取得很大的空间，但利用钢和钢筋混凝土可以使梁和拱的跨度大大增加，它们仍然是目前所常用的结构形式。

随着科学技术的进步，人们能够对结构的受力情况进行分析和计算，相继出现了桁架、刚架、网架、壳体、悬索和薄膜等大跨度结构形式。

(二)建筑材料

建筑材料是建筑工程不可缺少的原材料，是建筑的物质基础。建筑材料决定了建筑的形式和施工方法。建筑材料的数量、质量、品种、规格以及外观、色彩等，都在很大程度上影响建筑的功能和质量，影响建筑的适用性、艺术性和耐久性。新材料的出现，促使建筑形式发生变化、结构设计方法得到改进、施工技术得到革新。现代材料科学技术的进步为建筑学和建筑技术的发展提供了新的可能。

建筑材料基本可分为天然的和非天然的两大类，它们各自又包括了许多不同的品种。为了"材尽其用"，首先应该了解建筑对材料有哪些要求以及各种不同材料的特性。那些强度大、自重小、性能高和易于加工的材料是理想的建筑材料。

为了使建筑满足适用、坚固、耐久、美观等基本要求，材料在建筑物的各个部位，应充分发挥各自的作用，分别满足各种不同的要求。材料的合理使用和最优化设计，应该是使用于建筑上的所有材料能最大限度地发挥其本身的效能，合理、经济地满足建筑功能上的各种要求。

(三)建筑施工与设备

人们通过施工把建筑从设计变为现实。建筑施工一般包括两个方面：一是施工技术，即人的操作熟练程度、施工工具和机械、施工方法等;二是施工组织,即材料的运输、进度的安排、人力的调配等。

装配化、机械化、工厂化可以大大提高建筑施工的速度,但它们必须以设计的定型化为前提。目前,我国已逐步形成了设计与施工配套的全装配大板、框架挂墙板、现浇大模板等工业化体系。

设计工作者不但要在设计工作之前周密考虑建筑的施工方案,而且还应该经常深入施工现场,了解施工情况,以便与施工单位共同解决施工过程中可能出现的各种问题。

三、建筑形象——美观

建筑艺术主要是在建筑群体、单体,建筑内部、外部的空间组合、造型设计以及细部的材质、色彩等方面的表现,符合美学的一般规律,优美的艺术形象给人以精神上的享受。建筑艺术最主要体现在建筑的形象上,也就是美观。由于时代、民族、地域、文化、风土人情的不同,出现了不同风格和特色的建筑,有的建筑物的形式已经成为固定的风格,例如学校建筑大多是朴素大方的,居住建筑要求是简洁明快的,执法机构的建筑师庄严雄伟的等(见图 1-27 和图 1-28)。由于建筑的使用年限较长,同时构成了城市景观的主体,因此成功的建筑反映了时代特征、民族特点、地方特色、文化色彩,具有一定的文化底蕴,并与周围的建筑和环境有机融合与协调(见图 1-29 和图 1-30)。

图 1-27　人民法院

图 1-28　学校

图 1-29　北京四合院

图 1-30　城堡

第四节　建筑与人、自然、社会的关系

一、建筑与人的关系

建筑与人的关系是不言而喻的,建筑为人而建、为人所用。人与建筑都是人类住区(人居环境)的基本构成要素,人的生存和发展离不开建筑及建筑活动,建筑离开人也就失去了存在与发展的动力。因此,建筑与人的关系在建筑实践活动中是极为基本的、极为重要的。下面从建筑为人所需、为人所造、为人所用和为人所鉴几方面分别进行论述。

(一)建筑为人所需

1. 建筑是人生的基本需要之一

建筑是人类最早的最基本的物质生活需求之一,人类为了遮风避雨、防寒避暑、防御野兽、抵抗敌侵,就自觉地寻求避所。原始社会,社会生产力落后,人类只好在地上挖一个洞穴,或者在树上架一个棚架,借此为生,很明显就是为了解决其最基本生存的需要。

2. 建筑满足人的物质需求和精神需求

人的需求不仅有物质需要还有精神需求,因为人类依赖的不单单只是物理方面的机能,还需考虑心理方面的机能。如果设计的建筑仅仅达到物质功能的需求,仅仅造就了一幢"可住""可用"的房子,而非一种"好的"建筑作品。建筑师除了要理性地解决建筑物功能需求外,最重要的是使其具备较优美的建筑美感。

3. 建筑要满足单个人与群体的要求

人,可以认为是单个的,也可以是人群集合的群体,甚至是整个社会。前已指出建筑必须满足人在空间活动的物质和精神的需求。这里还需进一步明确:建筑不仅要满足单个人的需求,而且也要满足人的群体中人与人之间的交往乃至社会整体的需要。例如,设计学校建筑,教室设计不仅要满足单个学生的学习活动的需要,还有教师与学生、学生与学生之间相互交往的需要。教室的空间形状、大小、光线、桌椅布置等,都应该最大限度地满足这些需要。

4. 建筑要满足人当前的需要也要考虑人未来的和未来人的需要

建筑应是百年大计,它既要满足人当前的需要,也要适应人未来的和未来人的需要。作为固定物质形态的建筑如何考虑"时间"因素,适应"变"的需要,这是对建筑设计的挑战。考虑"时间"的因素就意味着建筑功能不会一成不变,不是永远确定的。相对来讲,建筑功能往往是不确定性的。因此,建筑不能设计成静态的终极性产品,其使用功能应该能与时俱进,是一个开放和弹性的空间系统。在功能主义的建筑中,使用要求与设备类型都是极端定型的,它不可避免地最终导致功能使用的不适应。过于专门化的功能分区,最终不仅导致非功能化,而且会造成效率极低。

例如,建造利用坡道停车的停车库(见图1-31),它或许是经济的,且是易于建造的系统,但人们很难在情况发生变化时,把它们用于其他目的。因此,建筑考虑"时间"因素,就应提倡建筑空间使用的灵活性,可以适应多种用途。至少从理论上讲,它们能吸收并适应时代和情况变化的影响。因此,为适应变化中的需求,建筑必须创造相应灵活的空间体系,遵循开放建筑的设计理论和方法,进行设计以解决这一特定问题。

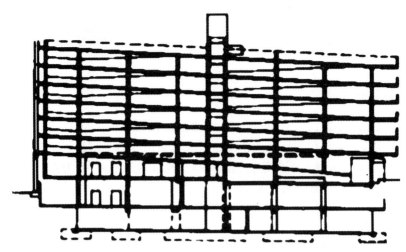

图 1-31　利用坡道停车——浙江省机关事务管理局多层车库剖面图

(二)建筑为人所造

1. 建筑有别于自然空间

建筑的存在是实体和空间的统一,这个实体是人造出来的,人构筑建筑物与动物营巢筑窝完全不同。建筑是人自觉地利用物质手段为某种特定的活动需要而建造成的空间,也可称之为人造的建筑空间,它有别于自然空间。例如,天然的岩洞,虽然也是由物质(山岩)构成,但它不是人造的,我们不称它为建筑,而原始社会的建筑虽然很简陋,但却是"人的建筑",它是人凭着自己的聪明才智,通过思维而构筑的,而不是本能构成的。

图 1-32 为西安半坡村原始社会遗址。

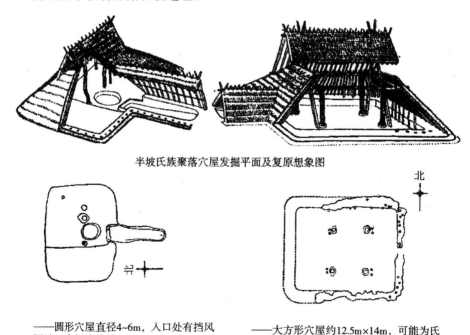

半坡氏族聚落穴屋发掘平面及复原想象图

——圆形穴屋直径4~6m,入口处有挡风隔墙,中间为炉灶。

——大方形穴屋约12.5m×14m,可能为氏族公共活动用房。

图 1-32　西安半坡村原始社会遗址

2. 建筑是用物质手段建造起来的

建筑是通过实际的物质材料(如石、木、砖、瓦、水泥、钢材、玻璃等)及相应的技术手段将其构筑起来。图 1-33 为著名的澳大利亚悉尼歌剧院进行结构装配的塔吊系统轴测图。该歌剧院由约恩·伍重设计,为了创造"白色船帆迎风招展"的建筑造型效果,他设计的每一个演出大厅屋盖都是由四对三角形壳体组成,壳体是钢筋混凝土壳形屋面,它将 100 万块瑞典赫加奈斯米白色锦砖与壳体浇在一起,最后固定于桁架结构上。

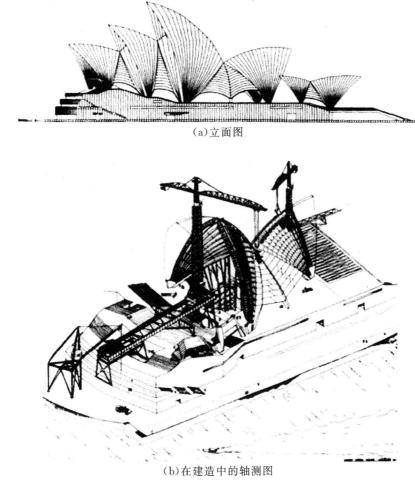

(a)立面图

(b)在建造中的轴测图

图 1-33　悉尼歌剧院

3. 建筑随物质技术的发展而发展

随着社会的发展、生产力的提高,人们的物质和精神活动渐渐地增多起来,对建筑提出了越来越多、越来越高的要求,从而也促进和推动了建筑技术的发展。

例如,远古时期,由于技术原因,室内空间只能小而简陋,后来由于技术进步,人们利用梁和柱来构筑房屋,房屋空间才逐渐变大。

公元前 2000 年前位于今日英格兰的巨石聚落是用石块排起柱子和屋顶(见图 1-34),而建构成原始的建筑形式;古埃及的灵庙(见图 1-35),古希腊和古罗马时期的石结构庙宇这类建筑都是利用这种形式来构筑房屋的。

图 1-34　英格兰巨石聚落

图 1-35　古埃及灵庙

自 19 世纪起,资本主义在产业革命后,科学技术和工业生产发展较快。1855 年贝式炼钢法(锅炉炼钢法)出现,到 1870 年代钢铁开始用在建筑工程上,完全摆脱了传统材料、技术的束缚,使建筑物获得了造型与空间上的极度自由。1851 年第一届世界博览会上,建成了以钢铁和玻璃为材料构筑的"水晶宫"(见图 1-36);1889 年法国巴黎世界博览会上,又建成了代表钢铁时代的埃菲尔铁塔(见图 1-37)。

图 1-36　英国水晶宫

图 1-37　法国埃菲尔铁塔

　　近代钢筋混凝土结构的出现及应用使穹顶的厚度大大地降低,薄壳穹顶由此受到人们极大关注,从而开辟了结构工程新领域。

　　此后,随着钢、铁、铝合金等轻质高强材料出现及应用,一种新的空间结构——网架结构产生了,其特点是空间刚度大,整体性能好,并且具有良好的抗震性能。1993 年建成的日本福冈体育馆(见图 1-38)采用球面网壳穹顶,直径 222m,它是可开启的结构;我国建设的国家大剧院(见图 1-39),采用的结构形式是肋环型牢腹双层网壳,它是普通网壳结构的发展与创新。

图 1-38　日本福冈体育馆

图 1-39　国家大剧院

从上述结构技术发展的各个阶段可知,虽然每个发展阶段各不相同,但都有共同之处:随着人类文明的提高,社会和经济的变革,生产力和人类需求的提高以及科学技术的进步,建构建筑的物质技术手段也在不断地发展和提高,从而推动整个建筑的发展。

4. 建造的合理性与经济性

建筑作为一个物质实体,是人类利用自然资源、运用物质技术手段为满足人类各种活动而建构起来的。建造过程中巨大的物质消耗促使人们在进行建造活动时,从建筑设计开始就应该考虑在满足建筑基本功能目标的同时,应当寻求先进合理的技术体系。这对建筑设计提出了经济合理性的要求,使建筑设计在一定经济条件的制约下进行。

(三)建筑为人所用

人们建造建筑是为了要"用"它,"用"是建造的基本目的。早在公元前 1 世纪古罗马的建筑理论家维特鲁威,在他所著的《建筑十书》中,就提出了建筑三要素,即适用、坚固、美观,并把建筑的适用性放在第一位,放在坚固和美观之前;20 世纪美国芝加哥学派的代表性人物建筑师路易斯·亨利·沙利文甚至提出了"形式服从功能",把功能放在绝对重要的地位。

我国在 20 世纪中期提出的新中国建设方针就是"适用、经济、在可能条件下注意美观",也是把适用放在首位,视其为建筑的前提,在当时社会经济条件下更是能理解的。建房为了"用",这是一个极普通的常识,也是几千年来人们所共识的,但是看今天的中国建筑市场中出现的少数求新求异的"作品",不顾"适用",不讲经济,只是玩弄形式,这是不可取的。

(四)建筑为人所鉴

建筑自古至今都被称为是一种艺术,它牵涉人的感觉问题,所以建筑师和业主双方都会为建筑外表所体现的设计思想所激动。一旦建筑物建成,耸立于地平线以后,不仅是建筑师和业主,而是所有看到它的人——同行的、非同行的、专家们或人民大众,都会因它的位置、体量、形式、色彩乃至材料、装饰等对他们产生一种"感觉"或"视觉的冲击",进而产生评价。同样,房子在建成后的使用中,使用者也自然对它在效能上的优劣作出好与不好的各种评价。这就是常常说的"建筑为人所鉴"的意思。

由于建筑评价者的视角不一,意见往往很难一致的。因此现在不少城市,重要建筑招标的规划设计方案,在专家评选以后再对公众进行展示,吸引公众参与,采取公众投票选择的方式。需要注意的是,建筑评鉴选择并不能采用简单公众投票的所谓"民主的方式"产生,建筑师要讲究职业道德,不能投其所好,违背建筑创作的基本规律和原则。

二、建筑与自然的关系

在建筑的形成、发展过程中,自然环境因素是其构成的必要的基础条件,也是重要的制约因素,影响着建筑布局、形式、人文特征的形成,主要体现在以下四个方面。

(一)气候造就建筑

自然环境所涵盖的内容丰富,包括气候、地表、形态、水文、植被、动物群落等,在这些自然环境因素中,对建筑而言最重要的是气候,气候不仅造成了自然界本身的特殊性,而且还是地域文化特征及人类行为习惯特征的重要成因。

在这个意义上,特定地区的气候条件是建筑形态最重要的决定因素,也可以说是气候造就了建筑。

如中国北方地区多处于中温带,气候比较寒冷,民居需要充足的日照,因此,正房都力求坐北朝南,同时寒冷的气候还要求建筑拥有厚重的墙体和厚重的屋顶,使得建筑实体十分笨重,而不便于凹进凸出。北方居民的建筑如图 1-40 所示。

图 1-40　北方民居的建筑

相反,南方气候炎热,民居建筑的墙体和屋顶都可以做得单薄、轻巧,建筑空间处于较主动的地位,可以自由地伸缩、凹凸,方便地展延、通透。南方由于降雨较多,其屋顶设计也较利于排水。南方居民的建筑如图 1-41 所示。

图 1-41　南方民居的建筑

(二)资源是建筑的物质基础

传统的建筑活动大多是以适应当地自然条件、利用当地建筑材料、资源为原则,由此环境资源状况成为形成地域建筑风格特征、结构体系特征的重要约定性因素。古希腊在其早期建造活动中逐渐形成了石梁柱结构体系,除去社会价值观念的影响之外,当地丰富的石料资源是其得以兴盛的可靠保障;中国古代独具特色的木构架建筑体系的形成也在很大程度上得益于其早期发祥地黄河、长江流域丰厚的林木资源。这些地方性的自然资源在生长过程中是没有任何能源消耗的,是天然的、可再生的,同时也是可再利用的,这些资源要适度地、合理地利用它,但不能浪费。

(三)地形、地貌、地质、水源等自然条件是建筑形成的外因

基地环境的地形、地貌、地质、水源条件的优劣影响到建筑选址、布局及形式。在人类的早期建筑活动中,更是城市及重要建筑选址、形成总体布局框架的决定性因素。城市、集镇、乡村常常相对集中在河流区域地带,以利于生产、商贸及交通。对于地形、地质、地貌的选择则要求有利于

将来的可持续发展。中国黄河、长江中下游地区,非洲尼罗河三角洲,西亚幼发拉底河、底格里斯河两河流域,都是人类古代文明的重要发祥地,云集了众多早期的大都市,与其早期优越的自然条件有着密切的关系。

由图 1-42 可知,其建筑布局选址皆沿河而建。

图 1-42　某城市平面图

三、建筑与社会的关系

社会是人类生活的共同体,包含有政治、经济、意识形态、人口、行为、心理等要素。建筑作为社会物质文明和精神文明的综合产物,塑造着社会生活的物质环境,同时也反映着社会生活、社会意识形态和时代精神的全部内在,具有深刻而广泛的社会性内涵。

(一)建筑反映社会生活

建筑的产生是社会生活需求的结果,建筑形制的发展是同人类生活方式的演进相一致的。同时,每一种建筑类型都是相应社会生活的"物化"形式,人类生活构成了建筑发展的社会基础。

1. 空间组织以心理、行为规律为依据

社会生活中人们的心理、行为规律是建筑空间组织的重要依据。各类建筑设计中,不论是居住建筑还是众多类型的公共建筑的设计都是以满足人的行为、心理需求为出发点的。如现代办公建筑中,开敞式大空间办公的布局形式得到推崇,这种空间组织形式同样是在研究管理者及办公者的工作行为、心理规律的基础上提出的。开敞式的办公环境(见图 1-43)可以加强办公人员之间相互协作的精神,便于管理,从而大大地提高了工作效率。

图 1-43　开敞式的办公环境

2. 建筑反映民族特性

社会生活的民族性特征是指一定区域内共同生活的民族群体所表现出的与其他民族群体在信仰、伦理形态、社会观念、行为特征、生活方式等方面的差异性，这些差异性在建筑上明确地被表现出来。藏族地区的碉楼、蒙古族轻骨架毡包房、傣族的干阑式住房、新疆维吾尔族的"阿以旺"以及汉民族的院落式住房在布局、空间组织、装饰色彩等方面呈现出明显不同的特征（见图1-44～图1-48）。

图 1-44　藏族地区的碉楼

图 1-45　蒙古族轻骨架毡包房

图 1-46　傣族的干阑式住房

图 1-47　新疆维吾尔族的"阿以旺"

图 1-48　汉族院落

3. 反映社会生活地域性特征

社会生活的地域性特征是由一定区域内特定的自然环境要素、社会人文要素综合而成的。地域建筑是这些地域性生活特征在建筑上的形式体现,如黄土高原上淳厚质朴的窑洞(见图 1-49)、福建别具一格的客家围龙屋(见图 1-50),均充分体现出各自地域中不同的自然特征和人情风俗。

图 1-49　窑洞

图 1-50　客家围龙屋

(二)建筑反映社会意识形态

社会意识形态包括政治、法律、道德、宗教、伦理等内容。建筑服务于一定的社会主体,与一定时期的社会意识思想相联系,因而不可避免地受到来自社会政治制度、宗教精神和伦理道德的制约,在内容及形式上反映出社会意识形态的种种历史和现实。

1. 体现社会统治阶层的意志

各历史时期中建筑一直是展示和突出统治阶层权力、地位和思想的有效凭借。特别是社会中为君主专制服务的皇宫、皇陵、坛庙是人类最早趋向成熟的建筑类型,在城市布局中占据最为显赫的位置,在规模、形式、艺术性等方面更是体现出作为环境主体的形象特征,这些建筑形象可以说是这一时期统治阶层意志的物化形式。图 1-51 为北京故宫。

图 1-51　北京故宫

中国在长期的建筑实践过程中逐渐形成了一套独特的建筑群布局模式——通过严格的对称布局、层层门阙、殿宇和庭院空间的递进,构筑具有强烈秩序感的群体空间序列,用以突出帝王建筑的总体形象。同时,在有关法规中还明确界定了民间建筑与皇家建筑在开间规模、用材尺度、建筑屋顶形式、建筑材料及色彩、装修等方面的规格等级,使皇家建筑群具备了民间建筑无法企及的崇高感和表现力。

2. 表现宗教思想

宗教是社会意识形态的另一种重要形式,对宗教精神的追求是人类社会中尤其是农业社会时期的社会生活主题之一,这一点也充分地体现在建筑发展的历程中。神庙、教堂、寺庙等宗教类建筑类型的演进构成了建筑发展史的重要内容。宗教建筑如图1-52所示。

图 1-52　宗教建筑

3. 体现道德礼制规范

建筑发展过程中,长期传承的道德伦理规范对不同建筑类型的形式有深层的约定性,这种约定性在中国几千年来各类传统建筑形制的发展中体现得最为明显,道德伦理规范在传统中国社会中集中体现为约定人们思想行为、社会生活的礼制制度。它对传统建筑的影响常常借助工程技术规范的形式,将礼制等级思想寓于其中。

传统四合院就是集中体现这种社会礼制的典型空间形式。一般四合院分为前后两院,呈严格的对称布局。内院是家庭起居活动的地方;堂屋位居北侧中央,是一个家庭最为重要的空间场所,用以举行家庭仪式和会客;左右耳房是长辈居室,晚辈居于两侧厢房;前院以迎客为主,用作门房、客房。

陕西岐山凤雏村西周宫室遗址(见图1-53)的发掘证明,这种以礼制制度为依据的院落式布局形式从周代起一直延续到明、清代,并成为各类传统建筑进行群体布局、空间组合的最基本单元。

4. 体现社会价值观

价值观是人们对于某一事物经济性及社会作用的综合判断,它对建筑发展的影响是十分显著的。东、西方建筑长期发展的历史进程中形成了相对独立的东方木结构建筑体系和西方砖石结构的古典建筑体系。这固然与各自自然环境中的建筑材料资源状况以及建筑技术程度有着密切的关联,而社会价值观取向的差异同样是不容忽视的重要因素。

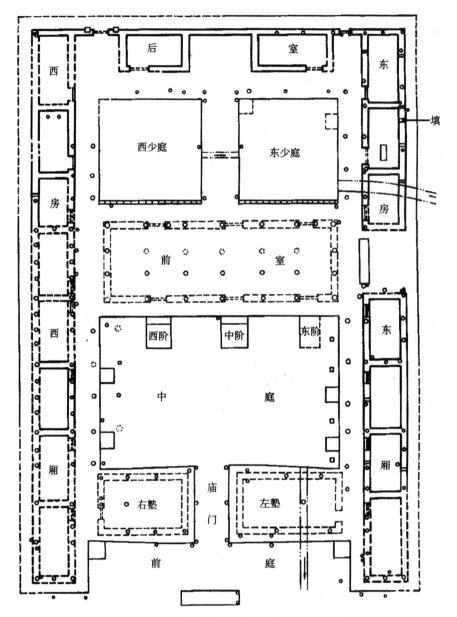

图 1-53　陕西岐山凤雏村西周宫室遗址平面图

（三）建筑反映时代精神

建筑是一本石刻的史书。建筑史上每一个重要的发展都同时代的进步、科技水平的提高、美学思想的延伸以及由此引起的时代精神的更新有着密切的关联。

古希腊拥有人类早期灿烂的文化艺术和哲学思想，在城邦范围内建立了自由民主制度，信奉多神论，社会中洋溢着人本主义思想精神。古希腊时期的建筑布局自由、舒展，以典雅、匀称、秀美见长，客观地反映着这一时期的社会精神所在。

欧洲中世纪时期，神性是社会的精神内核，宗教文化活动是社会生活的主旋律。与此相对应，教堂建筑成为最主要的建筑型制。以哥特式教堂为代表形成独特的建筑风格，垂直向上的动势成为统治一切的形象特征,体现了人们对宗教精神的崇尚和追求。

而接下来的文艺复兴使人们摆脱了宗教思想的桎梏,人性自由、人文主义精神得到颂扬。在建筑上复兴了古希腊、古罗马的古典柱式和古典规范,用以取代象征神权的哥特风格,在文艺复兴第一个代表建筑——佛罗伦萨主教堂(见图 1-54)建设中,首次在西欧教堂建筑中采用大型穹隆顶,与哥特教堂相比,有全然不同的宏阔和开敞感,使人们体会到人类与上帝同在的自信,突出了文艺复兴时期人文主义的精神。

图 1-54　佛罗伦萨主教堂

17 世纪,启蒙思想运动兴起,使科学与理性精神得到极大的弘扬,人的理性成为这一时期衡量一切和判断一切的尺度。古典主义柱式与构图被奉为建筑创作的金科玉律,纯粹的几何构图和数学关系被视为建筑的绝对规则,体现出理性主义的内涵特征。

现代工业社会中,生产力取得了巨大进步,科学技术获得了突飞猛进的发展,人们的生活方式、人文思想、美学观念发生了革命性的变化,由此使现代主义建筑应运而生。大量的世俗性建筑取代了为统治阶层、宗教思想服务的皇家建筑和宗教建筑,而成为建筑发展的主流。

新技术、新材料、新思想的综合使建筑在形式、空间的组织上摆脱了传统模式的束缚,表现出前所未有的自由与舒展。以包豪斯校舍、巴塞罗那博览会德国馆为代表的现代主义建筑作品结合现代功能、材料、技术及形式风格的创新,塑造出与各历史时期全然不同的建筑形象,充分地体现出工业时代的新精神。

第五节　建筑设计的形式美规律

建筑设计是指建筑物在建造之前,设计者按照建设任务,把施工过程和使用过程中所存在的或可能发生的问题,事先作好通盘的设想,拟定好解决这些问题的办法、方案,用图纸和文件表达出来的过程。建筑设计是一个时代背景下一定的社会经济、技术、科学、艺术的综合产物,是物质文化与精神文化相结合的独特艺术。从建筑设计的形式上来看,它具有以下美学规律。

一、变化与统一

建筑在设计中追求既多样变化又整体统一,是建筑艺术表现形式的基本原则。

（一）变化

变化是建筑各种形式之间相互关系的一种法则,要求在形式要素之间表现出不同的特征,以彼此相反的形式进行对比,强调两者的对比效果,避免建筑样式的单调,由此引起注意并产生视觉兴奋,如图 1-55 所示。

图 1-55　建筑设计中的变化

具体来说,通过对比来达到变化的手法有以下几种。

1. 总体布局中的对比手法

在我国的古典建筑中,从大的体形到细部处理,从室内到室外,都大量运用了这种既有对比又有差异的处理手法而构成富于变化的统一体。如北京故宫的总体布局中,建筑体量有大有小,有高有低,室外空间有大有小,有深有浅,广泛运用了对比手法。而在构件形式与色彩的处理上,却又是采用了微小差异的手法。如屋顶就有庑殿、重檐歇山、四角攒尖等各种形式,而总的效果则是协调统一而又有变化。

2. 体量和空间的对比

在体量组合时,常常是运用体量本身的大小、形状、高低及其方向的对比求得统一与变化的整体效果。因为建筑物的各个部分,由于功能要求不同或受外界条件的限制,各个体量本身往往就存在着高低、大小之别。

在室内空间的设计中,常常是利用空间的高低、大小、体形的变化,色彩的冷暖以及材料质地的差异等取得变化的统一的效果。

3. 立面设计中的对比

在立面的设计中,主要是利用形的变换,面的虚实对比,线的方向对比求得统一与变化的整体效果。形的变换和面的虚实对比具有很大的艺术表现力。如长春电影宫,以主入口接待大厅为中心,综合运用了直线与曲线,墙面的实与人口的"虚"(玻璃面与阴影)产生了鲜明的对比。

4. 材料、色彩的对比

在建筑表面处理中,常常运用色彩、质地和纹理的变化形成强烈的对比。如采用表面粗糙的石材和光滑的玻璃幕墙形成对比,给人以明快新颖的感觉;采用暖色调与冷的色调的对比,前者造成热烈的欢迎气氛,后者产生安静的感觉。

5. 光影作用下的明暗对比

建筑表面的处理还常常借助于光影的作用而使其富有变化。一座建筑物,如果所有墙面都是平平的,没有光影作用下的明暗对比,则显得单调,平平淡淡。在有光影和无光影的情况下效果是截然不同的。北立面光影很少,一般感到"灰秃秃的"。因此,在设计时,如果自觉地利用墙面的起伏变化以求得光影对比的效果,将使建筑形象具有较大的表现力,从而产生生动活泼而丰富的立面形象。

(二)统一

统一是形式构成时,强调形式要素间的共同因素,使各种不同要素有机地联系在统一体中,是构图中最具有和谐效应的一种因素。与变化相反,它强调形式间的相同点,使各种不同要素能有机地处于相互联系的统一体中,这是设计中最具和谐效应的方法。具体手法包括:对称、反复、渐变等。

1. 对称

对称就是沿一个轴,使两侧的形象相同或相似,是一种传统的建筑造型形式。对称包括完全对称、近似对称和反转对称等形式(见图1-56~图1-58)。完全对称是一种最普通的单纯对称形式,可以说,无论怎样杂乱的形象,只要采用完全对称的方法加以处理,立即就会秩序井然;近似对称就是宏观上对称、局部上有变化,这是一种在统一中求变化的有生机的对称形式;反转对称即两个同一形象的相反对称,也称逆形对称,这种对称容易在统一的形式中产生动感,是一种现代感很强的对称形式。

图 1-56 完全对称

图 1-57 近似对称

图 1-58 相反对称

2. 反复

反复(见图1-59)是以相同或相似形象的重复出现来得到整体建筑形象的统一。它主要特征是以单纯的手法求得整体形象的节奏美,在建筑造型中强调统一的秩序。反复形式有两种,一种是单纯反复;另一种是变化反复。

图 1-59 反复

3. 渐变

渐变(见图 1-60)是形象的连续近似,是一种以类似求得建筑形式统一的手段,在对立的建筑造型要素中,采用渐变的手段加以过渡,两级对立就会转化为统一。渐变形式使人产生柔和、含蓄的感觉,具有抒情的意味。

图 1-60 渐变

二、均衡与稳定

均衡与稳定是设计的主要法则,在建筑设计中均衡性与稳定性是最重要的特征之一。

(一)均衡

建筑物的均衡包括多方面的内容,从群体、总体、体形组合、平面布局至室内设计、细部装饰等都有均衡的问题。

1. 总体布局的均衡

总体布局的均衡问题不只是构图上的要求,也有实际功能的意义。一个车站广场的建筑群布局,除了考虑构图上完整均衡外,还要考虑车流、人流交通组织的均衡。总体中采用对称的布局都是均衡的,但在建筑群中绝对对称是很少见的,往往只能是大体的对称。在大体对称的前提下,可以有不对称的处理。这样既能满足建筑群整体之要求,也使单体建筑的布局较易满足功能的要求。

北京天安门广场建筑群(见图 1-61)的布置是以天安门和人民英雄纪念碑为中轴线,两侧的人民大会堂和中国革命历史博物馆,二者位置和体量的大小是对称的,但两幢建筑的内部空间布局、立面和细部处理都有很大的不同。人民大会堂是由会堂、宴会厅及人大常委会办公楼三部分组成。中国革命历史博物馆是由中国革命博物馆和中国历史博物馆两部分组成。

图 1-61　北京天安门广场建筑群

2. 体量组合的均衡

体量的组合可以采用对称的均衡和不对称的均衡。一般说对称的构图都是均衡的,也易取得完整的效果,采用较多。这种对称的建筑常给人以端庄、严整的感觉。但是,建筑物总是受到功能、结构、地形等各种具体条件的限制,不可能都采用对称的形式。这时,必须采用不对称的布局。不对称的均衡处理如图 1-62 所示。

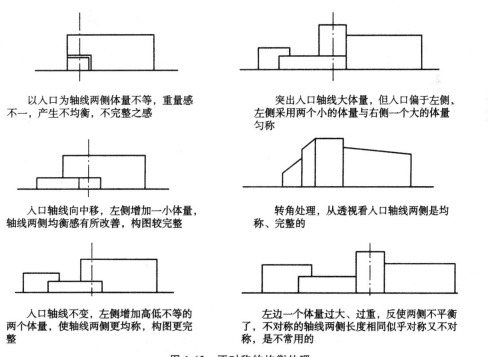

以人口为轴线两侧体量不等,重量感不一,产生不均衡,不完整之感

突出入口轴线大体量,但人口偏于左侧,左侧采用两个小的体量与右侧一个大的体量匀称

人口轴线向中移,左侧增加一小体量,轴线两侧均衡感有所改善,构图较完整

转角处理,从透视看人口轴线两侧是均称、完整的

人口轴线不变,左侧增加高低不等的两个体量,使轴线两侧更均称,构图更完整

左边一个体量过大、过重,反使两侧不平衡了,不对称的轴线两侧长度相同似乎对称又不对称,是不常用的

图 1-62　不对称的均衡处理

在不对称的组合中,要求的均衡一般是根据力学的原理,采取杠杆的原理,以人口处作为平衡的中心,利用体量的大小、高低,材料的质感,色彩的深浅,虚实的变化等技法求得两侧体量大体的均衡。

3. 内部空间组织均衡

很多大厅和一些主要厅室一般都采用对称式的布置方式，以取得自然的均衡。但是在某些条件下，它们本身并不完全对称，如单面开窗的休息厅，两侧墙面不对称，如果为了设计的要求，必须采用对称的构图，以得到端庄、严谨的气氛，可采用对称的柱廊、顶棚、地面、灯具和对称的家具陈设等，构成对称的形式，达到设计的意图。

在不对称的室内空间组织中，要取得均衡的效果，就必须妥善地安排和处理室内墙面、柱子、门窗、楼梯、家具布置，室内陈设及其色彩、细部等，安排好它们的位置，组织好它们的体形。在不对称的构图中，它们都具有很大的表现力。

（二）稳定

和均衡相关联的是稳定，均衡涉及的主要是建筑构图中各要素左与右、前与后之间相对轻重关系的处理。稳定所涉及的是建筑整体上下之间的轻重处理。随着科技的进步和审美观念的发展变化，人们不仅可以凭借着最新的技术建造出令人诧异的建筑杰作，也可以把过去的观念颠覆过来，从而建造出许多底层透空、上大下小的新建筑形式。颠覆传统稳定原则的新形式如图 1-63 所示。

图 1-63　颠覆传统稳定原则的新形式

在建筑中，稳定的处理手法是多种多样的。

1. 利用体量和体形的组合（变化）求得稳定

一般是通过建筑体量的下面大、上面小，由底部向上逐渐缩小，使重心尽可能降低的方法求得稳定感。如埃及金字塔、北京天坛的祈年殿、莫斯科红场的列宁墓（见图 1-64）等中外有名的建筑都给以下大上小的体量处理手法给人以安祥、结实和稳定的感觉。

图 1-64　莫斯科红场的列宁墓

2. 利用材料的质地、色彩给人以不同的重量感来求得稳定

上海外滩的很多建筑,下部砌筑粗重石块,给人以坚固、稳定感。现今,在某些公共建筑中也常常借用这种手法,用上下墙面材料,色彩的变化如用色调较深的贴面材料来处理勒脚,或者做成建筑的基座等。

3. 动态的稳定

在某些建筑物中,为了使建筑形象具有强烈的表现力,常常在整体稳定的基础上,又表现某种动态,给人以更加生动的形象。

三、节奏与韵律

节奏与韵律就是指在建筑设计中使造型要素有规律地重复。这种有条理的重复会形成单纯的、明确的联系,富有机械美和静态美的特点,会产生出高低、起伏、进退和间隔的抑扬律动关系。在建筑形式塑造中,节奏与韵律的主要机能是使设计产生情绪效果,具有抒情意味。节奏与韵律概括起来可以分为四类:渐变、连续、起伏、交错。

(一)渐变

渐变的韵律,是指建筑设计中对相关元素的形式有条理地、按照一定数列比例进行重复地变化,从而产生出渐变的韵律。渐变的形式是多样式化的,多以高低、长短、大小、反向、色彩、明暗变化等多种渐变。图 1-65 为福建土楼垂直方向构图中优美的渐变。

图 1-65　福建土楼垂直方向构图中优美的渐变

(二)连续

连续是指将建筑中的一种或几种元素形式按照一定的规律进行连续重复地排列而形成不同的韵律美。在一些元素形状相同的重复中,能产生强烈的连续美。当构图元素基本形状不相同是,尺寸的重复,也能体现出韵律的特点。

西班牙设计师高迪的公共艺术设计中常常采用重复连续,如图 1-66 所示。

图 1-66　西班牙设计师高迪的公共艺术设计中常常采用重复连续

(三)起伏

起伏是指在渐变韵律按照一定规律时而增加,时而减少,有如波浪起伏,或者具有不规则的节奏感。它较活泼且富有运动感。

（四）交错

交错是指几种设计元素按一定规律交织、穿插而形成的韵律形式,各个元素相互制约,一隐一显,表现出一种有组织的变化。这种韵律效果从整体空间上看有着连续韵律,但又有着丰富多彩的变化。

图 1-67　交错韵律

四、比例与尺度

比例与尺度,是建筑设计形式中各个要素之间的逻辑关系。一切建筑物体都是在一定尺度内得到适宜的比例,比例的美也是从尺度中产生的。

（一）比例

比例是建筑艺术中很重要的因素,是建筑造型中的部分与部分之间量的比较,可以分为等比、大小比、黄金比等。比例的优劣,需要从整体关系、主次关系、虚实关系中来确定。

不同类型建筑物的比例如图 1-68 所示。柱与开间的比例如图 1-69 所示。

宾馆

学校

体育馆

图 1-68　不同类型建筑物的比例

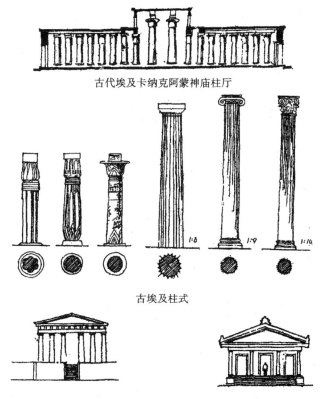

古代埃及卡纳克阿蒙神庙柱厅

古埃及柱式

两种柱间比例的比较

图 1-69 柱与开间的比例

（二）尺度

和比例相联系的另一个范畴是尺度。比例主要表现为各个部分数量关系之比，不涉及具体的尺寸。尺度所研究的是建筑物的整体或局部给人感觉上的大小印象和真实大小之间的关系问题，具体的涉及真实大小和尺寸。建筑的尺度与人的使用惯例有关，失去了尺度感的建筑，会使人难以亲近。

苏州古典园林为私家山水园林（见图 1-70），其造景把自然山水浓缩于园中，建筑小巧精致，道路曲折蜿蜒，大小相宜，由于供少数人起居游赏，其尺度是很合理的。但由于在旅游事业飞速发展的今天，大量的人流涌入就显得狭小和拥挤，其尺度就不符合今天的需要。

图 1-70 苏州园林

在人体工程学中,对家具、物品、建筑等造型都是依据人体适用的比例、尺度来确定,而人体的比例尺度,往往又是衡量其他物体比例形式的重要因素,任何形式都有它的比例,但并非任何形式比例都是美的,它需要通过对比、夸张的比例来突出它的美。图形与空间分割、造型的比例是一个重要的美的条件。

第二章　中外建筑艺术的发展沿革

第一节　中国建筑艺术的发展

中国是一个历史悠久的文明古国,曾创造出灿烂的古代文化,在科学技术方面也取得了重大的成就,长期处于世界领先地位。同样,我们的祖先用自己的劳动和智慧创造了多种形式的具有独特风格的建筑,成为世界建筑史上体系最完整,最富有民族特征的建筑之一。

一、中国建筑体系的形成阶段

(一)原始社会的建筑

原始社会建筑发展极其缓慢,在漫长的岁月里,我们的祖先从建造穴居和巢居开始,逐步地掌握了营建地面房屋的技术,创造了原始的木架建筑,满足了最基本的居住和公共活动要求。

1. 沼泽地带源于巢居的建筑发展——穿斗结构的主要渊源

在我国长江流域,河流、沼泽密布,地下水位很高,为了解决地势低洼潮湿而多虫蛇的问题,在这些地区出现了凭借树木构筑窝棚,这就是所谓的"巢居"。

图 2-1　巢居发展

"巢居"发展序列由独木构巢(在一棵树上构巢)→多木构巢(在相邻的四棵树上构巢)→干阑式建筑(由桩、柱构成架空基座的"宫"型建筑)(见图 2-1)。干阑式建筑直接促成穿斗式木构架的形成,并直接启示了楼阁的发明。这类建筑以浙江余姚河姆渡发现的建筑遗址为代表。在距今已有六七千年历史的浙江余姚河姆渡遗址中发现的大量木制卯榫构件,说明当时已有了木结构建筑,而且达到了一定的技术水平(见图 2-2)。

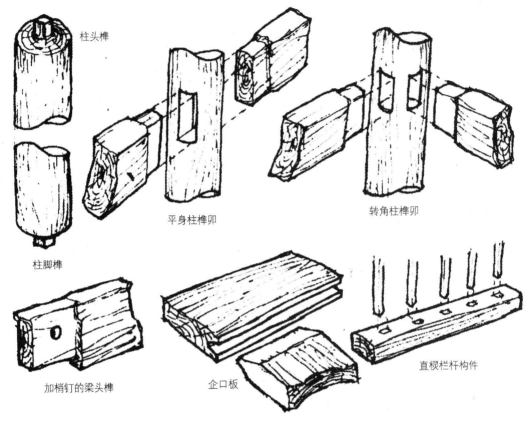

柱头榫

平身柱榫卯

转角柱榫卯

柱脚榫

加梢钉的梁头榫

企口板

直棂栏杆构件

图 2-2 木制卯榫构件

2. 黄土地带源于穴居的建筑发展——土木混合结构的主要渊源

我国黄河流域有着广阔而丰富的黄土层,为穴居的发展提供了有利的条件。穴居发展序列由横穴→袋状竖穴(顶口部以枝干、茎、叶子作临时性遮掩或粗编的活动顶盖)→半穴居(竖穴上部架设固定顶盖)→原始地面建筑(建筑全部突出地面,围护结构分化为墙体与屋盖两大部件)→分室建筑(建筑空间的分隔组织)。这种建筑以西安半坡聚落遗址为代表。穴居发展如图 2-3 所示。

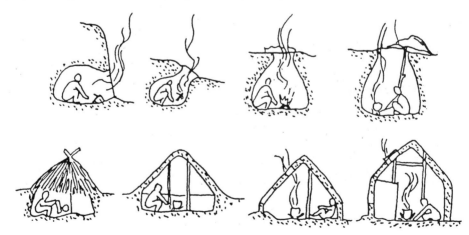

图 2-3 穴居发展

（二）夏商周建筑

到新石器晚期,规模较大的聚落和"城"已开始出现。随着夏王朝的建立,国家形态的逐渐形成,出现了宫殿、坛庙等建筑类型,城市规模也不断扩大,内容不断丰富。特别是到了商、周王朝,不仅木构建筑体系得到确立,廊院、四合院等建筑组群的空间构成模式基本成型,在建筑语言上还体现出强调敬天法祖、尊卑等级的礼制思想;成熟的夯土技术,砖、瓦等建筑材料被发明并得以日益广泛地运用。总之,经过大约四千年的发展,中国建筑在技术、类型和文化上已初具规模。考古发现中显示,夏代已有了夯土筑成的城墙和房屋的台基,商代已形成了木构夯土建筑和庭院,西周时期在建筑布局上已形成了完整的四合院格局。

1. 夏朝时期的房屋建筑

虽然夏朝开始为统治者修建宫殿,但由于没有实物佐证,所以只能从夏朝陵墓出土的文物中隐约的描绘出当时的建筑样式。图 2-4 是河南偃师二里头遗址中的一号宫殿遗址[①]。它是一个平整而高度略低的夯土台,其北部正中又有单独的夯土台基,估计就是主体宫殿。在主殿遗址的前面有排列整齐的柱洞。

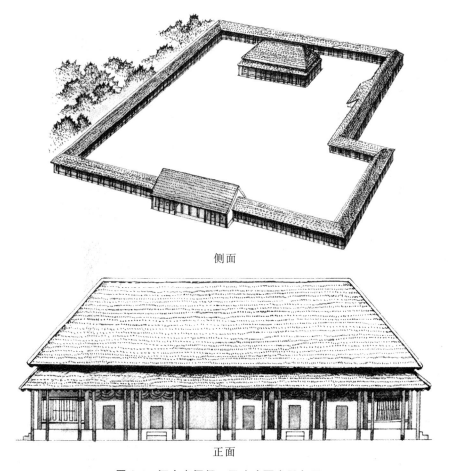

侧面

正面

图 2-4　河南省偃师二里头晚夏宫殿复原图

---

①　这是晚夏时期的宫殿遗址,也是现今发现的最早的大型宫殿遗址。

河南偃师二里头的一号宫殿遗址开创了诸多宫殿建筑的先河。它不仅证明了我国大型建筑在初期就已经采用土木结合的构筑方式,而且建筑也已呈现庭院式的格局,并有了"门""堂"的区分,是我国木构架建筑体系的渊源。

夏代晚期的建筑大多采用木构架的结构形式。这在商代出土的青铜器中就可以得到证实,因为部分青铜器是模仿建筑的样式而铸造的,它显示出四坡屋顶和当时木构架的主要使用情况。

2. 商朝时期的房屋建筑

据考古发现,商朝的宫室与平民建筑已经存在巨大区别,宫室建筑大都用夯土的方法建立高大的台基,台基上按一定的间距和行列,有以铜盘作为底的柱础,由此可知在商代已经有了规模宏大的建筑群了。

提到商朝的建筑,不能不提当时的陵墓。由于唐代以前没有留下多少实体的建筑,所以对于早先的建筑形态只能在现存的文献和考古发现中得到认识。商墓的形式是,在土层中挖一个长方形深坑作为墓穴,墓底有腰坑,墓壁构小龛。墓穴与地面用斜坡形墓道相连,墓道依穴的大小而数目不等,大型的墓穴一般都按方位设四个墓道,再以夯土回填墓圹,其上不起坟。也有的墓穴不设墓道。图 2-5 为商代墓穴平面图。

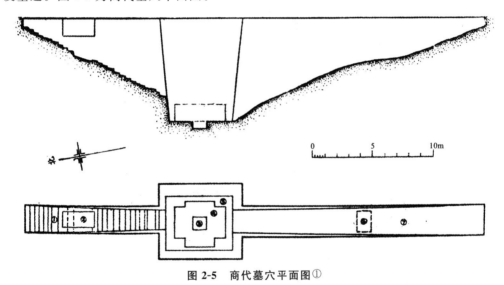

图 2-5　商代墓穴平面图①

从原始社会到奴隶社会,是社会形态的一次大的飞跃,也带动了建筑的大发展。夏商时期的建筑成就在商代的后期才显现出来,它为中国的传统建筑奠定了基础。中国古代建筑独特的风格是在这个基础上逐渐发展起来的。

3. 西周时期的房屋建筑

周代的建筑无论从建筑的范围和建筑特色上来说都非常丰富。不过由于民居的用料和结构都很简陋,所以遗留下来的也很少,缺乏代表性。下面我们以西周的宫殿建筑来论述当时的建筑设计。

周王城图见图 2-6。陕西凤雏村西周建筑遗址平面图见图 2-7。

---

① 当时的墓由墓道、墓室、椁、棺组成,这是当时墓的普遍形式。

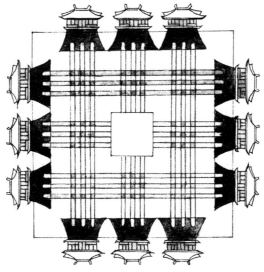

图 2-6　周王城图①

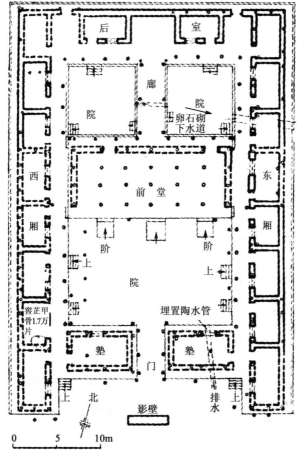

图 2-7　陕西凤雏村西周建筑遗址平面图

---

①　出自《考工记》。

周代的宫室建筑虽然有所不同,但它们的共同特点表现为:宫城建在大城中,宫殿按照中轴线前后依次建设,且已形成了"前朝后寝"的格局,有的还在王宫左右设有宗庙。从陕西岐山风雏建筑遗址中我们可以充分地看到当时的建筑风格。

从战国时期《考工记》对周王城的记载中,我们可以清楚地描绘出当时都城的样子:方形,分内城与城郭两部分,内城居中,四面各开三座城门,城内有横纵各九条街道垂直相交,并明确地显示了内城为宫城、外城为民居的格局。从周王朝开始,方形的城市平面与经纬分明的城市街道所构成的城市面貌被后来的历朝历代所沿用,形成了我国独特的城市布局和结构。

二、中国古代建筑的朝阳阶段

(一)春秋战国时期的建筑

春秋战国时期是中国社会大变革的时代,各诸侯国争相打破周代礼制的羁绊,纷纷建起庞大的都城和华美的宫殿,一时间"高台榭""美宫室"遍及天下,极大地推动了建筑技术和艺术的飞跃性发展。

特别是战国时,由于生产的高度发展,新兴城市不断出现。原来诸侯的军事据点——城堡也发展为新的城市。正像《战国策·赵策》所说的那样:"千丈之城;万家之邑相望也。"同时还出现了许多大城市,如齐国临淄、赵国邯郸、魏国大梁、燕国大都、秦国咸阳又进一步扩大。

战国时各国除大建城市外,还在边界筑起长城。秦统一全国后,将北部长城连接起来,这就是万里长城的开始。

长城被誉为世界建筑史上的奇迹,它最初兴建于春秋战国时期,是各国诸侯为相互防御而修筑的城墙。秦始皇于公元前 221 年灭六国后,建立起中国历史上的第一个统一的封建帝国,逐步将这些城墙增补连接起来,后经历代修缮,形成了西起嘉峪关、东至山海关,总长 6700km 的"万里长城"(见图 2-8)。

图 2-8　长城

(二)秦汉时期的建筑

公元前 221 年,秦灭六国,建立了中国历史上第一个真正统一的国家,秦的建设规模之大,令人惊叹。据《史记》记载:"秦每破诸侯,写放其宫室,作之咸阳北阪上。"秦都咸阳城的规划,以渭水贯都,象征天河;横桥飞渡,象征牵牛;渭水之南建有上林苑,"自阿房渡渭,属之咸阳,以象天极阁道绝汉抵营室也",气魄十分宏大。阿房宫如图2-9所示。

图2-9　阿房宫

两汉时期是中国古代建筑发展的第一个高峰期,主要表现在:①形成中国古代建筑的基本类型,包括宫殿建筑、礼制建筑(宗庙、明堂、辟雍)、居住建筑(宅第、坞壁)、园林建筑、陵墓建筑、宗教建筑等;②木构架的两种主要形式——抬梁式和穿斗式都已出现,斗拱在建筑上开始广泛使用;③多层楼阁兴起和盛行,战国时期的台榭建筑到东汉时期已被独立的、大型多层的木楼阁所取代;④建筑组群日趋庞大,群体组织有了一定的发展。汉代的斗拱形式如图2-10所示。

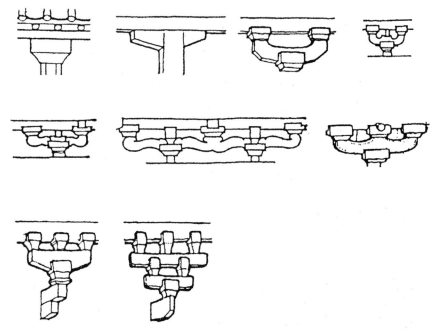

图2-10　汉代的斗拱形式

汉代不仅完善了建筑类型和建筑技术、艺术等,还完善了对天、地、山川和祖先等的祭祀制度,制定了完整的礼仪,并配以相应的坛庙、祠庙,使得坛庙建筑体系走向成熟。屋顶形式已呈现多样化,庑殿、歇山、悬山、攒尖、囤顶均已出现,有的被广泛采用。制砖及砖石结构和拱券结构有了新的发展。汉代建筑技术的成就,以斗拱、木构架体系、地下砖石拱券结构等方面的进步为特征。汉代末年,佛教建筑亦开始崭露身姿。

汉代的未央宫、长乐宫、建章宫(见图 2-11)等宫殿建筑,门阙巍峨,园池壮美,史无前例。汉武帝在上林苑建章宫中开辟太液池,营造传说中的海上三仙山的奇幻景观,开创了后世园林建筑中长盛不衰的主题。

图 2-11　建章宫

总之,秦、汉五百年间,由于国家统一,国力富强,建筑规模较前更加宏大,组合形式多样化,以"豪放朴拙"的风格著称,中国古建筑出现了历史上的第一次发展高潮。

三、中国古代建筑的成熟阶段

(一)魏晋时期建筑

魏晋南北朝时期的建筑承上启下,为隋唐中国建筑的全盛奠定了基础。魏晋南北朝的城市规划布局严整,佛教塔寺异常兴盛;日渐成熟的木作技术与玄学、寄情山水的文人意境相结合的园林艺术都足以垂范后世。

两晋、南北朝是中国历史上一次民族大融合时期,在此期间,传统建筑持续发展,并有佛教建筑传入。大量兴建佛教建筑,出现了许多寺、塔、石窟和精美的雕塑与壁画。重要石窟寺有大同云冈石窟、敦煌莫高窟、天水麦积山石窟、洛阳龙门石窟等。这一时期的中国建筑,融进了许多传自印度(天竺)、西亚的建筑形制与风格。

在建筑材料方面,砖瓦的产量和质量有所提高,金属材料被用作装饰。在技术方面,大量木塔的建造,显示了木结构技术的提高,砖结构被大规模地应用到地面建筑。河南登封嵩岳寺塔(见图 2-12)的建筑标志着石结构建筑技术的巨大进步;石工的雕凿技术也达到了很高的水平。

图 2-12　河南登封嵩岳寺塔

（二）隋唐时期建筑

隋、唐时期的建筑，既继承了前代成就，又融合了外来影响，形成一个独立而完整的建筑体系，把中国古代建筑推到了成熟阶段，并远播影响于朝鲜、日本等国家。隋朝虽然是一个不足 40 年的短命王朝，但在建筑上颇有作为。隋朝建造了规划严整的大兴城，开凿了南北大运河，修建了世界上最早的敞肩券大石桥——安济桥。

兴建于隋朝，由工匠李春设计的在河北赵县安济桥（见图 2-13）是我国古代石建筑的瑰宝，在工程技术和建筑造型上都达到了很高的水平。其中单券净跨 37.37m，这是世界上现存最早的"空腹拱桥"，即在大拱券之上每端还有两个小拱券。这种处理方式一方面可以防止雨季洪水急流对桥身的冲击；另一方面可减轻桥身自重，并形成桥面缓和曲线。

图 2-13　河北赵县安济桥

唐朝是我国封建社会经济文化发展的一个顶峰时期，唐代的建筑在过去的基础上又有了新的发展，无论在木构建筑、砖石建筑、建筑群的处理以及建筑技术、建筑艺术方面都达到前所未有的水平，中国古代建筑已至成熟阶段。保存下来的南禅寺、佛光寺木构建筑虽然不能代表唐代建筑的最高水平，但也可见一斑。唐代建筑规模也是空前的，从大明宫麟德殿遗址来看，其建筑面积约为明清故宫太和殿的四倍。唐代建筑规模宏大，气魄雄浑，代表了中国封建社会鼎盛时期的建筑风格。

著名的山西五台山佛光寺大殿建于唐大中十一年（875 年），面阔七开间，进深八架椽，单檐四阿顶（见图 2-14），是我国保存年代最久、现存最大的木构件建筑，该建筑是唐朝木结构庙堂的范例,它充分地表现了结构和艺术的统一。

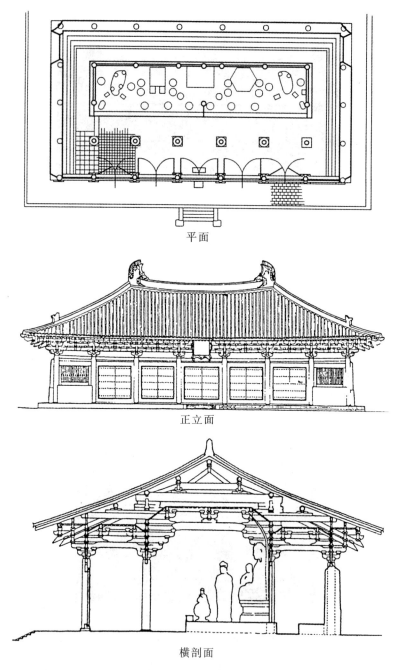

平面

正立面

横剖面

图 2-14　佛光寺大殿

四、中国古代建筑的转变阶段

从晚唐开始,中国又进入 300 多年分裂战乱时期,先是梁、唐、晋、汉、周五个朝代的更替和十个地方政权的割据,接着又是宋与辽、金南北对峙,因而中国社会经济遭到巨大的破坏,建筑也从唐代的高峰上跌落下来,再没有长安那么大规模的都城与宫殿了。随着大一统格局的消失,这一时期中国的建筑艺术出现了多种地域风格共存的交融局面,新的建筑类型和风格不断涌现。由于商业、手工业的发展,城市布局、建筑技术与艺术,都有不少提高与突破。在建筑艺术方面,自北宋起,就一变唐代宏大雄浑的气势,而向细腻、纤巧方面发展,建筑装饰繁密复杂、色彩绚丽,总体风格趋向秀美、轻灵、华丽。宋都汴梁(今开封),公私建造都极旺盛,建筑匠人的创造力又得到发挥,手法开始倾向细致柔美,对于建筑物每个部位的塑型,更敏感,更注意,出现了各种复杂形式的殿阁楼台。

（一）宋辽建筑

宋代手工业得到迅速发展,分工细,工艺精美。农业和手工业的发展,促使了商业的发达。作为城市,已不再仅是政治统治的中心,经济成了城市的主要内容,出现了自由贸易的草市和灯火辉煌的夜市。传统的夜禁和里坊制度不再适用了,而是临街设店,按行成街,一些邸店、酒楼以及娱乐建筑相继出现。随着手工业的发展,建筑造型灵活多变,建筑风格向轻巧秀丽的方向发展,建筑装饰也丰富起来。这时候科学技术的发展也到了相当的高度。出现了以《梦溪笔谈》为代表的科学著作。建筑方面有《木经》《营造法式》。

《营造法式》是一部有关建筑设计和施工的规范书,以及完善的建筑技术专书。颁刊的目的是为了加强对宫殿、寺庙、官署、府第等官式建筑的管理。书中总结历代以来建筑技术的经验,制定了"以材为祖"的建筑模数制。对建筑的功限、料例作了严密的限定,以作为编制预算和施工组织的准绳。这部书的颁行,反映出中国古代建筑到了宋代,在工程技术与施工管理方面已达到了一个新的历史水平。

辽代建筑继承了唐代的建筑风格,造型简洁,作风豪放。辽代建筑值得一提的有山西应县木塔。山西应县佛宫寺释迦塔(见图 2-15)位于山西应县城内建于辽清宁二年(1056 年),是我国现存唯一最古与最完整的木塔,高 67.3m,是世界上现存最高的木结构建筑。

图 2-15　山西应县木塔

（二）金元建筑

与南宋同时代的女真族政权金国,建筑风格则深受宋代建筑的影响。

元代中西交通发达,奉行藏传佛教,兴建了大量藏传佛教寺庙及伊斯兰教礼拜寺。外来建筑艺术丰富了中国传统建筑文化。元代建筑在外观上具有一些较为明显的特征,如在北方官式木构建筑上使用未经细致加工的粗大木料、斗拱在结构中的作用趋弱等,使元代建筑呈现出一种潦草直率和粗犷豪放的风格。

　　而同期的南方地区尤其是江浙等地的元代建筑较好地保持了宋代以来的传统。在元代的遗物中，最辉煌的成就，就是北京内城有计划的布局规模，它是总结了历代都城的优良传统，参考了中国古代帝都规模，又按照北京的特殊地形、水利的实际情况而设计的。元大都的建设为明清北京城打下了基础。元的木构建筑，经过明、清两代建设之后，实物保存至今的，国内还有若干处，如山西霍县的霍州署大堂、芮城永乐宫和洪洞广胜寺（见图 2-16）等。

洪洞广胜寺外观

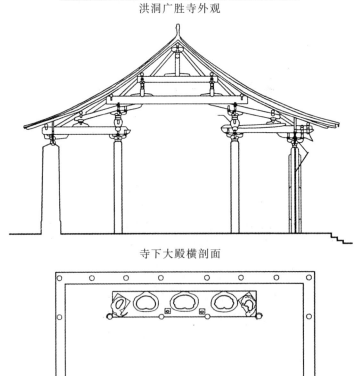

寺下大殿横剖面

后加　　　　　　　　后加

寺下大殿平面

图 2-16　洪洞广胜寺

五、中国古代建筑的最后高峰

明清建筑比之元代建筑规范而华丽,但比之唐宋建筑奢华有余而气度不足。不过毕竟两代都是享国长久的统一王朝,在建筑上还是多有作为的。

明清两代的皇宫紫禁城(又称故宫,见图 2-17)就是代表建筑之一,它采用了中国传统的对称布局的形式,格局严整,轴线分明,整个建筑群体高低错落,起伏开阖、色彩华丽、庄严巍峨,体现了王权至上的思想。

图 2-17　皇宫紫禁城

民居以四合院形式最为普遍,而且又以北京的四合院(见图 2-18)为代表。四合院虽小,但却内外有别、尊卑有序、讲究对称。大门位置一般位于东南,进了大门一般设有影壁,影壁后是院落,有地位的人家,可有几进院落,普通人家则相对简单。进了院子,一般北屋为“堂”,即正房;左右为“厢”,堂后为“寝”,分别有接待、生活、住宿等功用。

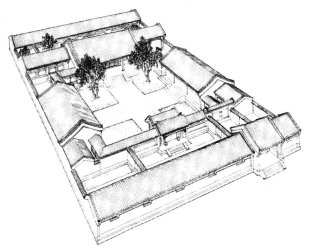

图 2-18　北京四合院

明清建筑的最大成就表现在园林建筑中,明清的江南私家园林和清代的皇家园林都是最具艺术特色的古建筑空间。“曲径通幽处,禅房花木深。”这是诗中的园林景色,“枯藤老树昏鸦,小桥流水人家”这是田园景色的诗意。中国园林就是这样与诗有着千丝万缕的联系,彼此不分,相辅相成。苏州园林是私家园林中遗产最丰富的,最为著名的有网狮园(见图 2-19)、留园、拙政园等。

图 2-19　网狮园

　　坛庙和帝王陵墓是古代重要的建筑类型,目前北京依然较完整地保留有明清两代祭祀天地日月、社稷和帝王祖先的国家级坛庙建筑,其中最杰出的代表是北京天坛(见图 2-20),至今仍以沟通天地的神妙空间艺术打动人心。

图 2-20　天坛

　　明代帝陵在继承前代形制的基础上自成一格;清承明制,营造了东、西两大陵区。明清帝陵中艺术成就最著者应是位于北京天寿山的明十三陵(见图 2-21)。

图 2-21　明十三陵

六、中国近代建筑的发展

从 1840 年鸦片战争开始,中国进入了半殖民地半封建社会,中国建筑转入近代时期,开始了近代化的进程。中国近代建筑大致可以分为三个发展阶段。

(一)19 世纪中叶到 19 世纪末

该时期是中国近代建筑活动的早期阶段,新建筑无论在类型上、数量上、规模上都十分有限,但它标志着中国建筑开始突破封闭状态,迈开了向现代转型的初始步伐,通过西方近代建筑的被动输入和主动引进,酝酿着近代中国新建筑体系的形成。该时期的建筑活动主要出现在通商口岸城市,一些租界和外国人居留地形成的新城区。建筑大体上是一二层楼的砖木混合结构,外观多为"殖民地式"或欧洲古典式的风貌,北京陆军部南楼的立面形式就是这个时期的典型风格(见图 2-22)。

图 2-22　北京陆军部南楼立面

(二)19 世纪末到 20 世纪 30 年代末

第二阶段是从 19 世纪末到 20 世纪 30 年代末。这一阶段,中国近代建筑类型大大丰富了。居住建筑、公共建筑、工业建筑的主要类型已大体齐备,水泥、玻璃、机制砖瓦等新建筑材料的生产能力有了明显发展,近代建筑工人队伍壮大,施工技术和工程结构也有较大提高,相继采用了砖石钢骨混合结构和钢筋混凝土结构。这些表明,到 20 世纪 20 年代,近代中国的新建筑体系已经形成并在建筑体系的基础上,从 1927—1937 年的 10 年间,开始了近代建筑活动的繁荣期。

这个时期的上海典型的居住建筑形式为石库门里弄住宅(见图 2-23)。石库门里弄的总平面布局吸取欧洲联排式住宅的毗连形式,单元平面则脱胎于中国传统三合院住宅,将前门改为石库门,前院改为天井,形成三间二厢及其他变体。

北京的商业建筑往往是在原有基础上的扩大。对于某些商业、服务行业建筑,如大型的绸缎庄、澡堂、酒馆等,单纯的门面改装仍不能满足多种商品经营和容纳更多人流的需要,因此出现了在旧式建筑的基础上,扩大活动空间的尝试。它们的共同特点是在天井上加钢架天棚,使原来室外空间的院子变成室内空间,并与四合院、三合院周围的楼房连成一片,形成串通的成片的营业厅。北京前门外谦祥益绸缎庄(见图 2-24)就是这类布局的代表性实例。

图 2-23   石库门里弄住宅

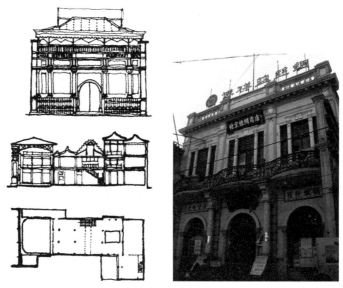

图 2-24   谦祥益绸缎庄

(三)20 世纪 30 年代末到 40 年代末

从 1937—1949 年,中国陷入了持续 12 年之久的战争状态,建筑活动很少,这是近代中国建筑活动的一段停滞期。

20 世纪 40 年代后半期,通过西方建筑书刊的传播和少数新回国建筑师的影响,中国建筑界加深了对现代主义的认识。梁思成于 1946 年创办清华大学建筑系,并实施"体形环境"设计的教学体系,为中国的现代建筑教育奠定了基础。只是处在国内战争环境中,建筑业极为萧条,现代建筑的实践机会很少。总的来说,这是近代中国建筑活动的一段停滞期。

七、中国现代建筑的发展

1949 年 10 月 1 日,中华人民共和国成立。中国从此开始了一种完全不同于昔日的伟大进程,根本性地改变了中华民族在世界中的地位,也使大陆本身发生了翻天覆地的变化。中国现代建筑可自然地分为两大时期。

(一)自律时期

这一个时期由于历史环境的原因,中国人民不得不主要依靠自力更生来完成建立国家工业基础的任务,统一步伐、节衣缩食、积累资金,因而称之为自律时期。

随着国民经济的恢复和发展,建设事业取得了很大的成就。1959年新中国成立10周年之际,北京市兴建了人民大会堂(见图2-25)、北京火车站、民族文化宫(见图2-26)等首都十大建筑,从建筑规模、建筑质量、建设速度都达到了很高水平。

图 2-25　北京人民大会堂

图 2-26　北京民族文化宫

在我国20世纪60～70年代的广州、上海、北京等地兴建了一批大型公共建筑,如1968年兴建的27层广州宾馆(见图2-27),1977年兴建的33层广州白云宾馆(见图2-27),1970年兴建的上海体育馆(见图2-28)等建筑,都是当时高层建筑和大跨度建筑的代表作。

图 2-27　广州白云宾馆

图 2-28　上海体育馆

(二)开放时期

自 20 世纪 70 年代末开始,实行全面改革开放,国家进入新的转型期,称为开放时期。

进入 20 世纪 80 年代以来,随着改革开放和经济建设的不断发展,我国的建设事业也出现了蓬勃发展的局面。1985 年建成的北京国际展览中心是我国最大的展览建筑,总建筑面积 7.5 万 m^2。

1987 年建成的北京图书馆新馆,建筑面积 14.2 万 m^2,是我国规模最大、设备与技术最先进的图书馆。

1990 年建成的国家奥林匹克体育中心总建筑面积 12 万 m^2,占地 66 万 m^2,包括 20000 座的田径场,6000 座的游泳馆,2000 座的曲棍球场等大中型场馆,以及两座室内练习馆,田径练习场,足球练习场,投掷场和检录处等辅助设施。其中游泳馆(英东游泳馆,见图 2-29)建筑面积 $38000m^2$,建筑风格独特,设备性能良好,附属设备完整,是具有世界一流水准的游泳馆。

图 2-29　英东游泳馆

20 世纪 90 年代后,我国还兴建了一大批超高层建筑,如上海金茂大厦(见图 2-30)等,标志着我国高层建筑发展已达到或接近世界先进水平。

图 2-30　上海金茂大厦

第二节　西方建筑艺术的发展

一、原始社会时期建筑

原始人最初栖居形式有巢居和穴居,随着生产力的发展,开始出现了竖穴居、蜂巢形石屋、圆形树枝棚等形式。这个时期还出现了不少宗教性与纪念性的巨石建筑,如崇拜太阳的石柱、石环等。原始建筑见图 2-31。

图 2-31　原始建筑

二、古代奴隶制社会的建筑

在奴隶制时代,古埃及、西亚、波斯、古希腊和古罗马的建筑成就比较高,对后世的影响比较大。古埃及、西亚和波斯的建筑传统都曾因历史的变迁而中止。唯古希腊和古罗马的建筑,两千多年来一脉相承,因此欧洲人习惯于把希腊、罗马文化称为古典文化,把它们的建筑称为古典建筑。

(一)古埃及建筑

古代埃及是世界上最早的奴隶制国家之一,在公元前 3200 年前后建立的古代埃及王国,实行的是奴隶主专制统治,由国王法老掌握军政大权。在这里产生了人类第一批巨大的纪念性建筑物。其建筑形式主要有金字塔、方尖碑、神庙等。

古埃及的金字塔是建筑史上的辉煌代表,古埃及人认为人死后灵魂不灭,必须保护尸体才得永生。金字塔就是埃及国王法老的陵墓,采用正方形底边的锥形实体,既能有效保护尸体,高大有力的形象又具有无尽的威严和崇高性。金字塔内部结构见图 2-32。

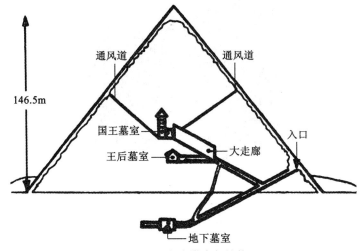

图 2-32　金字塔内部结构

散布在尼罗河下游两岸的金字塔共有 70 多座,最大的一座为胡夫金字塔(见图 2-33)。胡夫金字塔建于公元前 2613—前 2494 年的埃及古王国时期,是法国 1889 年建起埃菲尔铁塔之前世界上最高的建筑,其用 230 万块重 2.5t 的巨石砌成,高达 146.4m,底面边长 230.6m。

图 2-33　胡夫金字塔

方尖碑(见图 2-34)是古埃及人崇拜太阳的纪念碑。常成对竖立于神庙的入口处,高度不等,已知最高者达 50 余 m,一般修长比为 9∶1～10∶1,用整块花岗岩制成,碑身刻有象形文字的阴刻图案。

神庙在古埃及是仅次于陵墓的重要建筑类型之一。神庙有两个艺术处理的重点部位,一个是大门,群众性的宗教仪式在其前面举行,因此,艺术处理风格力求富丽堂皇,和宗教仪式的戏剧性相适应;另一个是大殿内部,皇帝在这里接受少数人的朝拜,力求幽暗而威压,和仪典的神秘性相适应。

图 2-34　方尖碑

卡拉克的太阳神庙是规模最大的神庙之一,总长 366m,宽 110m,前后一共建造了六道大门。大殿内部净宽 103m,进深 52m,密排 134 棵柱子。中央两排 12 棵柱子高 21m,其余的柱子高 12.8m,柱子净空小于柱径,用这样密集的柱子,是有意制造神秘的压抑人的效果。

(二)古代西亚建筑

古代西亚建筑包括公元前 3500—前 539 年的两河流域,又称美索不达米亚,即幼发拉底河与底格里斯河流域的建筑,公元前 550—637 年的波斯建筑和公元前 1100—前 500 年叙利亚地区的建筑。

古代两河流域的人们崇拜天体和山岳,因此他们建造了规模巨大的山岳台和天体台。如今残留的乌尔观象台(见图 2-35),是夯土的外面帖一层砖,第一层的基底尺寸为 65m×45m,高约 9.75m;第二层基底尺寸为 37m×23m,高 2.5m,以上部分残毁,据估算总高大约 21m。

图 2-35　乌尔观象台

琉璃是美索不达米亚人为防止土坯群建筑遭暴雨冲刷和侵袭而创造的伟大发明,这应当说是两河流域的人在建筑上最突出的贡献。公元前 6 世纪前半叶建起来的新巴比伦城,重要的建筑物已大量使用琉璃砖贴面。如保存至今的新巴比伦的伊什达城门(见图 2-36),用蓝绿色的琉璃砖与白色或金色的浮雕作装饰,异常精美。

图 2-36　伊什达城门

而后兴起的亚述帝国,在统一西亚、征服埃及后,在两河流域留下了规模巨大的建筑遗址。如建于公元前 772—前 705 年的萨垠王宫,建设于距离地面 18m 的人工砌筑的土台上,宫殿占地约 17 公顷,30 个院落 210 个房间。

(三)古希腊建筑

古希腊是欧洲文化的摇篮,古希腊的建筑同样也是西欧建筑的开拓者。它的一些建筑物的型制,石质梁柱结构构件和组合的特定的艺术形式,建筑物和建筑群设计的一些艺术原则,深深地影响着欧洲两千年的建筑史。古希腊建筑的主要成就就是纪念性建筑和建筑群的艺术形式的完美处理,正如马克思评论古希腊艺术和史诗时说,它们"……仍然能够给我们以艺术享受,而且就某方面说还是一种规范和高不可及的范本。"

古希腊建筑不以宏大雄伟取胜,而以端庄、典雅、匀称、秀美见长,其建筑设计的艺术原则影响深远。雅典卫城是古希腊建筑文化的典型代表。

于公元前 5 世纪建成的雅典卫城[①](见图 2-37)是古希腊建筑的代表作,卫城位于今雅典城西南。卫城建在一陡峭的山岗上,仅西面有一通道盘旋而上。建筑物分布在山顶上一片约 280m×130m 的天然平台上。

图 2-37　雅典卫城复原图

①　卫城,原意是奴隶主统治者的驻地,公元前 5 世纪,雅典奴隶主民主政治时期,雅典卫城成为国家的宗教活动中心,自雅典联合各城邦战胜波斯入侵后,更被视为国家的象征。每逢宗教节日或国家庆典,公民列队上山进行祭神活动。

卫城的中心是雅典城的保护神雅典娜的铜像,主要建筑有帕特农神庙(又称雅典娜神庙)、伊瑞克先神庙、胜利神庙以及卫城山门。建筑群布局自由,高低错落,主次分明,无论是身处其间或是从城下仰望,都可看到较为完整与丰富的建筑艺术形象。卫城在西方建筑史中被誉为建筑群体组合艺术中的一个极为成功的实例,特别是巧妙地利用地形方面的杰出成就。其中帕提农神庙(见图 2-38)是西方建筑史上的瑰宝。

图 2-38　帕提农神庙

古希腊建筑格式以柱式[①]为最大特色,这也是西方建筑与中国建筑的最大区别之处。古希腊的"柱式",不仅仅是一种建筑部件的形式,更准确地说,它是一种建筑规范的风格,这种规范和风格的特点是,追求建筑的檐部(包括额枋、檐壁、檐口)及柱子(柱础、柱身、柱头)的严格和谐的比例和以人为尺度的造型格式。

有代表性的古典柱式是多立克、爱奥尼和科林斯柱式。多立克柱式刚劲雄健,用来表示古朴庄重的建筑形式;爱奥尼柱式清秀柔美,适用于秀丽典雅的建筑形象;科林斯柱式的柱头由忍冬草的叶片组成,宛如一个花篮,体现出一种富贵豪华的气派。

(四)古罗马建筑

公元 1~3 世纪是古罗马建筑最繁荣的时期,也是世界奴隶制时代建筑的最高水平。古罗马帝国是历史上第一个横跨欧、亚、非大陆的奴隶制帝国。罗马人是伟大的建设者,他们不但在本土大兴土木,建造了大量雄伟壮丽的各类世俗性建筑和纪念性建筑,而且在帝国的整个领土里普遍建设。

古罗马建筑直接继承并大大发扬了古希腊建筑成就,在建筑形制、建筑技术和艺术方面都达到了古典时期建筑的最高峰。古罗马人在建筑上的贡献主要有:

(1)适应生活领域的扩展,扩展了建筑创作领域,设计了许多新的建筑类型,每种类型都有相当成熟的功能型制和艺术样式。

(2)空前地开拓了建筑内部空间,发展了复杂的内部空间组合,创造了相应的室内空间艺术和装饰艺术。

---

①　柱式就是石质梁柱结构体系各部件的样式和它们之间组合搭接方式的完整规范,包括柱、柱上檐部和柱下基座的形式和比例。

多立克柱式
起源于希腊的多立安族
柱高为柱径的4~6倍
柱身有20个尖齿凹槽
柱头由方块和圆盘组成
柱式造型粗壮浑厚有力

爱奥尼柱式
起源于希腊的爱奥尼族
柱高为柱径的9~10倍
柱身有24个平齿凹槽
柱头带有两个涡卷
柱式造型优美典雅

科林斯柱式
起源于希腊的科林斯族
柱高为柱径的10倍
柱身有24个平齿凹槽
柱头由毛茛叶饰组成
柱式造型纤巧华丽

图 2-39　古希腊三柱式

（3）丰富了建筑艺术手法，增强了建筑艺术表现力，增加了许多构图形式和艺术母题。

这三大贡献，都以另外两项成就为基础，即完善的拱券结构体系和以火山灰为活性材料制作天然混凝土。混凝土和拱券结构相结合，使罗马人掌握了强有力的技术力量，创造了辉煌的建筑成就。

值得一提的还有，在柱式方面，古罗马将希腊三柱式（见图 2-39）扩展为罗马五柱式（见图 2-40），即塔司干柱式、多立克柱式、爱奥尼克柱式、科林斯柱式和复合柱式。

古罗马的建筑成就主要集中在有"永恒之都"之称的罗马城，以罗马城里的大角斗场、万神庙（见图 2-41）和大型公共浴场为代表。古罗马万神庙是穹顶技术的成功一例。万神庙是古罗马宗教膜拜诸神的庙宇，平面由矩形门廊和圆形正殿组成，圆形正殿直径和高度均为43.3m，上覆穹隆，顶部开有直径 8.9m 的圆洞，可从顶部采光，并寓意人与神的联系。这一建筑从建筑构图到结构形式，堪称为古罗马建筑的珍品。

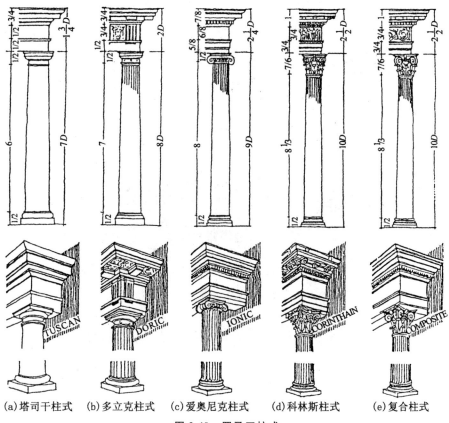

(a)塔司干柱式　(b)多立克柱式　(c)爱奥尼克柱式　(d)科林斯柱式　(e)复合柱式

图 2-40　罗马五柱式

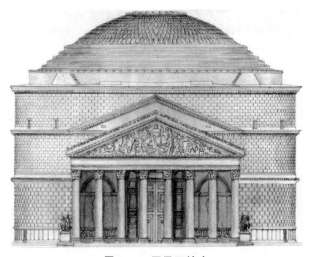

图 2-41　罗马万神庙

古罗马大角斗场①(见图 2-42)是古罗马帝国强大的标志。大角斗场是两个半圆剧场面对面

---

① 角斗场建筑是专门为野蛮的奴隶主和城市游氓看角斗而造的,起源于罗马共和末期,遍布各地。平面是长圆形的,相当于两个剧场的观众席相对合一。

拼接起来的长圆形平面,长径 188m,短径 156m,是所有圆形剧场中最大的,位于罗马市中心东南部。建筑内部由三大部分组成中央的表演区长轴 86m,短轴 54m;周围的观众席有 60 排座位,逐排升起,可容纳 5 万人;底下是服务性的地下室,还有兽栏、角斗士预备室、排水管道等。它是建筑功能、结构和形式三者和谐统一的楷模,有力地证明了古罗马建筑已发展到了相当成熟的地步。

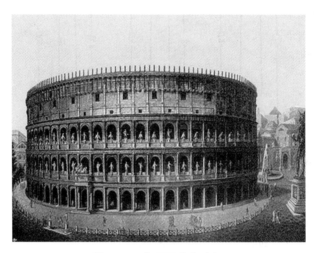

图 2-42 古罗马大角斗场

在大型浴场①中,卡瑞卡拉浴场与戴克利先浴场是最大的两座。卡瑞卡拉浴场(见图 2-43)分为冷水、温水、热水三个大厅,它是一座庞大的建筑群。中央是可供 1600 人同时沐浴的主体建筑,周围是花园,最外一圈设有商店、运动场、演讲厅以及与输水道相连的蓄水槽等。

浴场结构出色,功能既复杂又清晰,内部空间组织得简洁多变,开创了内部空间序列的艺术手法,对于 18 世纪以后的欧洲大型公共建筑的内部空间组织有很大的影响。

图 2-43 卡拉浴场

---

① 浴场是一种综合的有社交、文娱、健身和沐浴等活动的场所,服务于罗马上层社会奢华的生活需要。

三、封建社会时期建筑

(一)拜占庭建筑

公元 395 年,古罗马正式分裂为东、西两个帝国,东罗马帝国建都在君士坦丁堡,史称拜占廷帝国,其建筑也称为拜占廷建筑。公元 4～6 世纪是拜占廷建筑最繁荣时期,建筑有城墙、宫殿、广场、输水道、蓄水池和基督教堂。

拜占庭建筑是在继承古罗马建筑文化的基础上发展起来的,同时,由于地理关系,它又汲取了波斯、两河流域、叙利亚等东方文化,形成了自己的建筑风格,并对后来的俄罗斯的教堂建筑、伊斯兰教的清真寺建筑都产生了积极的影响。

拜占庭建筑的特点,主要有四个方面:

(1)屋顶造型,普遍使用"穹窿顶"(见图 2-44)。这一特点显然是受到古罗马建筑风格影响的结果。

(2)整体造型中心突出。那种体量既高又大的圆穹顶,往往成为整座建筑的构图中心,围绕这一中心部件,周围又常常有序地设置一些与之协调的小部件。

(3)它创造了把穹窿顶支承在独立方柱上的结构方法和与之相应的集中式建筑形制。

(4)色彩灿烂夺目。大面积地用马赛克或粉画进行装饰,在色彩的使用上,既注重变化,又注重统一,使建筑内部空间与外部立面显得灿烂夺目。

拜占庭建筑的代表作品君士坦丁堡的圣索菲亚大教堂(见图 2-45)。它不仅综合地体现了拜占庭建筑的特点,还是拜占庭建筑成就的集大成者。

图 2-44　"穹窿顶"内视图

图 2-45　圣索菲亚大教堂

(二)哥特建筑

12～13 世纪,西欧建筑又树立起一个新的高峰,在技术和艺术上都有伟大成就而又具有非常强烈的独特性,这就是哥特建筑。

哥特式建筑的典型特色是:石拱券,飞扶壁,尖拱门,穹窿顶及大面积的彩色玻璃窗。内部空间高旷、单纯、统一。装饰细部如华盖、壁龛等也都用尖券作主题。外观的基本特征是高而直,其典型构图是一对高耸的尖塔,中间夹着中厅的山墙,在山墙檐头的栏杆、大门洞上设置了一列布有雕像的凹龛,把整个立面横联系起来。墙体上均由垂直线条统贯,一切造型部位和装饰细部都以尖拱、尖券、尖顶为合成要素。结构体系由石头的骨架券和飞扶壁组成。其基本单元是在一个正方形或矩形平面四角的柱子上做双圆心骨架尖券,四边和对角线上各一道,屋面石板架在券上,形成拱顶。

在这一时期建造的法国巴黎圣母院(见图 2-46)为哥特式教堂的典型实例。它位于巴黎的斯德岛上,平面宽 47m,长 125m,可容纳万人,结构用柱墩承重,柱墩之间全部开窗,并有尖券六分拱顶、飞扶壁。建筑形象反映了强烈的宗教气氛。

图 2-47 为米兰大教堂。

图 2-46　巴黎圣母院

图 2-47　米兰大教堂

(三)文艺复兴建筑

文艺复兴是"人类从来没有经历过的最伟大、进步的变革"。这是一个需要巨人,亦产生巨人的伟大时代,这一时期出现了一大批在建筑艺术上创造出伟大成就的巨匠,达·芬奇、米开朗基罗、拉菲尔、但丁等这些伟大的名字,是文艺复兴时代的象征。

文艺复兴举起的是人文主义大旗,在建筑方面的表现主要有:

(1)为现实生活服务的世俗建筑的类型大大丰富,质量大大提高,大型府邸成了这个时期建筑的代表作品之一。

(2)各类建筑的型制和艺术形式都有很多新的创造。

（3）建筑技术，尤其是穹顶结构技术进步很大，大型建筑都用拱券覆盖。

（4）建筑师完全摆脱了工匠师傅的身份，他们中许多人是多才多艺的"巨人"和个性强烈的创作者。建筑师大多身兼雕刻家和画家，将建筑作为艺术的综合，创造了很多新的经验。

（5）建筑理论空前活跃，产生一批关于建筑的著作。

（6）恢复了中断数千年之久的古典建筑风格，重新使用柱式作为建筑构图的基本元素，追求端庄、和谐、典雅、精致的建筑形象，并一直发展到 19 世纪。

文艺复兴建筑明显的特征是扬弃中世纪的哥特式建筑风格，在宗教建筑和世俗建筑上重新采用古希腊罗马时期的柱式构图要素。它在建筑轮廓上讲究整齐统一，强调比例与条理性，构图中间突出、两旁对称，窗间有时设置壁龛和雕像。但文艺复兴建筑并没有简单地模仿或照搬希腊罗马的式样，而是在建造技术上、规模和类型以及建筑艺术上都有很大的发展。

这一时期的代表性建筑有罗马圣彼德大教堂（见图 2-48）。它是世界上最大的天主教堂，历时 120 年建成（1506—1626 年），意大利最优秀的建筑师都曾主持过设计与施工，它集中了 16 世纪意大利建筑设计、结构和施工的最高成就。它的平面为拉丁十字形，大穹顶轮廓为完整的整球形，内径 41.9m，从采光塔到地面为 137.8m，是罗马城的最高点。这座建筑被称为意大利文艺复兴时期最伟大的"纪念碑"。

图 2-48　罗马圣彼德大教堂

（四）巴洛克建筑

巴洛克建筑是文艺复兴晚期建筑的支流和变形，以天主教堂为代表。巴洛克建筑风格的基调是富丽堂皇而又新奇欢畅，具有强烈的世俗享乐的味道。它主要有四个方面的特征：①常常大量用贵重的材料、精细的加工、刻意的装饰，以显示其富有与高贵；②常常采用一些非理性组合手法，从而产生反常与惊奇的特殊效果；③提倡世俗化，反对神化，提倡人权，反对神权的结果是人性的解放；④采用以椭圆形为基础的 S 形、波浪形的平面和立面，使建筑形象产生动态感，或者把建筑和雕刻二者结合，以求新奇感，又或者用高低错落及形式构件之间的某种不协调，引起刺激感。

罗马西班牙大阶梯（见图 2-49）的西面（图 2-49 的下面）是西班牙广场，东面（图 2-49 的上面）是三位一体教堂前的广场。大阶梯平面呈花瓶形,布局时分时合,使其上行走的人们在不断地转换视线方向,巧妙地把两个不同标高、轴线不一的广场统一起来,表现出巴洛克灵活自由的设计手法。

图 2-49　罗马西班牙大阶梯

图 2-50　巴洛克建筑的装饰

（五）法国古典主义建筑

继意大利文艺复兴之后,法国的古典主义建筑成为欧洲建筑发展的主流。古典主义建筑是法国绝对君权时期的宫廷建筑潮流。古典主义强调理性,企图建立严谨的规则。其建筑风格排斥民族传统与地方特点,崇尚古典柱式,并恪守古典规范。它在总体布局、建筑平面与立面造型中强调轴线对称、主从关系突出了中心和规则的几何形体,并提倡富于统一性与稳定性的横三段、纵三段的构图手法。古典主义强调外形的端庄与雄伟,内部则极尽奢侈与豪华,在空间效果与装饰上常有巴洛克特征。巴洛克建筑的装饰如图 2-50 所示。

凡尔赛宫（见图 2-51）坐落在巴黎市郊,是欧洲最大的王宫,也是法国绝对君权最重要的纪念碑,成为法国 17～18 世纪艺术和技术成就的集中体现者。王宫包括宫殿、花园与放射形大道三部分。

图 2-51　凡尔赛宫

王宫建筑风格属古典主义。立面分为纵横三段处理,其上点缀许多装饰与雕像。内部装修极其奢华,居中的国王接待厅,即著名的镜廊长 73m,宽 10m,厅内侧墙上镶有 17 面大镜子,与对面的法国式立地窗和从窗户引入的花园景色相映成趣。凡尔赛宫的装饰如图 2-52 所示。

图 2-52　凡尔赛宫的装饰

宫前大花园(见图 2-53)纵轴长 3000m,园内道路、树木、水池、亭台等均呈几何形,有统一的主轴、次轴、对景等,并点缀有备色雕像,成为法国古典园林的杰出代表。三条放射形大道在感观上使凡尔赛宫犹如是整个法国的集中点。它的宏大气派充分展现出法国的中央集权与绝对君权的意图,其后被争相模仿。

图 2-53　凡尔赛宫的宫前花园

（六）洛可可建筑

洛可可建筑是 18 世纪 20 年代产生于法国的一种建筑装饰风格(见图 2-54)。主要表现在室内装饰上,应用明快鲜艳的色彩,纤巧的装饰,家具精致而偏于繁琐,具有妖媚柔靡的贵族气息和浓厚的脂粉气。结构细腻柔媚,常用不对称手法,喜用弧线和 S 形线,常用自然物作装饰题材,有时流于矫揉造作。色彩多采用鲜艳的浅色调,如嫩绿、粉红等,线脚多用金色,反映了法国路易十五时代贵族生活情趣。

图 2-54　洛可可建筑的装饰

四、近现代时期建筑

（一）工业革命与新建筑初探

19 世纪欧洲进入资本主义社会。在此初期，虽然建筑规模、建筑技术、建筑材料都有很大发展，但是受到根深蒂固的古典主义学院派的束缚，建筑形式没有发生大的变化，到 19 世纪中期，建成的美国国会大厦仍采用文艺复兴式的穹顶。但社会在进步，技术在发展，建筑新技术、新内容与旧形式之间矛盾仍在继续。19 世纪中叶开始，一批建筑师、工程师、艺术家纷纷提出各自见解，倡导"新建筑"运动。"新建筑运动"表现派建筑——爱因斯坦天文台，如图 2-55 所示。

图 2-55　爱因斯坦天文台

（二）现代建筑运动

20 世纪 20 年代出现了名副其实的现代建筑，即注重建筑的功能与形式的统一，力求体现材料和结构特性，反对虚假、繁琐的装饰，并强调建筑的经济性及规模建造。对 20 世纪建筑作出突出贡献的人很多，但有四个人的影响和地位是别人无法替代的，一般称为"现代建筑四巨头"，他们分别是格罗皮乌斯、勒·柯布西埃、密斯·凡·德·罗和赖特。

格罗皮乌斯的包豪斯校舍（见图 2-56）体现了现代建筑的典型特征，形式随从功能。

图 2-56　包豪斯校舍

勒·柯布西埃的萨伏伊别墅(见图 2-57)体现了柯布西埃对现代建筑的深刻理解。

图 2-57　萨伏伊别墅

密斯·凡·德·罗的巴塞罗那德国馆(见图 2-58)渗透着对流动空间概念的阐释。

图 2-58　巴塞罗那德国馆

赖特的流水别墅(见图 2-59)是对赖特的"有机建筑"论解释的范例。

图 2-59　赖特的流水别墅

（三）建筑思潮多元化

随着社会的不断发展,特别是 19 世纪以来,钢筋混凝土的应用、电梯的发明、新型建筑材料的涌现和建筑结构理论的不断完善,高层建筑、大跨度建筑相继问世。第二次世界大战后,建筑设计出现多元化时期,创造了丰富多彩的建筑形式及经典建筑作品。

罗马小体育馆(见图 2-60)的平面是一个直径 60m 的圆,可容纳观众 5000 人,兴建于 1957年,它是由意大利著名建筑师和结构工程师耐尔维设计的。他把使用要求、结构受力和艺术效果有机地进行了结合,可谓体育建筑的精品。

图 2-60　罗马小体育馆

巴黎国家工业和技术中心陈列馆(见图 2-61)平面为三角形,每边跨度 218m,高度 48m,总建筑面积 90000m²,是目前世界上最大的壳体结构,兴建于 1959 年。

图 2-61　巴黎国家工业和技术中心陈列馆

纽约机场候机厅(见图 2-62)充分地利用了钢筋混凝土的可塑性,将机场候机厅设计成形同一只凌空欲飞的鸟,象征机场的功能特征。该建筑于 1960 年建成,由美国著名建筑师伊罗·萨里宁设计。

图 2-62　纽约机场候机厅

中世纪最高的建筑完全是为宗教信仰的目的而建,到 19 世纪末的埃菲尔铁塔显示的是新兴资产阶级的自豪感。现代几乎所有的摩天大厦都是商业建筑,如在"911"事件中已经倒塌的纽约世界贸易中心双子塔(见图 2-63)。

图 2-63　纽约世界贸易中心双子塔

第三节 世界三大建筑体系

世界三大建筑体系是指中国建筑、欧洲建筑和伊斯兰建筑,三者分别代表了三种建筑体系和特色。

一、中国建筑体系

中国是世界四大文明古国之一,有着悠久的历史,劳动人民用自己的血汗和智慧创造了辉煌的中国建筑文明。中国的古建筑是世界上历史最悠久,体系最完整的建筑体系之一。从单体建筑、建筑组群和建筑艺术到建筑规划、园林布置等,形成了一个完美的、无可替代的建筑体系,在世界建筑史中都处于领先地位。中国古代建筑最卓著成就体现在宫殿、坛庙、寺观、佛塔、园林和民居等方面。其建造有如下六方面特色。

(一)具有地域性与民族性

中国的幅员辽阔,自然环境千差万别,为了适应环境,各地区建筑因地制宜,基于本地区的地形、气候、建筑材料等条件建造。中国由 56 个民族构成,由于各民族聚居地区环境不同,宗教信仰、文化传统和生活习惯也不同,因此建筑的风格各异。图 2-64 为北方宫殿,图 2-65 为南方民居。

图 2-64 北方宫殿

图 2-65 南方民居

（二）木质结构承重

中国古建筑主要采用木质结构，由木柱、木梁搭建来承托层面屋顶，而内外墙不承重，只起着分割空间和遮风避雨的作用。木构架的结构方式是由立柱、横梁、顺檩等主要构件建造而成，各个构件之间的结点以榫卯相吻合，构成富有弹性的框架。

木构架结构有很多优点。首先，承重与围护结构分工明确，赋予建筑物以极大的灵活性。其次，木构架结构有利于抗震，"墙倒屋不塌"形象地表达了这种结构的特点。中国古建筑内部结构见图 2-66。

图 2-66　中国古建筑内部结构

（三）庭院式的组群布局

中国古建筑由于大多是木质结构，不适于纵向发展，便多借助群体布局，即以院落为单元，通过明确的轴线关系，来营造出宏伟壮丽的艺术效果。建筑的群体布局也反映出中国传统的文化观念，即封闭性和内向性，只有在高墙围护的深深庭院之中，才具有安全感和归宿感。图 2-67 为北京四合院。

图 2-67　北京四合院

（四）优美的大屋顶造型

大屋顶极具中国建筑特色,也是中国建筑的标志,主要有庑殿（见图2-68）、歇山（见图2-69）、悬山、硬山、攒尖、卷棚等屋顶形式。中国建筑的屋顶具有造型和功能双重意义。

从造型上讲,庑殿式和歇山式等大屋顶稳重协调,屋顶中直线和曲线巧妙地组合,形成向上微翘的飞檐及弧形造型,增添了建筑物飞动轻快的美感。而从功能上讲,大屋顶更重要的功能是可以防止雨水急剧下流,还能通过斗棋挑起出檐,更好地采光通风。

图 2-68　庑殿式

图 2-69　歇山式

（五）色彩装饰的"雕梁画栋"

中国古代建筑非常重视彩绘（见图2-70）和雕饰（见图2-71）,彩绘和雕饰主要是在大门、门窗、天花、梁栋等处。彩绘具有装饰、标志、保护、象征等多方面的作用雕饰包括墙壁上的砖雕、台基石栏杆上的石雕、金银铜铁等建筑饰物,题材内容十分丰富,有动植物花纹、人物形象、戏剧场面及历史传说故事等。

图 2-70   建筑彩绘

图 2-71   建筑雕饰

（六）注重与周围自然环境的协调

建筑本身就是一个供人们居住、工作、娱乐、社交等活动的环境,因此不仅内部各组成部分要考虑配合与协调,而且要特别注意与周围大自然环境的协调。中国古代的设计师们在进行设计时都十分注重建筑风水,即注重周围的环境,对周围的山川形势、地理特点、气候条件、林木植被等,务使建筑布局、形式、色调等跟周围的环境相适应,从而构成一个大的环境空间。颐和园万寿山见图 2-72。

图 2-72   颐和园万寿山

二、欧洲建筑体系

欧式建筑是一种地域文明的象征,是蕴涵着前人智慧结晶的财富,是将最高才能发挥到极致的种族文明的体现。欧式建筑特点是简洁、线条分明,讲究对称,运用色彩的明暗、浓淡来产生视觉冲击,使人感到或雍容华贵,或典雅、富有浪漫主义色彩。欧式建筑风格分为多种,有典雅的古典主义风格,纤长、高耸的中世纪风格,富丽的文艺复兴风格,浪漫的巴洛克、洛可可风格等。

比较具有代表性的欧式建筑有:哥特式建筑、巴洛克建筑、古典主义建筑、古典复兴建筑、古罗马建筑、古希腊建筑、浪漫主义建筑、罗曼建筑、洛可可建筑、文艺复兴建筑、现代主义建筑、后现代主义建筑、有机建筑及折中主义建筑等。

意大利比萨主教堂建筑群见图 2-73。维琴察圆厅别墅见图 2-74。

关于各类欧式建筑的特点,可参见本章第二节的内容,在此不再赘述。

图 2-73　意大利比萨主教堂建筑群

图 2-74　维琴察圆厅别墅

三、伊斯兰建筑

伊斯兰建筑包括清真寺、伊斯兰学府、哈里发宫殿、府邸、巨大的陵墓以及各种公共设施、居民住宅等。它是世界建筑艺术和伊斯兰文化的组成部分,与欧洲建筑、中国建筑并称世界三大建筑体系。

(一)外观特色

伊斯兰建筑(见图 2-75)的外观特色表现为:

(1)变化丰富。世界建筑中外观最富变化、设计手法最奇巧的当是伊斯兰建筑。它被誉为横贯东西、纵贯古今,在世界建筑中独放异彩。

(2)穹隆。伊斯兰建筑散造型的主要特征是采用大小穹顶覆盖主要空间。与欧洲的穹隆相比,风貌、情趣完全不同,伊斯兰建筑中的穹隆往往看似粗漫却韵味十足。

图 2-75 伊斯兰建筑

(3)开孔。所谓开孔即门和窗的形式,一般是尖拱、马蹄拱或是多叶拱。亦有正半圆拱、圆弧拱,仅在不重要的部分使用。伊斯兰建筑的开孔见图 2-76。

图 2-76 伊斯兰建筑的开孔

(4)纹样。伊斯兰的纹样堪称世界之冠。其动物纹样虽是继承了波斯的传统,可脱胎换骨产生了崭新的面目;植物纹样,主要承袭了东罗马的传统,历经千锤百炼终于集成了灿烂的伊斯兰式纹样。伊斯兰建筑的植物纹样见图 2-77。

图 2-77 伊斯兰建筑的植物纹样

(二)建筑特点

伊斯兰建筑最典型的特征,既不是它们没有遮蔽的地点,也不是它们的建筑风格,而是其倾向于隐藏在高墙后面以及将注意力集中在室内的安排上。伊斯兰建筑的发展,如同其宗教仪式一样,是直接从信徒的日常生活而来,它是一种绿洲建筑。

伊斯兰建筑屋顶见图 2-78。

伊斯兰建筑装饰见图 2-79。

图 2-78 伊斯兰建筑屋顶

图 2-79 伊斯兰建筑装饰

(三)建筑理念

伊斯兰建筑艺术和特征已自成体系。和谐是伊斯兰建筑艺术的理念,这一理念内涵与外延非常丰富,是伊斯兰社会的关键因素。伊斯兰建筑与其周围的人、环境非常和谐,没有严格的规矩去左右伊斯兰建筑。

(四)建筑趋向

当代伊斯兰建筑的趋向概括起来有三种:一是完全忽略过去,模拟西方式建筑;二是混合式的建筑,拱门和圆顶的传统外观嫁接于现代的高层建筑之上;三是理解伊斯兰建筑的本质,利用现代建筑技术来表达这种本质。

第三章　建筑设计的思维方法

第一节　系统思维方法

一、系统的概念

在自然界中有许许多多的系统,大至宇宙系统,小到一个细胞。而在人工界中,系统现象也不胜枚举,从社会系统到产品系统。尽管各种系统千差万别,但它们都有一个共同的特征——各系统都各自包含着许多子系统,子系统又由一些更小的分系统组成。这些子系统和更小的分系统之间相互联系、相互制约着,为了一个共同的目标结成一个系统总体,而这个系统总体又从属于一个更大的系统。由此可以得知"系统"的概念:由相互作用和相互依存的若干组成部分结合而成的具有特殊功能的有机整体。

之所以要建立"系统"的观念,是因为建筑设计本身就是一个大系统,它包含着环境、功能、形式、技术等各个子系统,而这些子系统又分别由更小的分系统组成。如环境子系统包含了硬质环境和软质环境两大类分系统。其中,硬质环境又包含了地段外部硬质环境和地段内部硬质环境两个更小的系统。而地段外部硬质环境包含了城市道路、城市建筑、城市景观等;地段内部硬质环境包含了地形、地貌、遗存物等。这仅仅是环境系统的体系就如此复杂,何况加上功能系统(使用功能、管理功能、后勤功能及其各自所包含的分系统)、形式系统(外部造型、内部空间、节点细部及其各自所包含的分系统)、技术系统(结构、电气、给排水、空调等及其所包含的分系统)就构成了建筑设计所面对的复杂体系。而这些子系统、分系统以及更小的组成部分并不是孤立存在的,它们相互之间联系着、制约着。

当设计者在思考设计某一个子系统或某一更小的分系统的问题时,势必要涉及到对其他子系统或更小系统的考虑。因此,不能孤立地研究某一个设计问题,而置其他设计问题于不顾。换言之,设计者在进行建筑设计时,必须运用系统论的方法思考问题,要从系统整体出发,辩证地处理建筑与环境、功能与形式、功能与技术、形式与技术直至细部与整体之间的关系。只有这样,才能适应建筑设计的复杂性、灵活性、层次性的特点。

二、系统思维方法的分类

系统思维方法可以归结为两种基本方法:系统分析方法与系统综合方法。

(一)系统分析方法

1. 关于系统分析方法

系统分析是指在进行建筑设计的思考过程中,把建筑设计项目的整体分解为若干部分,即子系统,并根据各个部分的设计要求,分别进行有目的、有步骤的设计探索与分析过程。在这一过程中,每一部分的思考都是从设计项目的整体出发,并考虑到各部分组成之间,以及这些部分与整体之间的种种关系,从而找出若干与设计目标接近的方案,然后交由下一步系统综合,从中择优出一个可供发展的方案进行系统设计,直至达到设计最终的目标。

系统分析方法是贯穿在整个建筑设计的各个阶段中的。就建筑设计初始分析设计任务书而言,无论是对外部环境条件的分析,还是对内部功能要求的分析,都少不了系统分析方法。

以幼儿园建筑设计的功能分析为例:

构成幼儿园建筑的所有功能房间本是一个完整的系统,在设计任务书中已罗列清楚。但我们不可能丢掉幼儿园建筑整体这个系统去一个一个房间进行设计,这势必要导致建筑设计的进程步步被动而顾此失彼,甚至发展到不可收拾的地步。我们只能运用系统分析的方法,逐步认识清楚构成幼儿园建筑所有房间的功能系统及其相互间的关系。

首先,要考虑幼儿园建筑所有房间作为一个整体系统能分成哪几个子系统?按照功能同类项合并的原则,可以把若干房间分为三大类:即幼儿活动用房、管理用房、后勤用房三个功能分区。这三个子系统包含着不同的功能内容和不同的设计要求,它们相互联系着。设计者面对这三个子系统应该比面对几十个房间的分析更容易把握其隶属于整体功能的相互关系。同时,也能从整体上应对外部环境条件另一个子系统对功能子系统的要求与关联。在此基础上,再往下作更细致的系统分析,即幼儿活动用房这个子系统还包含了各班级活动单元、公共游戏室和一个较大的音体活动室这些分系统;管理用房包含了对外办公用房与对内办公用房两大部分;后勤用房包含了厨房、开水消毒间、洗衣房等。或者再系统分析下去:班级活动单元包含了活动室、卧室、卫生间、衣帽储藏间四个部分;对外办公用房包含了晨检室、会计室、行政办公室、传达室等;对内办公用房包含了园长室、教师办公室、资料兼会议室、教具制作兼陈列室等;厨房包含了操作区、库房区、管理区。

如果对上述幼儿园建筑的功能系统能如此梳理清楚,那么,就能在研究任何一个房间时,搞清楚它从属于哪一个子系统,乃至分系统,以及它与其他房间的位置关系是否恰当等。用专业术语来说,就是功能分区是否合理。这种系统分析的过程,应一边思考,一边把分析的结果图示出来,并通过与视觉的交流再不断调整它们的关系,最终以求达到平面配置的最优组合,如图 3-1 所示。

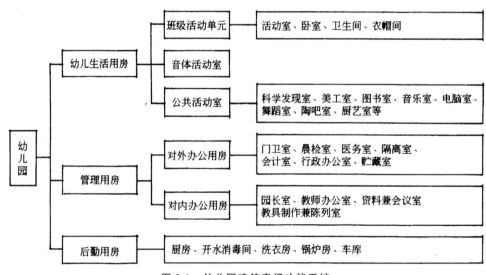

图 3-1　幼儿园建筑房间功能系统

诸如类似上述的系统分析方法充满在建筑设计进程的各个阶段。可见,整个思维的过程就是一种系统分析的过程。虽然它的工作只是处理信息,而不是设计本身,但这一系统分析却是整个建筑设计的基础,也是设计不断展开的关键环节。因为,系统分析对信息处理的正确与否,完全决定了设计的走向和最终设计成果的质量。

综上所述,系统分析的目的是为系统综合提供确实可靠的信息资料,并经过对设计中不明因素的问题找出其合理的目标和可行方案,从而帮助设计者就建筑设计的复杂问题作出最佳选择。

2. 建筑设计中系统分析时需注意的事项

(1)分析要全面。建筑设计项目作为一个大系统包含了若干组成部分的子系统,各子系统又有自己的分系统。这些子系统、分系统都是大系统的要素。在系统分析中都要考虑周全,不可漏项,如果稍有疏忽遗漏,哪怕一个子系统或分系统有遗漏,都有可能给设计成果带来缺憾。

例如,在系统分析设计外部环境条件时,由于现场调查不仔细,或者分析不到位,遗漏了基地上空有一高压线穿过这个外部条件,结果主体建筑在垂直与水平两个方向与高压线的距离都不符合规范要求;又如,在建筑设计任务书中,一般不罗列公共卫生间子项,但这不等于不设计,如果在功能系统分析中处处都非常周全,唯独遗漏了公共卫生间,那将是一个非常被动的事。要想在精心完成的平面设计方案中加入其他项目,势必要打乱原来的平面布局系统,需花上较大的时间与精力,才能弥补这一失误。

(2)层次要清晰。在建筑设计项目中,尽管系统比较复杂,有大系统、子系统,甚至分系统等,但在系统思维过程中,只要分析层次清晰,就能按正确的思维秩序有条不紊地解决设计中的问题。否则,如果分析层次颠倒,条理不清,就会乱了系统,导致两种分析错误。

错误一,是在建筑设计过程中难以抓住各设计阶段的主要设计矛盾以及矛盾的主要方面,从而造成设计思维紊乱。例如,从建筑设计程序来说,一开始应该抓住建筑与环境这一对主要矛盾,仔细进行系统分析,而不是一开始就排平面功能,或者搞形式构成。这是将后一分析层次的设计问题置于环境设计这一首要分析层次之前,显然从建筑设计方法来说是本末倒置的错误。在设计初始进行系统分析抓住建筑与环境这一主要矛盾时,还要注意到矛盾的主要方面在环境这一因素上,重点对它进行系统分析,以便充分把握设计的外在条件,进而有针对性、有目的性地考虑设计目标怎样适应环境的各种问题。只有在这个基础上,才能进入下一层次的系统分析。以此类推,系统分析层次清晰,就意味着掌握了建筑设计程序的脉络。

错误二,是思维容易陷入就事论事地考虑细部的设计问题,而忘记了对项目整体的要求,造成子系统设计目标紊乱,而对大系统的设计目标失去了控制力。例如,我们有时容易先入为主地对设计的某个细节爱不释手,仔细推敲,反复研究,结果忘记了这个细部在系统分析层次上应在什么时候考虑,更是忘记了它与大系统的关系是十分重要还是可有可无,抑或根本就是画蛇添足。因此,在建筑设计中什么时候该考虑什么问题,有一个系统分析层次的先后步骤,而且分析的思路应该十分清晰。只有这样,才能保证建筑设计的进程顺利展开。

(3)重点要突出。建筑设计项目作为大系统,在整个设计过程中有许多不确定因素。系统分析正是针对这些不确定因素,从中寻找解决设计问题的出路。当然,这些不确定因素作为设计来说并不是对等的,它们也有主次之分。当解决设计某一阶段关键问题时,可能某一子系统起着重要作用。重点解决了该子系统的不确定因素的问题,就有可能使方案设计的进展有了突破,甚至形成某种方案特色。在建筑设计的不同阶段,设计的不确定因素也是不对等的,也只有抓住该阶段重点的不确定因素才能找到解决设计问题的关键,使设计进程再前进一步。所以,系统分析不是平均对待设计问题,不能为了分析而分析,而是要求以求得解决关键问题的最优方案为重点。

例如,在设计构思阶段,很多设计条件都有可能产生一种构思设想。但是,它们不会是对等的,必有一个设计条件起主导作用。系统分析的目的就是要抓住这个重点,形成主导构思,而其他也可能产生另一构思的设想只能让位。

(4)分析要始终。尽管强调在建筑设计起始阶段要加强系统分析的方法,但是,由于分析要素有许多是不确定的变量,即使通过系统的综合,也只能从若干系统分析所综合的不同方案中择优出一个相对理想的方案,不可能是绝对的完美无缺。随着设计进程的发展,还会出现许多新的设计矛盾,或者出现新的变量而需要加以解决。此时,仍然需要运用系统分析的方法,继续深化设计。只是此时的系统分析内容与彼时的系统分析内容有所不同,这就是彼时的系统分析所产生的系统综合结果,在此时的系统分析时转化为分析的条件因素加入到新的因素群中一并进行考虑。由此可知,系统分析的过程就是由此及彼贯穿在整个设计始终的。

(二)系统综合方法及其注意的事项

1. 系统综合方法

系统综合实际上是在对系统分析的结果进行评价的基础上,权衡各种解决设计问题之间利弊得失的关系,或者从中选择可供方案发展下去的较为最佳方案的过程。问题是在系统分析中,往往因为建筑设计的各子系统要达到的目标很多,有时相互间又有矛盾,所以不能因某一子系统在某一方面取得了最优质的目标就认为在整体上也是最好的解决设计问题的结果,或者是最好的方案。设计的最终目标只能是一个,这就需要我们从总体上对各子系统所取得的目标值进行综合评价,由此奠定方案选优与决策的基础。

2. 建筑设计中系统综合时需注意的事项

(1)要保证评价的客观性。评价的目的是为了方案选优。因此,评价的质量就直接影响到方案选优的正确与否。为此,首先要求系统分析所提供的信息、资料要尽可能全面,以便评价时依据充分。其次,作为评价人,要避免个人的感情色彩、喜好偏向和主观臆断,要坚持实事求是的原则,对各方案的优劣之处要给予公正、客观的评定,这是避免评价结局发生失真的根本保证。

(2)要保证方案的可比性。在建筑设计初始阶段,为了探索设计方向,寻找最佳方案,设计者往往要有若干方案作比较,以便从中寻找一个较为满意的方案作为发展基础,再综合其他若干方案的优点探讨吸纳的程度。但是,这一设计过程及其决策的前提条件是,这些方案要各自有特点,是从不同思路而产生的,又有鲜明个性的方案。这样才能有可比性,系统综合所考虑的问题才会更周全些。否则,若干方案的特点大同小异,个性雷同,缺少可比性,也就失去了系统综合的意义。

(3)要突出方案的个性。系统综合不是寻求一个四平八稳的方案。这种设计方案即使不出大毛病,但因毫无特色可言,充其量只是个平庸的设计作品。因此,系统综合时首先要看方案是否有创新意识和与众不同的特色。值得注意的是,这种创新和特色不能以牺牲其他设计要素为前提。当然,即使一个很有创新意识又有鲜明特色的方案也可能暂时还存在着这样或那样令人遗憾的问题。但是,只要它们不是不可纠正的设计失误,或只是处理手法不完善的问题,那么,这种方案在系统综合时就要看大局,可以作为方案选优的对象。

(4)要善于对其他方案取长补短。系统综合的目的是对方案选优或优化。以上三个方面论述都是为了选优所必须进行的工作。但不等于被选优的方案十分理想,总会有某些短处或缺憾。因此,紧接着就有一个继续对选优方案进行完善的过程。这就需要对其他若干被淘汰的方案加以研究,分析它们的利弊,并取长补短。当然,这不是简单地移植,而是吸收。哪怕不是设计构思,而是设计手法,只要可取都可系统综合进来。

三、系统思维方法的特点

(一)整体性

整体特点是指在建筑设计的任何阶段,都必须坚持以整体的观点来处理局部的设计问题。因此,设计中的各个要素及各个细节都是以整体的部分形式存在的。它们之间互相影响着、制约着,任何局部的变化都会对整体产生影响,可谓牵一发而动全身。因此,要用整体的、联系的观点来看待设计要素和细节,避免孤立地、片面地处理局部的设计问题。

例如,图 3-2 中 A 方案是一个住宅的中间单元,设计者由于没有从方案的整体性考虑,过分强调两间卧室朝阳,而忽略客厅这个家庭的主空间的条件满足,结果造成问题。如客厅居于平面中心位置,采光条件差,无法通过阳台与外部空间相联系;且周边门洞太多,也就意味着交通流线所占面积过大,使客厅家具难以布置;而厨房与餐厅流线也较迂回。尽管从局部看,两间卧室都朝阳当然很好,只是由此带来的设计问题较多,从方案整体看得不偿失。如果要调整方案以改进上述方案缺点,势必先要将客厅移至南向,而牺牲一间次卧室朝北,主卧室也要挪位置,以保证公共区与卧室区功能分区明确。不仅如此,原餐厅也要改变位置,如此发生连锁反应,而且结构平面也要相应做适当调整。由此可以看出,某一局部的变化,一定会对整体产生影响。当然,这种变化会使方案优化,但并不能保证面面俱到,也许会带来另一些新的问题。如图 3-2 中 B 方案入户缺少门斗,这一点不如方案 A。不过相比之下,这是次要矛盾,应该服从整体主要平面功能合理的需要。

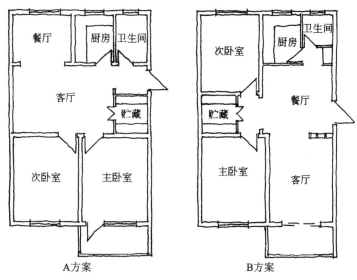

图 3-2　住宅中间单元方案比较

(二)辩证性

建筑设计的过程实质上是解决各种设计矛盾的过程。按照矛盾的法则,任何事物的发展都不是绝对的,矛盾的双方总是相互依存相互转换着,而且旧的矛盾解决了,新的矛盾又会产生。

因此,看问题的方法就应该符合事物发展的客观规律,采用辩证法的两点论,而不是唯心的一点论。正如前文所述,只要改变建筑设计中的某个子系统,就有可能引起相关的另一子系统的变化,并波及更多的子系统,导致"多米诺骨牌"式的连锁反应,直至引起整体的变化,这是建筑设计常遇到的现象。

例如,在设计一座剧场建筑的立面时,采用全玻璃幕墙行不行?关于这个问题的探讨,回答不是绝对的行或是不行,就看由此对其他设计问题会带来什么影响,是利大于弊,还是弊大于利。从辩证法角度分析,若采用全玻璃幕墙,当然立面效果现代感很强,大厅内易洋溢热闹气氛,夜晚灯火通明,晶莹剔透十分迷人。但是也有不利一面,大厅因太明亮耀眼,使观众进入观众厅的暗适应过程来不及调节瞳孔,造成两眼一片黑。如果主立面朝西,则西晒严重,能耗太大。怎样看待、处理这一对矛盾?如果坚持采用全玻璃幕墙以保证立面效果和突出反映剧场建筑的特色,那就要克服它的缺点。在建筑设计上要设法解决满足暗适应过程的功能问题,以及结合立面考虑采取遮阳措施,或采用隔热玻璃等技术措施。如果该剧场考虑全玻璃幕墙带来一次性投资太大,以及日常运行的维护费承受不起,修改全玻璃幕墙立面形式也在情理之中。如在立面上半部做若干大幅剧情广告招牌,以减小玻璃幕墙面积,一方面可起遮阳降耗作用,另一方面也起到广告宣传效果。因此,立面形式不是唯一的,就看如何辩证地处理由此带来的一系列设计问题。

(三)最优化

建筑设计的过程是一个复杂的解题过程,没有唯一标准答案,但总可以寻求相对较好的答案,无论是建筑设计中途,还是最终结果都是如此。这就存在一个解决设计问题的优化工作。系统思维方法就是通过对若干设计条件的系统分析,归纳出有几种解决设计问题的可能性,然后由系统综合择优。这种优化工作贯穿在整个建筑设计过程的始终,只是各个设计阶段或各个设计步骤的优化工作其目的与内容是不相同的。总的规律是从全局优化开始,奠定方案总体构思与布局的框架,再经过逐步深入的优化工作,不断在优化过程中解决各自的设计问题,直至达到建筑设计最终目标的优化,这说明优化是多层次的。

有一点需要注意,建筑设计各个阶段的优化结果,有可能出现前后相互矛盾,甚至对立的现象。此时,就需要把它们放在建筑设计的大系统中进行审查,看与整体优化是否有矛盾,这说明在建筑设计每个阶段的优化工作都离不开系统思维。另外,建筑设计由于涉及面很广,它的优化方法不像某些工程门类那样需要通过建立数学模型来进行量的计算,因此具有客观性、科学性。而建筑设计只能通过多方面的分析与比较,依据设计者本人的专业素质与实践经验,而寻求设计目标的最优化。因此,这种优化是有条件的、相对的,以及还有可能在后续设计过程中进一步优化。

第二节　综合思维方法

一、综合思维的概念

在科学与艺术两者中,因工作方式不同,思维也有所区别。科学侧重逻辑思维,表现在更多地运用概念、分析、抽象、筛选、比较、推理、判断等的心理活动。而艺术则侧重形象思维,表现在更多地运用知觉、想象、联想、灵感等的心理活动。建筑设计因属于理工与人文交叉的学科,且又是综合性很强的设计门类,既有工程技术问题,又有艺术创作问题。因此,用单一的思维模式并不能解决复杂的设计问题,而是需要将两者相互结合,即慎密的逻辑思维和丰富的形象思维两者相统一,这就是综合思维。

综合思维方法实际上是将逻辑思维与形象思维紧密统一起来进行思考的方式。因而,设计者对掌握逻辑思维与形象思维要像掌握手上的表达工具一样熟练,在此基础上,把两者作为一个整体,始终伴随着设计的进程同步运行。任何将两者分离或者失衡的思维都有违于建筑创作的思维方法。

二、建筑设计中综合思维的运用

(一)熟练逻辑思维与形象思维的方法

设计者进行建筑设计不能不进行思考。而这种思考要运用多种思维方式,主要包括逻辑思维和形象思维。只要熟练运用这两种思维方法就为掌握综合思维方法奠定了基础。

对于逻辑思维只要是正常人都具有这种能力,只是在强弱上程度不同,在方法上有科学与唯心之分,在结果上有大相径庭之别。逻辑思维的运用实际上就是逻辑思维在建筑设计中的展现。只要掌握了系统分析方法与系统综合方法,也就熟练了逻辑思维方法。问题是,设计者对于形象思维的掌握相对要困难些。这是因为,形象思维是借助于具体形象来展开的思维过程。它是一种多途径、多回路的思维,属于"面型"思维形式。不像逻辑思维是从一点推向另一点的"线形"思维那样易于把握。而建筑设计的重要任务之一就是形的创造,包括建筑外部体形与建筑内部空间形态,甚至包括细部节点形态推敲。这些形象的确定有两个难点:一是这些形象在设计者脑中事先是不存在的,设计者很难想象设计目标的具体形象,即使设计者在形象构思中能够有一个朦胧的形象目标,但在设计过程中要控制它的实现也是比较难的;二是所构思的形象或者所实现的形象并不是唯一的结果,或者不是最好的结果。因此,设计者需要掌握形象思维的方法,以便能不断提高形的创造力。

要想提高对形的创造力,可以从以下几方面入手。

(1)加强对形的理解力。运用形象思维方法进行的创造,其前提条件是设计者已经具备了对形的理解力。这是由于形象思维是以具体形象进行思考作为基础的。

例如,在解读设计任务书文件时,对于基地周边环境条件的认识,不能停留在给定的地形图上,这仅仅是二维的平面,与今后的现实在三维空间的真实感上有较大差距。设计者必须将二维的环境条件图,通过理解转换到脑中建立起三维的空间概念,只有感觉了这个外部形的空间特征,才能为今后设计目标——形的创造有一个与之有机结合的空间环境概念。

又如,在进行平、立、剖面设计时,同样不能把它们看成是二维平面的图形,一定要理解三者所构成的空间形象。在此基础上,从空间形象的视角给予正确的评价,若有不满意之处,再回到平、立、剖面上进行有针对性的调整、完善工作。因此,形象思维的基础有赖于设计者对形的理解力。

(2)提高对形的想象力。建筑设计是一个形的创造过程,大至建筑形体、小至细部形态,都具有形的特征。但是,这些形在设计之初原本没有,设计者就是要运用形象思维的方法首先把它们想象出来,然后才能创作出来。

对于不同的人,形的想象力是有差异的。有的设计者形的想象力丰富,有的设计者形的想象力较贫乏,其原因有多种多样。就形象思维方法而言,前者对诱发形的联想较灵活、丰富,而后者对诱发形的想象较为迟钝、单调。那么,怎样提高想象力呢? 运用联想的办法不失为诱发想象力丰富的好办法。因为联想是人的一种重要心理活动,在某种外界条件的诱发下,可以回忆起过去曾有过类似的见识和经验,触类旁通而产生接近的、类似的形象想象。

(3)增加对形的记忆与经验的积累。设计者形象思维的能力不是凭空而生的。它一定是建立在对形的记忆与经验的积累基础之上,可以通过书本杂志、现实生活中的各种建筑造型、内部空间形态以及细部节点式样进行仔细观察、分析、理解、收集、记录,并养成一种行为习惯。这样,设计者头脑中有关形的信息储存量越大,密集程度越高,这就意味着对形象思维的激活程度就越容易,形象联想就来得灵活。

(4)熟练运用想象的能力。一般来说,想象力人皆有之,只是具体到每个人因运用想象的能力有差异而大相径庭。对于设计者而言,如果只有想象而无运用想象的能力,那么,这种想象也就毫无意义。尤其是在建筑设计中,形的创造不是转移已有的形象符号,若如此,那便是抄袭、堆砌、拼凑。这在现实中是经常发生的。我们只能是在建筑设计过程中从记忆库中提取可借鉴参考的相似形象,再与建筑设计具体目标联系起来灵活运用,独立地去构成一个新的形象,这就是创作想象。它与创造性思维(在下节中将详述)有密切联系,是创造性活动所必需的,是设计思维中的高级而复杂的思维形态。

总之,建筑设计既属于艺术创作的范畴,又涉及到多学科交叉的工程设计领域。这种复杂系统问题的解决需要丰富的形象思维与慎密的逻辑思维且两者应兼而有之。

(二)加强逻辑思维与形象思维的互动运行

在建筑设计中,凡是在处理环境关系、功能布局、技术措施等问题时一般多用逻辑思维的方法来解决各种设计矛盾。而在形体塑造、空间推敲时,多凭借形象思维的方法来进行艺术创造。这样,可以发挥各自的优势,有针对性地完成各自的设计目标。但是事情并不是这么简单,逻辑思维与形象思维如此界限分明地活动并不是建筑创作的思维特征,现实中也是不存在的。只能说在设计过程的各个阶段,两者各有侧重,但总是错综复杂地交织在一起,互动运行的。认识到这种规律,设计者就要有意识地将两者紧密统一在一起,共同参与对设计问题的思考与处理,这正是综合思维的特征。

关于逻辑思维与形象思维的互动运行,可以注意以下几个方面。

(1)逻辑思维与形象思维谁先入手并不是设计起步的关键。在建筑设计开始阶段,有两种情况发生。一是设计起步从平面设计开始。因为,平面可以反映多种设计征象,诸如表达功能布局关系,各房间相互联系,流线组织方式,结构布置体系等。这些设计征象的解决主要通过逻辑思维逐一分析清楚。大多数功能性明确的公共建筑设计多属于这种思维方法。一旦抓住了平面设计的关键问题,其他次要的设计矛盾也相应可以逐一解决。另一种情况是设计起步从形象思考开始。因为,形象设计对于某一类建筑(如纪念性建筑)是至关重要的。要充分发挥形象思维在此时的重要作用,只要注意到功能内容能恰如其分地容纳进去,也应是设计起步的思路之一,而且往往因造型独特可以达到先声夺人的效果。因此,两种思维孰先孰后并不是问题的关键。然而,在这两种思维各自的进行之中,或多或少下意识地渗透着另一种思维活动。如当进行平面设计时,的确是在运用逻辑思维进行分析工作,但同时也要有意识地进行形象思维考虑。如房间形状、组合方式、结构布置等,还是要通过图形来表示,再通过逻辑思维进行评价、反馈,如此交替进行。而在进行造型设计运用形象思维时,也应有意识运用逻辑思维对形进行评价、分析、修正,再运用形象思维对形进行不断完善,如此循环反复。

（2）提高主动运用逻辑思维与形象思维互动的能力。从有意识到下意识运用逻辑思维与形象思维的互动，表明了设计者已娴熟掌握综合思维方法的能力。这种能力表现在从全局如何把握逻辑思维要解决的设计方向与形象思维要解决的设计目标两者的互动，到设计每一环节所涉及到的形式与功能、形式与技术、功能与技术等的细节如何运用两种思维互动解决设计问题。

综上所述，综合思维所包含的逻辑思维与形象思维在整个设计过程中，针对不同设计问题各有占主导地位的时候，但同时又不能缺少另一思维的辅助作用。而重要的是，两者作为综合思维整体始终是互动运行的。

第三节　创造性思维方法

建筑设计是一种创作活动，为此设计者必须善于运用创造性思维方法，即运用创造学的一般原理，以谋求发现建筑创造性思维活动的某些规律和方法，从而促成设计者创造潜能的发挥。

一、关于创造性思维

（一）创造性思维的概念

创造性思维，是一种打破常规、开拓创新的思维形式，其意义在于突破已有事物的束缚，以独创性、新颖性的崭新观念或形式形成设计构思。它的目的在于提出新的方法，建立新的理论，做出新的成绩。可以说，没有创造性思维就没有设计，整个设计活动过程就是以创造性思维形成设计构思并最终生产出设计产品的过程。

"选择""突破""重新建构"是创造性思维过程中的重要内容。因为在设计的创造性思维形成过程中，通过各种各样的综合思维形式产生的设想和方案是多种多样的，依据已确立的设计目标对其进行有目的的恰当选择，是取得创新性设计方案所必需的行为过程。选择的目的在于突破、创新。突破是设计的创造性思维的核心和实质，广泛的思维形式奠定了突破的基础，大量可供选择的设计方案中必然存在着突破性的创新因素，合理组织这些因素构筑起新理论和新形式，是创造性思维得以完成的关键所在。因此，选择、突破、重新建构，三者关系的统一，便形成了设计的创造性思维的内在主要因素。

（二）创造性思维的特征

1. 独特性

创造性思维的独特性是指从前所未有的新视角、新观点去认识事物，反映事物，并按照不同寻常的思路展开思维，达到标新立异、获得独到见解的性质。为此，设计者要敢于对"司空见惯""完满无缺"的事物提出怀疑，要打破常规，锐意进取，勇于向旧的传统和习惯挑战，也要能主动否定自己。这样，才能不使自己的思维因循守旧，而闯出新的思路来。

2. 灵活性

创造性思维的灵活性是指能产生多种设想，通过多种途径展开想象的性质。创造性思维是一种多回路、多渠道、四通八达的思维方式。正是这种灵活性，使创造性思维左右逢源，使设计者摆脱困境,可谓"山重水复疑无路,柳暗花明又一村"。这种思维的产生并获得成功,主要依赖于设计者在问题面前能提出多种设想、多种方案,以扩大择优余地,能够灵活地变换影响事物质和量的诸多因素中的某一个,从而产生新的思路。即使思维在一个方向受阻时,也能立即转向另一个方向去探索。

3. 流畅性

创造性思维的流畅性是指心智活动畅通无阻,能够在短时间内迅速产生大量设想,或思维速度较快的性质。创造性思维的酝酿过程可能是十分艰辛的,也是较为漫长的。但是一旦打开思维闸门,就会思潮如涌。不但各种想法相继涌出,而且对这些想法的分析、比较、判断、取舍的各种思维活动的速度相当快。似乎很快就把握了立意构思的目标,甚至设计路线也能胸有成竹。相反,思维缺乏这种能力,就会呆滞木讷,很难想象这样的设计者怎么能有所发明,有所创造。

4. 敏感性

创造性思维的敏感性是指敏锐地认识客观世界的性质。客观世界是丰富多彩而错综复杂的,况且又处在动态变化之中。设计者要敏锐地观察客观世界,从中捕捉任何能激活创造性思维的外来因子,从而妙思泉涌。否则,缺乏这种敏感性,思维就会迟钝起来,甚至变得惰性、刻板、僵化。那么,创造性就荡然无存了。

5. 变通性

创造性思维的变通性是指运用不同于常规的方式对已有事物重新定义或理解的性质。人们在认识客观世界的过程中,因司空见惯容易形成固定的思维习惯,久而久之便墨守成规而难以创新发展。特别是当遇到障碍和困难时,往往束手无策,难以克服和超越。此时,创造性思维的变通性有助于帮助设计者打破常规,随机应变而找到新的出路。

6. 统摄性

创造性思维的统摄性是指能善于把多个星点意念想法通过巧妙结合,形成新的成果的性质。在设计初始,设计者的想法往往是零星多向、混沌松散的。如果设计者能够有意识地将这些局部的思维成果综合在一起,对其进行辩证的分析研究,把握个性特点,然后从中概括出事物的规律,也许可以从这些片段的综合中,得到一个完整的构想。

综上所述,独特性、灵活性、流畅性、敏感性、变通性、统摄性是创造性思维的基本特征。然而,并非所有的创造性思维都同时具有上述全部特征,而是因人因事而异,各有侧重。

(三)创造性思维的途径

怎样开展创造性思维才能有助于获得创造性思维成果呢? 以下三种途径可供参考。

1. 发散性思维与收敛性思维相结合

发散性思维与收敛性思维相结合是建筑创作中激发创造性思维的有效途径。其中发散性思维是收敛性思维的前提和基础,而收敛性思维是发散性思维的目的和效果,两者相辅相成。而且它们对创造性思维的激发不是一次性完成的,往往要经过发散——收敛——再发散——再收敛,循环往复,直到设计目标实现。这是建筑创作思维活动的一条基本规律。

发散性思维是一种不依常规,寻求变异,从多方向、多渠道、多层次寻求答案的思维方式。它是创造性思维的中心环节,是探索最佳方案的法宝。由于建筑设计的问题求解是多向量和不定性的,答案没有唯一解。这就需要设计者运用思维发散性原理,首先产生出大量设想,其中包括创造性设想,然后从若干试误性探索方案中寻求一个相对合理的选择。如果思维的发散量越大,也即思维越活跃、思路越开阔,那么,有价值的选择方案出现的概率就越大,就越能导致设计问题求解的顺利实现。

思维发散"量"固然影响到设计问题答案的"质",但是,思维发散方向却对创造性思维起着支配作用。因为,不同思考路线即不同思维发散方向会使求解结果在不同程度上出现质的变化,因而导致不同方案的产生。

不同思维发散方向可以归纳为下面两种情况:

一是同向发散。即从已知设计条件出发,按大致定型的功能关系使思维轨迹沿着同一方向发散,发散的结果得出大同小异的若干方案。如赖特在不同地点为不同业主设计的三幢住宅。虽然其平面形式、房间的空间形态各不相同,但是各房间的功能结构却是完全相同的(见图 3-3)。因此,从设计的本质特征看,三者同属于一种思维方向的结果,所不同的仅是房间图形有所差别而已。这种同向思维发散形式常见于创作某些功能限定较大的建筑,如住宅、学校等。由于其功能关系大致定型,设计者可以在一定的思考路线和变化幅度中徘徊,做出本同貌异的多个方案。

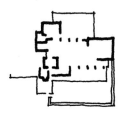

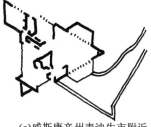

(a)5000~6000美元收入者
的Life住宅,1938

(b)加州Palos Verdes地方的
Palph Jester住宅,1938

(c)威斯康辛州麦迪生市附近
的Vigo Sundt住宅,1941

图 3-3　赖特在不同地点为不同业主设计的三幢住宅①

二是异向发散。即根据已知条件,从强调个别设计因素出发,使思维轨迹沿着不同方向发散。发散结果会得出各具特色、截然不同的方案。许多建筑设计竞赛、竞标都属于异向发散思维的结果。

1997 年,我国在向国内外征集国家大剧院的方案设计竞赛中,69 件方案作品各具特色,显示出参赛者的思维发散是多向的,甚至是截然相反的。他们各自从不同的设计理念出发,强调甚至张扬个性,表达出各自对建筑文化的不同理解。

图 3-4 是法国建筑师保罗·安德鲁的方案。他强调建筑创作"不是去追本求源,而是永远探索未知领域"。因此,它以一个巨大的"蛋"壳将四个剧场笼罩住,并后退长安街120m,极其简洁、虚幻的造型像漂浮在"湖"中似的优雅、曼妙,成为充满诗意和浪漫的迷人艺术殿堂。特别是匠心独运的水下入口廊道,带给人们前所未有的惊奇和震撼。这个方案的创作成果是西方文化思维的产物。

---

① 图 3-3～图 3-7 转引自黎志涛的《建筑设计方法》(北京:中国建筑工业出版社,2008)

图 3-4　国家大剧院安德鲁方案

　　图 3-5 是英国建筑师泰瑞·法雷尔的方案。他运用西方人的思维方式,着眼于未来,着眼于 21 世纪,而不是向后看,去与周边环境相协调。他通过新技术、新材料的运用,创造出一种通透的、变换的,甚至是梦幻般的空间,试图把剧场变为人生舞台的效果。造型以飘浮的像是云彩,又像展翅飞翔的屋面引人注目,是一个非常现代化的方案。

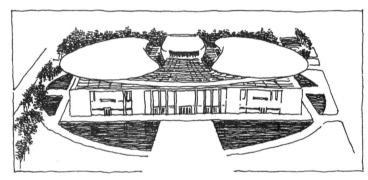

图 3-5　国家大剧院法雷尔方案

　　图 3-6 是北京市建筑设计研究院的方案,思维的发散完全不同于前两者西方人的理念。该方案强调大剧场要与天安门广场环境相协调而不是对比,应能够体现中国传统形式。因此,采用了与人民大会堂一致的周边柱廊,立面的三段比例也有相通之处。柱顶模仿中国传统柱廊的额枋及斗棋做法。玄塔部分也模仿了中国大屋顶的曲线,是一个很有形似中国味的建筑。

图 3-6　国家大剧院北京市建筑设计研究院方案

　　图 3-7 是清华大学的第三轮竞赛第三次修改方案。该方案在延续中国建筑文化,力争具有

中国特色上作了积极的探索。与北京院方案同样是强调协调思维发散,而有所不同的是,该方案进一步从中国"天圆地方"哲理的深层传统文化中,运用模拟式手法来处理建筑特色,是一个很有神似"中国味"的建筑。

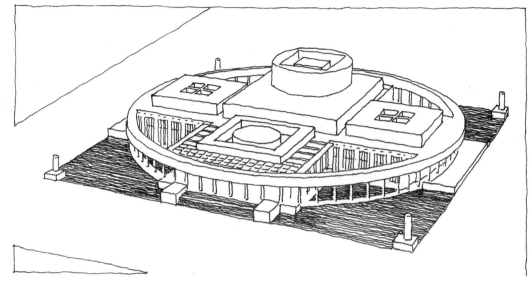

图 3-7　国家大剧院清华大学方案

以上四个有代表性的方案沿着不同的,甚至差异相背的方向进行思维发散,方案"质"的差别较为明显,体现了各自强烈的追求。这种多向性的思维发散形式多见于功能限定度较小,建筑艺术性要求较高的公共建筑,如博览建筑、文化娱乐建筑等。

从上述实例中可看出:在创造性思维活动中,思维的发散性起着特别突出的作用,是创造性思维的中心环节。但这并不否定和排斥思维收敛性在创造性思维活动中所起的重要作用。当需要从发散性思维所得的若干结果中寻求择优答案时,就要依靠收敛性思维的周密逻辑推理把各种思路和方案加以综合分析和评价鉴别。这样,既能在思维发散时避免不着边际的胡思乱想,又能在思维收敛时避免固步自封、停滞不前。

收敛性思维是指在分析、比较、综合的基础上推理演绎,从并列因素中做出最佳选择的思维方式。这种最佳选择有两个重要条件,一是要为选择提供尽可能多的并列因素。如果并列因素少,选择的余地就小;反之,并列因素多,选择的余地就大。这就需要发挥发散性思维的作用,提供更多的选择因素。前述国家大剧院征集到的 69 件不同发散性思维产生的竞赛方案正是为收敛性思维作选择提供了更大的余地。二是确定选择的判别原则,避免盲目性。因为,不同的原则可能产生不同的判别结果,导致作出不同的选择。正如前述在评判 69 件国家大剧院建筑设计竞赛方案作品中,创作思路的差异如此巨大,评判的原则首先就成为国内外评委代表东西方文化的思想交锋。结果,收敛性思维集中倾向于国家大剧院要体现未来,要有突破和创新,强调应是时代的产物,应该把北京的建筑创作带到一个新的境界这个评判原则上,而并不把体现传统风格看得那么重要,因此最终选择了安德鲁的方案。

2. 求同思维与求异思维相结合

求同思维是指从不同事物(现象)中寻找相同之处的思维方法,而求异思维是指从同类事物(现象)中寻找不同之处的思维方法。由于客观世界万事万物都有各自存在的形式和运动状态,因此,不存在完全相同的两个事物(现象)。求同思维与求异思维的结合,能够帮助我们找到不同事物(现象)的本质联系,找到这一事物(现象)与另一事物(现象)之间赖以转换或模仿的途径。或者帮助我们找到相同事物(现象)之间我们过去尚未发现的差异,从而带来认识上的突破。总之,求同思维与求异思维的结合可以开拓新思路,为创造性解决设计问题提供有效途径。

仿生建筑是最为明显的例证。自然界的生物(动、植物)与建筑是完全不同的两个事物。但是,仿生学的研究打开了人们的创造性思路,从核桃、蛋壳、贝壳等薄而具有强度的合理外形中获得灵感,创造了薄壳建筑(见图 3-8);从树大根深有较强稳定性的自然现象中启示人们建造了各式各样基座放大的电视塔等。

图 3-8　薄壳建筑

楼梯与楼面是人们司空见惯的两个功能相近的建筑构件。前者供人上下,后者支撑人的各种行为活动。如果把它们结合起来会怎样呢? 乌鲁木齐友好商场的营业部分由 20 个营业厅组成,每一楼面分为四阶,每阶高差 1.1m,每阶以踏步相连,构成螺旋式布局,打破了各楼面通过单独楼梯垂直联系的传统方式,从而创造了新颖的室内空间形态,使人在购物活动中不知不觉地通过了各层营业厅(见图 3-9)。

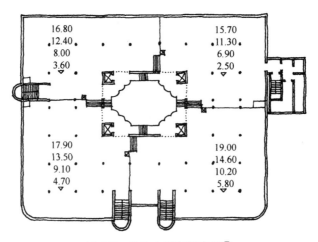

图 3-9　乌鲁木齐友好商场①

---

①　该图转引自黎志涛的《建筑设计方法》(北京:中国建筑工业出版社,2008)。

3. 正向思维与逆向思维相结合

正向思维是指按照常规思路、遵照时间发展的自然过程,或者以事物(现象)的常见特征与一般趋势为标准而进行的思维方式。这一思维与事物发展的一般过程相符,同大多数人的思维习惯一致。因此,可以通过开展正向思维来认识事物的规律,预测事物的发展趋势,从而获得新的思维内容,完成创造性思维。一般来说,正向思维所获得的创造性成果其特色不及逆向思维所产生的创造性成果引人惊奇。这是因为逆向思维的成果往往是人们意想不到的。逆向思维是根据已知条件,打破习惯思维方式,变顺理成章的"水平思考"为"反过来思考"。正因为它与正向思维不同,才能从一个新的视角去认识客观世界,有利于发现事物(现象)的新特征、新关系,从而创造出与众不同的新结果。

例如,建筑的设备管道在绝大多数的情况下,设计者的习惯思维方式是利用吊顶、管井把它们掩藏起来。然而,皮亚诺和罗杰斯设计的巴黎蓬皮杜艺术与文化中心(见图 3-10)却逆向思维,"翻肠倒肚"似的把琳琅满目的管道毫不掩饰地暴露在建筑外面和室内空间中,甚至用鲜艳夺目的色彩加以强调。这件作品一问世,立即引起人们惊叹。

图 3-10 巴黎蓬皮杜艺术与文化中心

值得一提的是,逆向思维是手段,不是目的;是相对的,不是绝对的。它和单纯追求反常心理刺激的故弄玄虚不可同日而语。如果把逆向思维绝对化,遇事"反其道而行之",只能适得其反。正如"一切创造都是包含着新奇,但并非一切新奇都是创造"的道理一样。我们只能将逆向思维与正向思维结合起来,根据具体设计内容与条件开展创造性思维活动。

二、建筑设计中的创造性思维方法

创造性思维的途径包括:发散性思维要与收敛性思维相结合;求同思维要与求异思维相结合;正向思维要与逆向思维相结合。这些都是从思维方式上说明了创造性思维的基本方法。除此之外,从设计操作层面上还有一些创造性思维的方法需要设计者引以注意。

(一)发挥创造性想象

创造性思维不同于一般思维活动的重要区别在于前者具有想象,而想象是人类特有的一种心理功能,只是具体到每一个人其想象力不同而已。

想象力可分两类:即再造性想象和创造性想象。前者是根据对事物的现成描绘(图样、图解、文字说明等),在头脑中形成实际形象的能力。如设计者在进行建筑设计时,将平、立、剖面图在脑中想象出建筑的立体形象的空间想象力。或者当我们看资料解读一个建筑方案图时,看到它的平、立、剖面图,想象出它的造型等等。这种再造想象,无疑是设计者思维活动中一个重要的基础条件,也是从事建筑设计的基本功之一。

但是,对于创造性思维方法来说,更重要的是有无创造性想象。它要求设计者不依据现成的描述,突破空间和时间的限制,通过联想而独立地创造出新的形象。这是决定设计者从事建筑设计有无发展潜力的先决条件。当然,这种不依据现成描绘而创造出新的形象,并不是凭空想象,而是在设计者过去感知过的形象为媒介,以在头脑中进行创造性加工为手段的。就创造性思维而言,这种"创造性加工"包括以下几方面的内容。

1. 对要素加工进行创造性想象

所谓对要素加工进行创造性想象,就是对各种已有形象和记忆库中储存的形象元素,通过人脑的组织能力,进行重新编排、组合和加工,从而赋予事物以新的意义,创造出新的形象。换言之,构成新形象的若干元素并不是设计者的首创,只不过他把这些若干元素按自己的创造性想象重新进行了组合而已。

美国建筑师波特曼设计的许多旅馆,有一个突出的创新构思,就是把中庭、露明电梯和旋转餐厅三者组合起来,成为前所未有的新颖空间组合体,并由此而被各类公共建筑模仿。其实,这三件"法宝"没有一项是波特曼本人所首创。但是,就是因为他开创了这样一个对要素加工的先例,才设计出富有创造性想象的独特成果,而其他模仿者就谈不上创造性了。

美国建筑师赖特设计的纽约古根海姆美术馆(见图 3-11)利用一般美术馆的水平流线、展览空间、休息厅等常规要素,进行创造性加工,重新编排它们的组合关系。即:变由下而上的展览馆路线为先把观众用电梯送到顶层,然后由上而下的展览顺序;变分段式展区为一气呵成的连续展览;变方整封闭式展厅为螺旋形开敞式展廊。虽然该美术馆展览的设计要素没什么与众不同,但就是因为展览方式经过创造性想象,对设计要素重新进行加工、编排,从而使该美术馆以大胆新颖的造型和变化迷人的内部空间闻名遐迩。

世界文化遗产苏州古典园林名扬海内外。它以诗画的意境、变化的空间、丰富的要素、灵活的组合、文人的品格构筑了苏州千变万化的大小园林。事实上,抽出它们的构成要素就是众所周知的山石、水体、建筑、植物四大类。而建筑(厅、堂、轩、阁、榭、亭、廊等)的要素又都是简单的几何形体,看似"千篇一律"。然而,正是由于各园结合不同环境条件,以及园主各自的情趣,对上述园林构成要素进行精心组织,通过创造性想象营造出如此灿烂的园林艺术。苏州拙政园见图 3-12。

图 3-11　纽约古根海姆美术馆

图 3-12　苏州拙政园

2. 受原型启发进行创造性想象

受原型启发进行创造性想象是运用想象力在不同事物(现象、概念)之间建立起某种联系的方法,由此诱发出创造性设想。这个过程包含了形成回忆、增强记忆、促进推理,使人获得新认识,达到温故知新的效果,有助于产生新的思维成果,对于开发创造性想象大有好处。

概括来说,受原型启发进行创造性想象可分为以下几种类型。

(1)接近联想。接近联想是想象的事物与原型在某方面(形式、生活模式、平面构成等)有外在的相近之处。前者是受后者的启发而产生,但并不是模仿、再生,而是结合当前的各种条件进行再加工,再创造,从而产生新思维结果,人们从这个新成果中能看出原型的"影子"。

意大利建筑师皮亚诺在新喀里多尼亚设计的特吉巴欧文化中心(见图 3-13),从当地的棚屋受到启发,进而提炼出其中的精华所在——木肋结构。这种木肋结构是用棕榈树苗制成的,上面加有覆层。而文化中心每一根竖向弯曲的木肋及其连接的竖向和水平与斜向不锈钢构件天衣无缝地交接围合成一个"容器"——新的棚屋。那些木肋高挑着向上收束,其造型与原始棚屋有着异曲同工之妙。文化中心这种用来自世界各地的现代材料建造,最终表达的仍是传统文化的优秀杰作。正是运用接近联想的思维方法,在原型的启发下发挥出创造性想象结果。

图 3-13　特吉巴欧文化中心

(2)相似联想。相似联想是想象的事物与原型之间有某种内在的相似之处。前者仅仅受后者的启发,并不按照原型的样式做线性思维的直线发展、引申,而是根据想象的意图,进行新的变化设计。其新成果可以有点"神似"原型的内涵。

德国建筑师汉斯·夏隆设计的柏林爱乐音乐厅(见图 3-14),是个外形看起来有点古怪,演奏厅内部空间又复杂多变的建筑物。这正是建筑师在构思时,把音乐作为焦点,希望人们如同在山谷围成圈子听音乐。底部是演出场地,周围是一级级座位,像梯田似的层层升起,上面的顶棚要像帐篷和下面互应。夏隆还声称,建筑物的形状和轮廓,是他在家乡不莱梅看到的海港外浮动的冰山的反映。而演奏厅平面形状像个手提琴的"容器",近乎六边形。中心是演出场地,四周是不同大小和形状的层层梯台式听众席,不但丰富了室内空间效果,而且使演奏者与听众的交流很直接。这里,"围成圈子""层层梯田""帐篷""冰山""容器"等对于夏隆来说,都是创作的原型。他受此启发,围绕音乐焦点,展开创造性想象,成就了他这个富有代表性的杰作,被认为是二战后世界范围内成功作品之一。

从爱乐音乐厅的成果看,它并没有在形式上迁移原型,也不是信手勾画出来的,而是和功能、造价、音质很完美地结合在一起。但是,只要细细品味这座建筑,许多设计妙处与构思原型却有相似之处。

图 3-14　柏林爱乐音乐厅

（3）对比联想。对比联想是想象的事物与原型之间产生对立的关系。前者确受后者的启发。但设计者运用逆反思维，反其道而行之，其新成果往往让人为之一惊。

传统的西方教堂模式是把上帝神秘化，把教徒渺小化，渲染人间对天国的崇拜气氛。因此，形制是长十字形的，平面是封闭的，室内光环境是幽暗的，空间是高耸狭长的。然而美国建筑师菲利普·约翰逊设计的迦登格罗芙水晶教堂（见图 3-15），虽然教堂设计要素不变，但是在教堂要素的具体组织上似乎与传统教堂原型背道而驰。他改变了神父在教堂内主持礼拜的惯例，而尊重著名牧师舒勒（该教堂为他而建）的意愿，希望建一座像是没有屋顶和墙的教堂，便于他露天布道。为此，约翰逊用空间网架和晶莹明亮镜面玻璃造型让阳光普照大地，有如室外般的景象，以此代替了传统石造教堂。而平面摒弃了传统的十字形，代之以尖菱形平面，以巨大通透似变色龙的外壳和宽敞、明亮又不失亲切尺度的室内空间，完全改观了传统教堂那种压抑、紧张、神秘的形象。

图 3-15　迦登格罗芙水晶教堂

3. 在理念支配下进行创造性想象

创造性想象的源泉许多是来自原型的形象，只是由于"创造性加工"方法不同或者联想的途径不一，而呈现出五彩缤纷的创造性想象成果。但是，还有些创造性想象的源泉并不是来自原型的形象，而是来自最初的独特设计理念。在某种理念的支配下，设计者可以大胆创造出与众不同，甚至可能引起褒贬不一的设计作品。由法国建筑师 B·屈米设计的巴黎拉维莱特公园（见图 3-16）就是突出的实例之一。

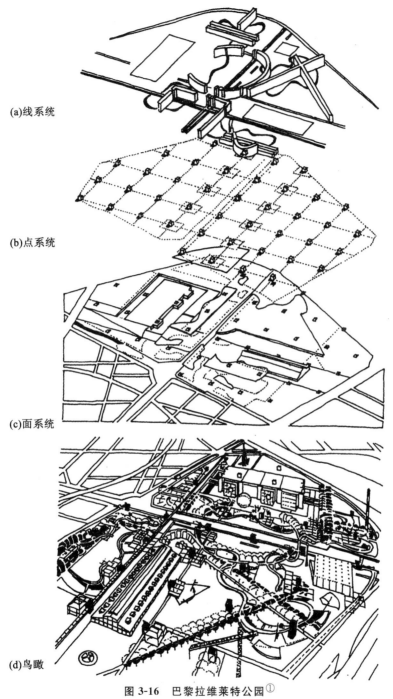

(a)线系统

(b)点系统

(c)面系统

(d)鸟瞰

图 3-16　巴黎拉维莱特公园①

　　屈米深受法国解构主义哲学家 J·德里达的影响,认为拉维莱特公园应当是无中心、无边界的开放型公园。建筑艺术可以不依赖传统的构图规律,而应以点、线、面三套体系并列、交叉、重叠,创造动态构图,产生一种新的城市空间模式。在这种理念的支配下,屈米把公园用地按 X、Y

----

　　① 该图转引自黎志涛的《建筑设计方法》(北京:中国建筑工业出版社,2008)

坐标划分为120m见方的矩阵,在交叉点上布置着内容和形式各不相同的"疯狂屋"(Folie)。这些红色"点"的体系是一种强烈的识别符号,作为公园的基调。而"线"的体系则由两条相交呈十字形的直线(纵贯南北的高科技走廊和横贯东西的原有水渠)和精心规划、把各景点串联起来呈曲线的园中小道构成。此外,大片绿地呈现"面"的形态,在闹市区令人心旷神怡,并衬托出变化万千的"点"更加生动醒目。上述这些"点""线""面"叠加在一起,看似"偶然""巧合""分裂""不稳定""不协调"的态势,却表现了解构主义创造性想象的理念。

(二)借助科学方法与工具

人进行创造性劳动的前提条件有三个:思维、方法、工具。

1. 思维

思维是人脑的属性,是对客观事物间接的和概括的反映,是在表象、概念的基础上进行分析、综合、判断、推理等理性认识的过程。这一过程有助于设计者了解设计任务,明确设计目标,搞清设计矛盾,指导设计展开。

创造性思维较之一般思维更是一个极其复杂的过程。这一过程反映在建筑创作中,涉及到政治、经济、文化、民族、艺术、自然、环境、技术、工程、生活、生理、心理等多元要素。创造性思维有助于设计者打开设计思路,找到标新立异的突破口,推动创造想象的发挥,由此获得新颖的成果。然而,上述建筑创作所涉及的领域,相互之间又错综复杂地交织在一起,互相联系、互相制约、互相矛盾、互相交融,从而使建筑设计的创造性思维构成一个独特的多层次、多因子、多变化的动态系统。对于此,传统的建筑设计方法以经验、感性、静态、封闭、单一为基础就显得力不从心了。尽管设计者可以极大地施展创造性思维能力,但是为了跟上当今科技高速发展的趋势,必须以现代设计法取而代之,借助创造性思维而进入想象领域。

2. 方法

所谓现代设计法主要在于这个"法"字。"法"就是指途径、方法、规律、法规等。就"科学方法论"而言,唯物辩证法具有普遍意义的、符合客观自然的方法、途径、属性与规律,是"放之四海而皆准"的科学方法论。虽然它不能取代各类层次的具体的科学方法,但它可以给我们的创造性思维带来更宽、更广、更深的领域。

能促进创造性思维发展的科学方法包含有众多因素,归纳起来主要有系统论方法、信息论方法、控制论方法。

(1)系统论方法。这种方法以系统整体分析作为前提,帮助创造性思维研究建筑创作中的各种设计问题,理清头绪、分别主次、比较利弊、提出重点、引导方向、指明途径等等。这样才能真正使创造性思维从全局到局部有条不紊地展开。

(2)信息论方法。这种方法以取得原始设计数据为准绳,并对一系列已知数据因素进行参数的估计与识别检验和合成。这就有助于创造性思维充分利用新的信息资源,进行有效的构思和各项设计准备工作。

(3)控制论方法。这种方法重点研究动态的信息与控制过程,使系统在稳定的前提下又准又快地工作。对于创造性思维而言,学会科学的"控制论"方法,就可以驾驭创造性思维的全过程。

除此之外,还有离散论、突变论、优化论、模糊论、功能论、对应论、智能论、艺术论等科学方法对创造性思维都有着推动作用。作为设计者,不能仅仅依靠感性的、经验的创作方法,一定要研究各种科学方法,以其理论武装自己头脑,借助现代设计法,使创造性思维活动更理性、更科学、更符合事物发展规律。

3. 工具

建筑设计思维的各种形式最终是要通过工具表达出来的。笔、模型、计算机三种工具在建筑设计过程中，在不同设计阶段担当着不同的角色。

笔作为设计的工具，在传统设计方法中曾占有主导地位，以至于设计者表达设计成果主要依赖手绘。但作为创造性思维的工具——"笔"的作用也功不可没，直到今天仍然不可舍弃它。

模型作为创造性思维的工具也发挥着它应有的作用。作为研究方法，我们强调运用工作模型帮助创造性思维，进行建筑造型研究，而不是用成果模型通过制作来表现最终设计成果。因此，具体掌握工作模型这一工具时，可用小比例尺，易于切割的泡沫块，按照创造性思维的意图，轻松而方便地进行体块的加加减减，以保证在研究形体时创造性思维不因手的操作迟缓而受阻甚至停顿。

计算机技术的出现、应用、推广已经极大地改变着世界，同时也深刻地影响着建筑设计领域，特别是数字化时代的到来，几乎颠覆了以往的许多观念、方法和手段。在建筑设计中，计算机除了能精密、细致、准确、快速、高效地制作设计成果表现图外，更大的优越性在于电脑建筑设计软件可以精确地帮助创造性思维解决原本"不可能"解决的复杂问题，特别是奇形怪状的造型问题。而且，对于重复性的工作，计算机具有无比的优势。这两个特点体现了计算机作为设计工具的巨大潜能。从长远看，掌握并熟练运用计算机技术不仅是建筑设计的工具、手段，也是一种方法。它应与手绘、模型媒介共同承担开发创造性思维与建筑设计表现的作用。一位优秀的设计者应能在这三方面协调发展，不断提高自己的潜能。特别是有了计算机这个现代工具以后，创造性思维可以有一个极大的飞跃。

然而，计算机工具也是一把双刃剑。完全依赖计算机工具，特别是在方案构思阶段和设计起步阶段，有时会因它的特点，如只有输入数据才能在严格的逻辑程序的编码中诞生精确的成果，反而束缚甚至桎梏人的创造性思维对设计目标概念性的、模糊的、游移不定的想象。如果一旦沉溺于计算机工具，那么，"脑·眼·手"作为创造性思维赖以进行的互动链就会严重断裂。"人脑"就会因"电脑"代替了许多技术性工作而使思维边缘化。"人脑"就会迟钝起来。"手"就会被强势的"鼠标"取代，失去对创造性思维的控制。手做方案的感觉消失，最终也就越来越懒。"眼"逐渐被屏幕上匠气、冷漠、机械的方案线条和毫无艺术、失真的效果图潜移默化，导致设计者创造性思维的潜能基础——人的专业素质、修养丧失。因此，计算机只是辅助设计的工具。它仅是人脑的延续，而不是人脑的替身，更不能代替人的思维，尤其是创造性思维。

总之，计算机技术作为现代工具极大地开拓了建筑创作的领域，促进创造性思维更加活跃，使建筑设计新成果不断涌现。同时，我们应注意计算机技术对于创造性思维的负面影响，使两者各自发挥优势，又能互补，共同提高设计者的创造力。

（三）利用非推理因素

在心理学中存在有一种所谓的"垃圾箱理论"。这种理论认为，客观世界反映到人的头脑中的东西可以分两类。一类是经常反复反映进来的东西，或者说是人的思维中经常要用到的东西。对于这一类东西，人们能够认识到它们之间的联系，能够按此联系把它们有系统地排列在头脑中。在需要从头脑中去找这些信息时，就可以按它们系统排列的顺序去找，这个系统顺序就是逻辑思维中的推理因素。大脑中的另一类东西则属于不是经常反复反映进来的东西，不是人们经常利用的东西,人们认识不到它们与别的事物有什么联系,因而不能够系统地加以排列。这一类东西只是杂乱无章地堆放在大脑中的某一处,像个"垃圾箱"。要想从"垃圾箱"中寻找自己想要的东西,只能靠乱翻,也就是靠心理活动中的非推理因素。

根据上述心理学的描述可知,既然发明创造不是阐明已知的事物联系,而是要发现事物间未知的联系,因此就得靠翻"垃圾箱",靠非推理因素把似乎无关的东西联系起来。在科学领域,很多发明创造就是把在逻辑推理上看来完全无关的东西联系在一起时产生的。对于创造性思维来说,非推理因素很重要。这种利用非推理因素,从"垃圾箱"中寻找解决问题的方法就是"综摄法",其包含有两个重要步骤:

步骤一:变陌生为熟悉。这是综摄法的准备阶段,即把问题分解为一些小问题,以便深入理解问题的实质,并由此得知解决哪些具体小问题才是建筑创作的关键所在。

步骤二:变熟悉为陌生。这是综摄法的核心,即暂时抛开问题本身,通过类比的方法,从陌生的角度进行探讨,得到一些启发之后回到原问题上来,再通过强制联想,把类比成果应用于解决原问题。

例如,当我们设计一座大型现代医院门诊部时,对于许多设计者来说是较"陌生"的,但我们可以把复杂的门诊部所有应考虑和解决的问题细分成:科室布局应合理、三级分流应清晰、流线组织应短捷、就医程序应畅顺、洁污管理应分离、专属领域应独立等等。有些问题如功能布局、流线组织都是建筑设计的共性问题,是设计者较为熟悉的,只是处理手法可能要就事论事。而有些问题如对门诊部三级分流要素的处理可能是发挥创造性思维、产生新颖方案的关键。

采用类比的办法,可以把三级分流比作人体的血液循环系统:由心脏发送的血液流到动脉主管,再流向人体各器官、各肢体的支管,直至流到毛细血管。血管系统表明了路径清晰、路途简捷。这样,我们可以联想到门诊部也是一个生命体,把门诊大厅当作心脏,患者由此通过如同血管作用一样的有组织的廊道流向各科室候诊厅。这种门诊部的交通体系保证了医患人员各自的功能要求。同时,心脏——门诊大厅的处理将成为体现医院建筑的特色之处。

我们还可以把自己比作患者(或称感情移入,角色扮演),从陌生的角度去体验一下就医过程,并设身处地地想一想,当"我"进入门诊大厅后,"我"希望做什么,有什么要求。比如环境要安静、宽松,不要人满为患;要能很快发现就要找或要去的地方,而且路途不能太长,上下楼最好有电梯、自动扶梯;希望能便捷地获得"我"需要的各种信息;当"我"被医床推着走时,不希望仰天看到阳光刺眼,灯光眩目等等。这些人性化类比都是设计要解决的问题。

由此可见,综摄法就是力图避免思维定势,以新的视觉来观察分析和处理设计中的问题,以此启迪新的创造性设想。值得提出的是,创造性思维并不是以创造新颖形式为唯一目标。如上所述,对于解决设计中除形式以外的其他关键问题(如功能、结构等)也是创造性思维应涉及的范围。

第四节　建筑构思与实际应用

一、主题构思与实际应用

(一)主题构思的重要性

做设计、搞创作如同写文章一样,首先要进行主题构思。无论是事或物,必须先对它的主题进行有深度的思考,以求有正确的认识和深刻的了解,这样才能产生某种理念。假如设计时没有主题的构思,你的思考就没有对象,你的设计就缺少灵魂,只能是排排房间(设计)或排排房子(规划)而已。把设计规划变为一种机械性的工作,而失去了设计创作的原意。有的建筑师就说:"好的设计是要有重要的主题和潜台词的。"

明确做设计要进行主题构思,形成自己的设计观念(或理念),问题是这个观念和理念又源自何处呢?应该说:观念就是由主题而生,由主题而来的;在没有主题之前,就不会有观念;有了主题之后才会有观念。你对这个主题认识正确,形成的观念正确;相反认识错误则观念错误;你对这个主题认识深刻,则得出的观念就深刻,认识肤浅则观念肤浅。因此可以说:在进行创作时,"想法"是最重要的,它比"方法""技法"要重要得多。如果你的设计"想法"不对,即使你方案本身做得再好,图纸表现多么吸引人的眼球,但最终可能就会被一句话——"这个想法不对头"而把你的方案彻底否定。

20世纪70年代中,上海火车站的设计(见图3-17)就是最明显的一例。这个车站位于市区,新车站的建设如何节地,如何利于组织城市交通,是该设计需要考虑的主要问题。但是在提交评审的所有方案中,都采用北京火车站的设计模式,没有针对主题提出明确的"想法"。尽管各个方案设计都很到位,建筑表现也很充分,最后被一个新的"想法"彻底否定了。这个新的想法就是:为了节省土地,少占城市用地,少拆迁,建议充分利用空中开发的权利把铁道的上空利用起来,把候车室建在月台上,采用高架候车的方式来设计上海火车站。它有多条站台,可以设计八个候车室。同时为了简化城市交通,建议从车站南北两端同时设置出入口,方便旅客从南北两个方向进站候车。这样就避免车站北区的车流人流,绕道跨线,都挤到南边进站,大大简化了繁忙的城市交通。这个"想法"在会上一经提出,即得到与会者的认可,最终按着这个"想法"重新设计并最后建成。

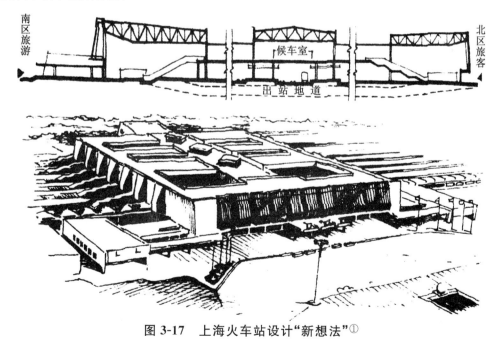

图 3-17　上海火车站设计"新想法"①

---

① 图 3-17 和图 3-18 转引自鲍家声的《建筑设计教程》(北京:中国建筑工业出版社,2009)。

这个"新想法"在我国首创了南北开口、高架候车的布局,成为我国铁路旅客车站设计的新模式。它不仅达到了节省土地、简化城市交通的目的,而且提供了最简捷、最合理的旅客进站的流线组织方式,没有一点迂回。在此后的 20 多年中,国内陆续建设的不少大型新车站都效仿了这种模式。这个"想法"的提出就是由主题而生,是对主题深刻理解和认识的结果。由于对主题认识正确,想法观念就正确,体现正确观念的方案也就自然被大家认可。

(二)设计观念的形成

在设计时,一定要重视主题构思,在未认清主题之前,要反复琢磨、冥思苦想。只有对主题有深刻的了解之后,才能产生适当的观念,否则那种观念是无的放矢、不切实际的。另一方面我们也要避免把建筑创作变成一种概念的游戏,高谈阔论,也不要刻意地追求某种理念,牵强附会,只有自己了解其含意,别人都看不懂,也无法看出设计者的美妙"联想"。

观念的产生需要有一定条件和得体的方法,以下几点可作参考。

(1)调查认知、深刻思考。设计前要进行调查研究,要体察入微,又要观察其貌,合二求好,这样才能真正求解,才可能作出良好的设计。如果不深入洞察,则观念就会失之空洞;如果只研究局部而不顾其他,则观念就会失之于偏离。

(2)积累知识、利用知识。知识是创作的工具,是创作的语言,一切有关的知识不仅要知得多,而且要懂得如何去应用它。在产生观念之前,应以知识为工具,借以认清主题、分析内容、了解情况,才能有正确的观念。以上述上海火车站设计为例,必须了解:铁路旅客车站的管理办法、使用方式、铁路旅客站的历史及当前的发展趋势;旅客车站的平面空间布局模式及其特点和优点;了解交通流线的组织方式和节地的设计方式,有关的规划和设计的条例及其经验等。借用这些知识,针对设计的现实问题,可以借他山之石,激发自己的灵感,产生自己的"想法"。

(3)发散思维、丰富联想。建筑创作的思维一定要"活",要"发散"要"联想",要进行多种想法多种途径的探索。因此,方案设计一开始,必须进行多方案的探索和比较,在比较中鉴别优化,同时在创作过程中,不能自我封闭、故步自封,通过交流、评议,开阔自己思维,明确创作的方向,完善自己的观念。

(4)深厚的功力、勤奋的工作。建筑设计良好的观念固然重要,但是没有深厚的功力,缺少方法、技法,缺少一定的建筑设计处理能力,也很难把好的观念通过设计图纸——建筑语言表达出来。同时,也需要勤奋的工作,像着了"迷"似地钻进去,就可能有较清醒的思路从"迷"中走出来。

(三)设计是观念的体现

设计创新首先是观念的创新。有些设计之所以摆脱不了旧的设计模式,缺少新意,追根究底,往往是受了旧观念的束缚。

仍以铁路旅客车站设计为例,这是一种老的建筑类型,诞生于 19 世纪末叶,当时多是作为城市门户,讲究气派、重视形象,对车流、人流等功能问题缺少应有的重视。随着现代城市交通的发展,铁路旅客站实际上也成为各类交通工具——铁路(包括高速铁路)、地铁、轻轨、城市公交、长途汽车客运、专用车、私人小汽车及出租车辆的换乘中心,是城市内外联系最重要的交通枢纽。安全、便捷、快速、舒适的交通组织成为该类建筑设计中最基本的问题。因此仅按照传统的"城市大门"的旧观念来设计显然是不完全合适的。对待这类建筑构思的主题首要的应是"交通",而不是"大门"。前者是实质的核心问题,后者是形象的;前者是本,后者是标。传统旅客火车站总是把站房、广场、站场三部分分割开来进行设计,这是传统"大门"观念下车站设计的老模式,如今如何在车站设计中(尤其是大型车站)解决好交通、组织好流线,对这种传统设计模式重新认识,敢于突破它,这样才能有所创新。

20世纪末(1999年)建成的杭州铁路客站,2000年获得全国优秀设计银奖。其成功之处就在于抓准了主题,在深刻认识和分析的基础上,形成了正确的设计观念,突破了传统的设计模式,将站房、广场和站场作为一个有机的整体。采用立体的空间组织方式,利用地下、地面、高架等三个层面来组织流线,把进出人流及各种车流有序地组织在不同的层面上,从而保证了旅客进出方便、迅速。杭州火车站设计(剖面)见图3-18。

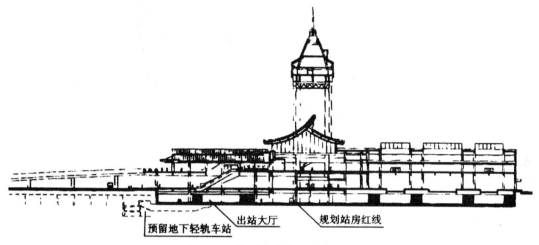

图 3-18　杭州火车站设计(剖面)

二、功能构思与实际应用

(一)功能构思的要求

设计者对文化、社会和历史文脉的深刻理解是方案构思的重要基础。但是,需要强调的是建筑的计划,即立项的目标、功能的需求、运行管理模式、空间的使用与分配、建造方式以及特殊的使用要求和业主的意愿等,这些才是方案评判的最终依据,是塑造成功建筑首要的因素。即任何创作都有一个不能违背的共同的根本要求,那就是建筑建造的目的所需要的适应性及其可发展性——即它是什么? 它还能做什么? 因此,从功能和计划要求着手进行构思是最基本、最重要也是最实在的。

在进行功能构思时,建筑师与业主或使用者进行讨论,可以了解更多的信息,加强对业主意图的了解,深化对功能使用的理解,可以获得有助于解决问题的信息。业主和使用者一般不太善于表达他们需要什么,建筑师在讨论沟通的过程中,可以发现他们的意愿、需要和最关注的问题,甚至可以发现他们美好的创意,引发创作构思的灵感。同时,建筑计划和设计是相互依赖的。在设计的整个过程中,讨论有利于引导我们的方案构思和设计。规划构思的灵感也许就出现在这个交流的过程中,可能受任何一句话、一个建议或一件事、一个东西的激励,就可能导致建筑师脑海里突然闪现出灵感。

从功能着手进行构思首先要了解功能,此外,还必须了解各类型建筑功能的要求及解决的方式,即该类型建筑的一般平面空间布局的设计模式是什么? 每一种模式有什么特点、优点和缺点? 在什么情况下应用比较合适? 在这方面历史上有哪些经典之例? 参考这些积累的知识,并在知己知彼的情况下,作为创新和突破传统模式的基础和出发点。

比如国内图书馆建筑传统的布局模式都是阅览在前,书库在后,出纳目录扼守在二者之间,通常都采用水平的布局方式。因此,形成了"上""工""日""田"形多种平面形式,这必然会有朝向不好的部分,出纳目录要扼守中间,处于最不好的部位,冬冷夏热,不通风,条件就最差。采用垂直布局就可能从根本上避免了上述弊端。

又如博物馆建筑"三线一性",就是这种类型建筑(博物馆、美术馆、纪念馆、展览馆等)的内在基本要求,"三线"即是参观路线、视线和光线,"一性"就是建筑艺术性的要求,它们对建筑的空间布局有直接的影响。参观路线影响着空间序列的安排;视线和光线问题影响着建筑空间垂直方向的设计和采光的方式;艺术性将影响体量、体形和造型的处理。以参观路线来说,它既有连贯性,又有参观路线灵活性的要求,各类型博物馆、纪念馆、展览馆要求不一。历史性的馆舍参观连贯性要求强,艺术性、展览灵活性要求多一些,它们对空间布局都有影响。

又如博物馆有一个"疲劳病"问题,由于参观路线组织不好,出现迂回、曲折、往返等,造成参观流线过多,观众很累,如何解决"疲劳"问题就是博物馆建筑的一个共同而现实的功能问题。1959 年建成的美国纽约古根海姆美术馆就是解决好这个问题的一个绝好的例子。美术馆有 8 层高(按楼梯计),内部是一个螺旋形走道不断盘旋而上的整体空间,顶部有一个玻璃窟窿,外部造型直接反映出内部空间的特征。观众进入门厅后,观众乘电梯直登八层,然后自上而下顺着螺旋形的大坡道(连续的、不分层)参观,最后在底层参观结束。采用这种特殊的方式减少了参观中的疲劳,也为这类型建筑创造了一个崭新的建筑空间模式。

(二)功能定位

功能构思一个重要的问题是"功能定位"。功能定位一般在业主的计划中是明确的,但是设计者对其的认识深度会影响着设计构思的准确性,对于一些综合性的建筑更要深入了解。北京恒基中心(见图 3-19)的设计是一个很好的例证。它建于北京火车站前街东部地段,开发这块地段的一个重要的意图就是为北京火车站服务,做多功能经营。北京火车站人流总共每日 30 万人次,为此,设计要考虑客流量的出路,缓解站前广场巨大的人流压力。设计者领悟到这不是单体建筑设计,其"功能定位"应是"混合使用中心",因为它具有多种使用功能,集办公、宾馆、商业、娱乐和公寓为一体。根据这样的分析定位,设计者除了做好办公、商业、宾馆等单项功能分区外,还特别设计了一个大的内院,对内它是公共空间,把建筑群各个部分有机地组织在一起,对外它与城市空间沟通,形成开放空间,成为"城市的起居室"。它正是根据"混合使用中心"的功能定位而提出"城市起居室"的设计构思。

图 3-19 北京恒基中心

又如北京新东安市场(见图 3-20)的设计,也考虑到商场不仅仅是购物,而且是休闲、娱乐相结合的场所,必须创造好的购物环境。因此平面设计不仅承袭了老东安商业街的传统,设计了宽阔的步行街,同时还设计了一圆一长两个中庭(在其中布置了竖向的交通核)、楼梯、观光电梯、两台跨越两层的高速自动扶梯与进出的平台组成了丰富的内部空间。通过造型轻盈的圆形和锯齿形的玻璃采光顶,将蓝天白云引入室内,使人一年四季都能感受到大自然的气息。顾客在跑马廊可边休息边欣赏中庭的时装表演、文艺演出、儿童游戏等活动,颇有"乐不思归"之感。

图 3-20　北京新东安市场

在总体规划中,地块如何使用,空间如何构架,常常也是首先从功能出发来构思的。功能定位以后,把大的功能分区做好,在此基础上建立总体的空间结构体系。沈阳建筑大学总体设计就是一个很好的例子。该设计将校区分为教学区、生活区和运动区三大地块,为了适应寒冷气候的条件,将教学区和生活区用宽阔的二层长廊连接,全长 700 多 m,强化了两区相连的功能。同时,为争取各个房间都有一定的日照,将教学区的各单元都扭转了 45°。从功能构思创造出的校园空间布局让人耳目一新。

三、环境构思与实际应用

(一)环境因素对构思的影响

在设计构思时,要考虑的因素是多方面的,包括建筑物内在的功能要求及基地条件,周围环境等外界因素,它们都可能诱发着某种设计构思。本书主要论述外部因素对构思的影响。

外界因素范围很广,从气候、日照、风向、方位直到地段的地形、地貌、大小、地质以及周围的道路交通、建筑、环境等各个方面,这里不一一进行分析,而着重研究环境与设计构思的关系。因为我们所设计的任何一幢建筑物,其体形、体量、形象、材料、色彩等都应该与周围的环境(主要是建成环境及自然条件等)很好地协调起来。在设计构思阶段必须始终抓住这一要点,在创作初期的立意阶段显得特别重要。

在设计之初,必须对地段环境进行分析,并且要深入现场、踏勘地形、身临其境、寓意于境。换言之,要把客观存在的"境"与主观构思的"意"有机地结合起来。这就要求:一方面分析环境特点及其对该工程的设计可能产生的影响,客观环境与主观意图的矛盾在哪里? 主要矛盾是什么? 矛盾的主要方面是什么? 是朝向问题还是景向问题? 是地形的形状还是基地的大小? 是交通问题还是与现存建筑物的关系问题等,抓住主要矛盾,问题就会迎刃而解;另一方面也要分析所设计的对象在地段环境中的地位,在建成环境中将要扮演什么角色? 是"主角"还是"配角"? 在建筑群中它是主要建筑还是一般建筑？该地段是以自然环境为主？还是以所设计的建筑为主？在这个场地中建筑如何布置？采取哪种体形、体量较好？通过这样的理性分析，我们的构思才可能有道得体，设计的新建筑才能与环境相互辉映、相得益彰、和谐统一、融为一体。否则可能会喧宾夺主，各自都想成为标志性建筑，结果必然是与周围环境格格不入，左右邻舍关系处理不好，甚至损坏原有环境或风景名胜，造成难以挽回的后果。

（二）环境类型与构思

建筑地段的环境尽管千差万别，但也可以把它们归纳为两大类，即城市型的环境与自然型的环境。城市型的环境位于喧闹的市区、街坊、干道或建筑群中，一般地势平坦、自然风景较少、四周建筑物多；自然型的环境则位于绿化公园地带，环境幽美的风景区或名胜古迹之地，林荫密茂，自然条件好，或地势起伏、乡野景致，或傍山近水、水乡风光。设计立意就要因地制宜，以客观存在的环境为依据，顺应自然、尊重自然。严格地说，从事的规划和设计都是一种被动式的设计，但是要充分发挥设计者的主观能动性，充分地利用自然进行设计。因此，应该了解和掌握处于不同环境中建筑设计的一般原则和方法，以期获得比较好的设计效果。

1. 城市环境中的构思

在城市环境中，建筑基地多位于整齐的干道或广场旁，受城市规划的限定较多。这种环境中是以建筑为主。此时建筑构思可使建筑空间布局趋于紧凑、严整；有时甚至封闭或半封闭；有时设立内院，创造内景，闹处寻幽；有时积零为整，争取较大的室外开放空间，增加绿化；有时竖向发展，开拓空间，向天争地或开发地下空间；有时对于多年树木，“让步可以立根”，采取灵活布局，巧妙地保留原有树木，以保护城市中难得的自然环境。同时，也要特别注意与四周建筑物的对应、协调关系，要“应前顾后”，左右相瞰，正确地认定自己在环境中的地位与作用。如果是环境中的“主角”，就要充分地表现，使其能起到“主心骨”的作用；如果不是“主角”，就应保持谦和的态度“克己复礼”，自觉地当好“配角”，作好“陪衬”，不能个个争奇斗艳，竞相突出。

美籍华人建筑师贝聿铭先生设计的美国波士顿汉考克大厦（见图 3-21）就是甘当配角的经典之例。它位于波士顿城市中心，临近教堂。尽管汉考克大厦体量不小，但不能喧宾夺主，为此该设计从体形、建筑造型处理到材料选择都小心谨慎，甘心做“陪衬”。因此，平面采用平行四边形，以减小从广场方向看过去的体量；同时建筑外形简洁，并采用玻璃幕墙，远看它消失在蓝天白云中，近观墙面上则反映了体形丰富的教堂的影像，完全起到了“喧主陪宾”的作用，表现出高度的谦让精神。

图 3-21　波士顿汉考克大厦

在城市环境中进行单体设计时,在考虑环境的同时,还要有城市设计的观念。从建筑群体环境出发,进行设计构思与立意,找出设计对象与周围群体的关系,如与周边道路的关系,轴线的关系,对景、借景的关系,功能联系关系以及建筑体形与形式关系等。只有当设计与城市形体关系达到良好的匹配关系时,该建筑作品才能充分发挥自身的、积极的社会效益和美学价值。否则,一味以"我为中心",不顾"邻里关系"自然不会融洽。无论单体设计如何精妙,如果它与周围建筑形体要素关系非常紊乱,那就绝不是一个好的设计。因为孤立于城市空间环境的建筑很难对环境作出积极的贡献。

2. 自然环境中的构思

在自然型环境中,其地段特点显然与城市环境特点不同,建筑物设计的立意"根据"也就随之不同。在这种环境中,总体布局要根据"因地制宜""顺应自然"等观念来立意,结合地貌起伏高低,利用水面的宽敞与曲折,把最优美的自然景色尽力组织到建筑物最好的视区范围内。不仅利用"借景"和"对景"的风景,同时也要使建筑成为环境中的"新景",成为环境中有机的组成部分,把自然环境和人造环境融为一体。

在自然型环境中设计,一定要服从景区的总体要求,极力避免"刹景"和"挡景"的效果。如果说,当建筑物位于闹市区时,首先是处理好它与街道及周围建筑物的协调问题;那么,当建筑物位于自然风景区时,设计构思则应主要考虑如何使建筑与自然环境相协调。通常在这种环境中,应以自然为主,建筑融于自然之中,常采用开敞式布局,以外景为主。为使总体布局与自然和谐,设计时要重在因地成形,因形取势,灵活自由地布局,避免严整肃然的对称图案,更忌不顾地势起伏,一律将基地夷为平地的设计方法。要"休犯山林罪",注意珍惜自然,保护环境。为了避免"刹景",一般要避免采用城市型的巨大体量,可化整为零,分散隐蔽,忽隐忽现,"下望上是楼,山半拟为平屋"的手法。

除此之外,在风景区中,建筑布局不仅要考虑朝向的要求,还要考虑到景向的要求;不仅要考虑建筑内部的空间功能使用,还要考虑视野开阔、陶冶精神的心理要求。在对朝向与景向问题上,一般宜以景向为主,做到"先争取景,妙在朝向",使二者统一起来。同时,建筑本身也要成为景区的观赏点,即从内视外,周围景色如画;而从外视内,使建筑入画,融合于景色之中。

在这方面有成功的经验,也有失败的教训。杭州是我国的风景旅游城市,但西湖的部分宾馆建设却使美好的西湖受到损害。20世纪50年代的杭州饭店,被人称为"新建大庙",与自然风貌格格不入;60年代的西泠饭店,过分的体量把旁边的孤山似乎变成了"土丘";70年代的旅游大厦,也近湖滨布置,设计体量巨大方整,完全破坏了以自然山水美为主的西湖环境。

通过环境塑造建筑是建筑师创作构思常取的一条途径。著名的澳大利亚堪培拉市政厅(见图3-22)设计,建筑师把它建在一大片草地下,使建筑的外形融于自然环境之中。这一设计构思就是源于自然,源于环境。堪培拉的绿化非常好,市政厅的设计就是呼应这种绿化环境。正如澳大利亚著名建筑师考克斯曾戏说过:澳大利亚的历史很短,没有什么传统可以借鉴,只有优美的自然景观,所以我们建筑师的任务就是要把这些景观同建筑很好地结合起来。

20世纪90年代的北京植物园展览温室(见图3-23)的方案设计也是立足于环境进行构思的。该展览温室位于北京著名的游览区香山脚下的植物园内,三面环山,景色宜人,与贝聿铭设计的香山饭店隔山相望。这个植物园展览温室方案创作是以"绿叶对根的回忆"为构想意象,独具匠心地设计了根茎交织的倾斜玻璃顶棚以及曲线流动的造型,仿佛一片飘然而至的绿叶落在西山脚下。而中央四季花园大厅又如含苞待放的花朵衬托在绿叶之中,使整个建筑通透、轻快,融于自然之中。

图 3-22　澳大利亚堪培拉市政厅

图 3-23　北京植物园展览温室

　　在原有建筑环境中增加新建筑,特别是在旧建筑旁边扩建,设计更应从实际建筑环境出发。为取得统一和谐,首先要考虑体形、体量组合的统一性,此外还要考虑尺度的一致,主要材料的一致以及某些处理手法的相同、相似或呼应。

　　例如,美国华盛顿广场旁的国家美术馆东馆(见图 3-24)设计,就是这方面的经典作品。美国首都华盛顿中心区由东西轴线和南北轴线及其周围街区构成,它是方格网加放射性道路的城市格局,沿着主轴线的南北两侧建有一系列国家级博物馆,如历史博物馆、航天博物馆及国家美术馆等。贝聿铭先生设计的国家美术馆东馆置于华盛顿广场的东北角,北临一条放射形道路,建设基地为梯形,基地东面是国会山,国会大厦就位于此高地上;基地西面为原有的国家美术馆西馆,考虑到这一特殊地形和环境,新的国家美术馆(东馆)采用两个三角形的空间布局,使建筑的每一个面都平行于相邻的道路,且将主要入口设在西侧,与老美术馆(西馆)遥相呼应。其体形、体量的尺度都是受环境的限定而构思的,因为华盛顿规划部门规定全城建筑高度不得超过 8 层,中心区建筑则不得超过国会大厦。因此新设计的美术馆体量不大,其平面设计与众不同,但通过与广场其他博物馆的高度、材料、色彩的一致呼应,而使整个建筑群极为统一完整。

图 3-24　美国国家美术馆东馆

四、空间构思与实际应用

(一)空间与构思的关系

空间概念是从三维的角度表达一种思想的方式,它表达得越明确,建筑师的理念就越显得有说服力。建筑师每个新的设计都理应带来空间的创新。这种创新和特定设计任务的各种限定条件相关,受其影响促成了建筑师相应的设计理念,并最终转化为空间——概念的空间。因此空间构思是每个设计不可缺乏的核心。每一项新的设计任务都有不同的功能要求,建于不同的地段环境,每次设计之前,建筑师都要考虑这样一些问题:它有哪些要求,有哪些有利因素,又有哪些不利因素,在这个地段乃至整个城市中它将扮演什么角色,需要表达什么样的理念,最终要解决什么问题,达到什么样的境界等。

设计必须满足这些设计任务的要求,但是设计概念或空间构思不是简单地由设计任务推断出来,就像 20 世纪前期功能主义者所推崇的形式追随功能那样,而是取决于建筑师是如何理解和诠释建筑条件和环境的,并且必须使自己的思维置于整个社会环境和自然环境之中,要跳出狭义的建筑来构思建筑。正如赫曼·赫茨伯格在他的《建筑学教程 2:空间与建筑师》一书所说:"'建筑师'真正的空间发现绝不是源于建筑——这一狭小天地中的精神交流,它们通常是受到更广泛的社会层面,以及文化变迁的影响激发而成——无论这种变迁是应由社会或经济的力量所引起。"

空间构思首先是概念构思,必须富有挑战性,能激起反响,能为多元的诠释留有空间,但不要像某些设计者把设计方案说成是像什么,或者只有他知道别人根本看不出来的某种具象形式等,那是形而上学的思维。不要只停留在平面形式或立面造型,重要的是着眼于内外空间的创造,包括剖面的构思。

(二)空间构思实例分析

1. 海牙三国联盟专利办公室

1993 年建于荷兰海牙的荷兰、比利时、卢森堡三国联盟专利办公室(见图 3-25)的设计,其设计的首要目标就希望改变传统的中间走道、两侧房间的典型标准办公楼的空间组合形式,而创造一个更适合交流的新概念空间。因此建筑师采用了鲜明的空间穿插手法设计室内空间,将原来一个普通的办公平面打破,使走廊扩大变成了一个大厅,并使各部分从组合中脱离,大厅就更开敞了,这一穿插不仅使建筑内部的使用者之间产生了视觉接触,还可以从中央大厅观赏外部世界的景观。

图 3-25 海牙三国联盟专利办公室

2. 荷兰阿姆斯特丹新大都

荷兰阿姆斯特丹新大都(国家科学技术中心,见图 3-26)的设计,其造型如同一艘即将出海的巨轮,富有动感的力量,这便是意大利著名建筑师伦佐·皮亚诺面对通往海洋的海港隧道时用草图表现出的灵感。外形有点像正在沉没的船(因为这个地方绰号叫"泰坦尼克")。完全保留了以剖面形式表达的草图灵感,这便是从空间形式出发结合文脉的最典型之例。

图 3-26 阿姆斯特丹新大都

五、技术构思与实际应用

(一)建筑结构与构思

技术因素在设计构思中也占有重要的地位,尤其是建筑结构因素。因为技术知识对设计理念的形成至关重要,它可以作为技术支撑系统,帮助建筑师实现好的设计理念,甚至能激发建筑师的灵感,成为方案构思的出发点。一旦结构的形式成为建筑造型的重点时,结构的概念就超出了它本身,建筑师就有了塑造结构的机会。

结构构思就是从建筑结构入手进行概念设计的构思,它关系到结构的造型,建筑的建造方式,以及建构技术和材料等因素。结构形式是建筑的支撑体系,从结构形式的选择引导出的设计理念,充分表现其技术特征,可以充分发挥结构形式与材料本身的美学价值。

　　在近代建筑史中不少著名的建筑师都利用技术因素（建筑结构、建筑设备等）进行构思而创作了许多不朽的作品。例如意大利建筑师、工程师奈尔维利用钢筋混凝土可塑性的特点，设计了罗马小体育馆（见图 3-27），并于 1957 年建成。他把直柱 59.13m 的钢筋肋形球壳的网肋设计成一幅"葵花图"；并采用外露的"Y"形柱把巨大装配整体式钢筋混凝土球壳托起，整个结构清晰、欢快，充分表现了结构力学的美。

图 3-27　罗马小体育馆

　　基于结构的设计构思，在大跨度和高层建筑中尤为重要。因为在这两种空间类型的建筑中，结构常常起着设计的主导作用。钢筋混凝土结构除了可塑性外，钢筋混凝土薄壳结构还有大跨度的特点，它为建筑师创造大跨度、大空间的建筑提供了技术支撑条件。建筑师利用这一特点，把建筑形式和结构形式有机地结合起来，创作了很多经典的作品。

　　20 世纪 70 年代建成的美国波士顿图书馆（见图 3-28），为了减少阅览室中的柱子，创造更大的灵活自由的空间，就采取了悬挂式结构。利用垂直交通和辅助用房作为承重的实体，支撑巨大的桁架，各层楼面都悬吊在桁架上。

图 3-28　美国波士顿图书馆

　　又如香港汇丰银行（见图 3-29 和图 3-30），它是由英国建筑师诺曼·福斯特设计的，在它的下方是城市的公共道路，它并没有简单地占据空间，其底部主要部分用于穿行，仍然是公共领域的一部分。为了实现"城市化空间"的理念，底层平面最好没有柱子而构成一个城市广场的尺度。建筑师通过技术因素的构思，采用了 5 层大桁架，在每层桁架上分别悬吊 4～8 层的楼面，共 30 层楼面；各楼面均为办公室，中间是一个巨大的中庭，各层开敞式的办公室包围着它；底层为公共区域,市民可以自由穿行,去银行的人流通过自动扶梯方便地上楼,它几乎没有占用任何公共城市空间,而是布置于一隅,确保了建筑下方广场的自由与开放。

图 3-29　香港汇丰银行(外景)

图 3-30　香港汇丰银行(内景)

2008 年北京奥运会主体育场——"鸟巢"(见图 3-31),它由瑞士赫尔佐格和德默隆建筑设计公司与中国建筑设计研究院合作设计。这个方案从结构构思出发,以编织的结构形式作为体育场的外观。结构形式就是建筑形式,二者实现了完全统一。体育馆的立面和屋顶由一系列辐射的钢桁架围绕看台区旋转编织而成。结构组件相互支撑,形成网络状的构架,就像由树枝编织成的"鸟巢"一样。这一独特的结构形式创造了独特的建筑造型。

图 3-31　鸟巢

（二）建筑设备与构思

技术因素中除了结构因素以外，还有各种设备，也可以从建筑设备的角度进行设计概念的构思。就空调来讲，采用集中空调设施和不采用集中空调的设施——采用自然通风为主，二者设计是不一样的，因而也就有不同的建筑构思方案。20 世纪 50 年代流行的模数式图书馆（见图 3-32）采用大进深、方形的图书馆平面，它就是基于空调设施的应用而出现的设计模式。

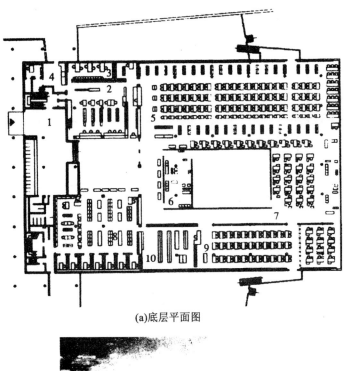

(a)底层平面图

(b)鸟瞰图

图 3-32　模数式图书馆——德国波恩大学图书馆（1960）①
1—入口大厅；2—借书厅；3、4—书籍处理；5—大阅览室 168 座；
6—休息；7—专门阅览室 60 座；8—教师阅览室；9—杂志；10—寄存

今天建筑要求节省能源，创造健康的绿色建筑，这又是一种回归自然的思路了。图书馆的进深不能过大，可采用院落式，以创造较好的自然采光和自然通风的条件。图 3-33 是以自然采光与自然通风为主构思设计的一所大学图书馆平面，建筑面积 35000m，规模巨大，4 层，但仍能采用自然采光。

---

① 图 3-32 和图 3-33 转引自鲍家声的《建筑设计教程》（北京：中国建筑工业出版社，2009）。

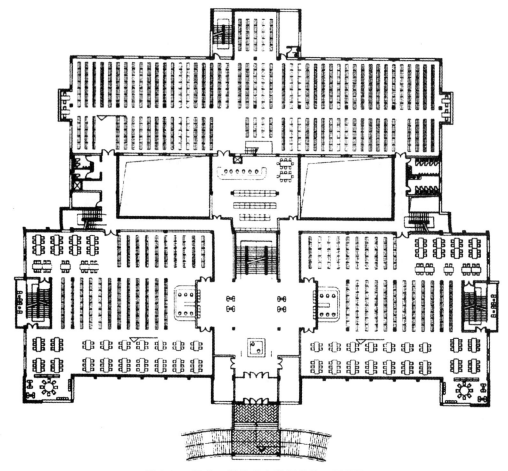

图 3-33　辽宁工程技术大学图书馆二层平面

以上各例都是技术构思之经典作品。这些作品能够建成说明两个问题:其一是建筑师要能通晓有关技术知识,才能按照技术的原理把方案构思出来;另一方面也需要技术工程师的支撑,方能使建筑师的独特构想变成现实。因此建筑师与工程师们的合作是创造好作品不可缺少的条件。

六、仿生构思与实际应用

(一)关于仿生学

仿生学作为一门独立的学科诞生于 1960 年。仿生学的希腊文(Bion-ics)意思是研究生命系统功能的科学。仿生学是模仿生物来设计技术系统或者使人造技术系统具有类似于生物特征的科学。确切地说,它就是研究生命系统的结构、特点、功能、能量转换、信息控制等各种优异的特征,并把它们应用于技术系统,改善已有的工程技术设备并创造出新的工艺过程、建筑造型、自动化装置等技术系统的综合性科学。生物出自于生存的需要,力图使自己适应生存环境,利于自身发展,外在环境以某种方式作用于生物,彼此相互选择。自然界的生物体就是亿万年物竞天择的造化结果——高效、低耗和生态永远是人工产品追求和模仿的目标。鸟与鱼的效率是人造的飞机、潜艇无法比拟的;信天翁能不间断地飞行 15000km,其能量利用的效率之高也是任何人造飞行器远远不及的;人的心脏能连续跳动 25 亿～40 亿次,既不疲劳也不产生差错,这种"泵浦系统"也是人造不出来的。它们都是大自然优化的精品,是激发人类灵感和创造力的"原型"。

(二)仿生与建筑的关系

建筑应该向生物学习,学习其塑造优良的构造特征,学习其形式与功能的和谐统一,学习它与环境关系的适应性,不管是动物还是植物都值得研究、学习、模仿。

生物体都是由各自的形态和功能相结合,而成为具有生命力的有机体。生物体的各种器官不仅仅要进行生命活动所必需的新陈代谢作用,而且要承受外界和自身内部的水平和垂直荷载。哺乳动物通过骨骼系统承受自身的重量和外界其他作用力;植物则通过自身的枝、干、根来抵抗水平和垂直作用的各种荷载。把生物的"生命力原理"——以最少的材料、最合理的结构形式取得最优越的效果,应用于建筑和结构,使其无论在形态上还是结构性能上都得到大大提高,都更富有生命力。

鸡蛋表面积小,但容积最大化,蛋壳很薄,厚跨比为 1:120,却具有很高的承载力;竹子细而高,具有弹性的弯曲,可抵抗巨大的风力和地震力;蜘蛛丝直径不到几微米,抗拉强度大得惊人。生物的形态和结构是自然演化形成的,从仿生学的角度去研究和发展新的建筑形态和新的结构形式,无疑为建筑创作开辟了一条新的创作途径。

形态仿生是设计对生物形态的模拟应用,是受大自然启示的结果。每一种生物所具有的形态都是由其内在的基因决定的,同样,各类建筑的形式也是由其构成的因子生成、演变、发育的结果。它们首先是"道法自然"的。今天,建筑创作也要依循大自然的启示、道理行事,不是模仿自然,更不是毁坏自然,而应该回归自然。自然界中,生物具有各种变异的本领,自古以来吸引人去想象和模仿,将建筑有意识地比拟于生物至少可以追溯到公元 1750 年前后的欧洲。早先的生物比拟总是用动物而不是用植物,当时认为:自然界是有意对称的,同样建筑也应该是对称的。直到 19 世纪初,"有机生命"被认为是"植物"类机能的总称,植物的不对称性被认为是有机构造的特征,也成为建筑追求的一种自然形态。将建筑比拟于生物,最突出的就是赖特的"有机建筑"理论了。赖特认为:建筑比拟于生物如结晶状的平面形式、非对称的能增长的空间形态乃至地方材料的应用等。有机建筑就是"活的建筑",每个构图、每种构件和每个细部都是为它必须完成的作用而慎重设计的结果,正如生物体中的血管系统都是直接适应于功能的要求。

21 世纪是回归自然的年代。现代设计不再只注重功能的优异,同时也在追求返璞归真和相对个性的自律,提倡仿生设计,让设计回归自然。自从 20 世纪 60 年代仿生学提出以后,建筑师们也在这方面进行了很多的探索与实践,创造了一系列崭新的仿生结构体系。

(三)仿生构思实例分析

自然界的实际结构都是空间结构,它是三维形态,在荷载作用下是空间工作状态,它与二维平面结构相比较,具有更大的优势。荷载传送路线短、受力均匀、节省材料。自然界有许多空间结构,如蛋壳、海螺壳是薄壳类结构;蜂窝是空间网格结构;肥皂泡是充气膜结构;蜘蛛网是索网结构;棕榈树叶是折扳结构等。因此,可以说建筑中的空间结构就是仿生结构,下面就分析几个经典实例。

1. 美国肯尼迪机场(见图 3-34)——展翅形壳体结构

这是美国著名建筑师小沙里宁在美国纽约肯尼迪航空港设计的环球航空公司候机楼,他是一名善于创造建筑风格的建筑师。在这个设计中,他运用了具体的象征手法——建筑形象像一只展翅欲飞的大鸟。它采用的就是空间结构,他本人说这是合乎最新的功能与技术要求的结果。事实上正是他运用新技术(空间结构)来获得所追求的建筑个性与象征。

图 3-34　美国肯尼迪机场

2. 美国旧金山圣玛丽主教堂(见图 3-35)

美国旧金山圣玛丽主教堂由彼得罗·贝鲁奇设计,1971 年建成,可容纳 2500 人。这是运用空间结构新技术创造的象征教堂意义的新形象。

贝鲁奇是一位善于设计教堂的建筑师。他认为宗教建筑的艺术本质在于空间,空间设计在教堂设计中具有至高无上的重要性。因此,在这个主教堂设计中,他把平面设计成正方形,上层的屋顶设计由几片双曲抛物线形壳体组成,高近 60m,壳体从正方形底座的四角升起,随着高度的上升逐渐变成了几片直角相交的平板。几片薄板在顶上形成具有天主教标志的十字形和采光天窗。它与四边形成的垂直侧光带共同照亮了教堂的室内,窗户采用了彩色玻璃,加深了教堂的宗教气氛。同时这种造型也创造了高峻的具有崇神气氛的宗教建筑外观形象。

图 3-35　旧金山圣玛丽主教堂

3. 台湾东海大学路思义教堂(见图 3-36)

台湾东海大学路思义教堂由贝聿铭和陈其宽两位先生设计。该教堂采用四片双曲面组成的薄壳结构,结构本身兼具墙、柱、梁和屋顶四种功能,后两片薄壳略高于前两片,前后薄壳交接处顺势留出采光口,形成了绝妙的室内空间氛围。建筑内壁是菱形交叠的清水混凝土肋条网,自双曲面铺张开来,向上升腾。建筑外壳的黄色玻璃面砖呈菱形镶贴,强烈地表现了双曲面的造型,增强了教堂的宗教气氛。

图 3-36 台湾东海大学路思义教堂

七、地缘构思与实际应用

(一)地缘与构思的关系

建筑都建于特定的地点,在进行建筑创作时,一般都要了解它的区位,分析它的地缘环境,充分地发掘建设地区的地缘文化、人文资源与自然资源,并根据这些人文资源和自然资源的特征内涵进行创作构思,特别是一些历史文化名城、名镇、名人旅游资源极丰富的风景区、旅游地等,它们是激发建筑师进行地缘构思的广阔空间,很多著名建筑师都曾走过这条创作之路。

(二)地缘构思实例分析

1. 南京城的地缘设计

南京是历史文化名城,六朝古都,人文荟萃,又"虎踞龙盘","钟山风雨",有名的紫金山、石头城、雨花石等广为人知的地缘特征。因此近年来,很多大型公共建筑的创作,无论是中国建筑师还是国外建筑师在进行方案创作时都经常应用"地缘构思"法,以表达城市形象、人文精神。南京石头城公园见图 3-37。

图 3-37 南京石头城公园

2. 四川省成都市行政中心

安德鲁设计的四川省成都市行政中心(见图 3-38),它就是一个典型之例。世人皆知,成都素有"蓉城"之称,其市花是芙蓉花。整个项目,看上去灵气四溢,从空中俯视,主楼整体就像一朵怒放的花朵。中间呈椭圆形的建筑是"花蕊","花蕊"的一侧,是 6 片"花瓣",围成一个半圆。7
座主楼中,6 幢椭圆形的阶梯式建筑大小不一、错落有致地分布在天府大道北段 966 号,这 6 座
楼排列成弧形,就像是同一个点喷出的射线,象征团结和向心力。

图 3-38   四川省成都市行政中心

第四章　建筑设计的表达方法

第一节　建筑设计的表达形式

建筑的表达形式多种多样，根据不同的标准，可以将建筑表达形式划分出不同的体系。根据不同的使用工具，可以分为铅笔画、钢笔画、水彩画、水粉画、马克笔画等；根据不同的表达技法，可以分为线条图、模型、渲染等；根据目的性的不同，方案表达可以划分为设计推敲性表现和展示性表现两种。

一、根据不同的使用工具划分

（一）铅笔画

铅笔是作画的最基本工具，优点是价格低廉、携带方便，特别有助于表现出深、浅、粗、细等不同类别的线条及由不同线条所组成的不同的面。由于绘图快捷，铅笔除了作为建筑表现画的工具之外，还常用来绘制草图和推敲研究设计方案。

铅笔画表现的关键是用笔得法，线条有条理，有轻重变化，这样才能产生优美而富有韵律及变化的笔触，而笔触正是铅笔画所具有的独特风格。

铅笔表现画的特点是以明暗面为主，结合线条来表现立体，其最大特点在于每笔几乎都能代表一个明暗立体的面，而不是通过线条的重叠来表达物体的立体感。它所构成的画面能给人以简洁明快、自然流畅的感觉。碳铅画如图 4-1 所示。

图 4-1　碳铅画

（二）钢笔画

在设计领域中，用钢笔来表现建筑非常普遍。与其他工具相比，钢笔画的特点是黑白对比强烈，灰色调没有其他工具丰富。因此，用钢笔表现对象就必须要用概括的方法。如果我们能够恰当地运用洗练的方法、合理地处理黑白变化和对比关系，就能非常生动、真实地表现出各种形式的建筑形象。

钢笔画的表现技法主要是画线和组织线条,钢笔画是靠用笔和组织线条构成明暗色调的方法来表现建筑。

(三)水彩画和水粉画

水彩画具有色彩清新明快、质感表现力强、效果好等优点(见图 4-2),常被用来作为建筑设计方案的最后表现图。水彩画最大的两个特点:一是画面大多具有通透的视觉感觉;二是绘画过程中水的流动性。由此造成了水彩画不同于其他画种的外表风貌和创作技法的区别。颜料的透明性使水彩画产生一种明澈的表面效果,而水的流动性会生成淋漓酣畅、自然洒脱的意趣。

水粉画和水彩画一样,也是色彩画的一种,但它与水彩画有明显的区别(见图 4-3)。水分色彩更加鲜明强烈,表现建筑物的真实感更强。

水彩画和水粉画的对比见表 4-1。

表 4-1　水彩画和水粉画的对比表

	水粉画	水彩画
画面效果	表现力强,真实	明快、洒脱
颜色特性	不透明颜料	透明颜料
深浅变化	加白颜料	加水
画面修正	便于修改(覆盖或洗掉)	不易修改

图 4-2　水彩画

图 4-3　水粉画

(四)马克笔画

马克笔是一种书写或绘画专用的绘图彩色笔,一般拥有坚硬笔头,其颜料具有易挥发性,可用于一次性的快速绘图。它的笔头可分为纤维型笔头和发泡型笔头。前一种笔触硬朗、犀利,色彩均匀,后一种笔触柔和、色彩饱满。设计中常用到的为前一种笔头。马克笔画的特点是线条流利、色艳、干快,具有透明感,使用方便。其概念性、写意性、趣味性和快速性是其他工具所不能代替的。

二、根据不同的表达技法划分

(一)线条图

线条图是以明确的线条描绘建筑物形体的轮廓线来表达设计意图的,要求线条粗细均匀、光滑整洁、交接清楚。常用工具有铅笔、钢笔、针管笔、直线笔等。建筑设计人员绘制的线条图有徒手线条图和工具线条图。

1. 徒手线条图

徒手线条图就是不用直尺等其他辅助工具画的图。徒手线条柔和而富有生机。徒手线条虽然以自由、随意为特点,但不代表勾画时可以任意为之,还是需要注意一些处理手法,这样勾画出的徒手线条才会有挺直感、有韵律感和动感。

徒手线条图的绘制要领:

(1)要肯定,每一笔的起点和终点交待清楚,为了使线条位置准确和平直而反复的一段段的描画是绘画者要尽力避免的做法。

(2)线与线之间的交接同样要交待清楚。可以使两个线条相交后,略微出头,能够使物体的轮廓显得更方正、鲜明和完整。略微出头的相交显然比两条完美邻接的线条画得更快,并且使绘图显得更加随意和专业。

图 4-4～图 4-7 是徒手线条图的基本画法。

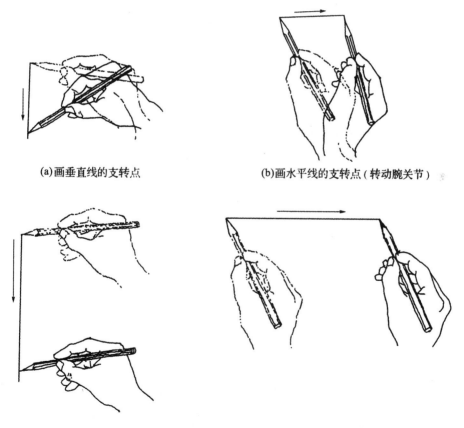

(a)画垂直线的支转点　　　　　(b)画水平线的支转点(转动腕关节)

(c)画垂直长线和水平长线时,小指指尖靠在图纸上轻轻滑动,手腕不宜转动

图 4-4　徒手线条的运笔方向及手和手腕的配合①

---

① 图 4-4～图 4-25 转引自亓萌,田轶威的《建筑设计基础》(杭州:浙江大学出版社,2009)。

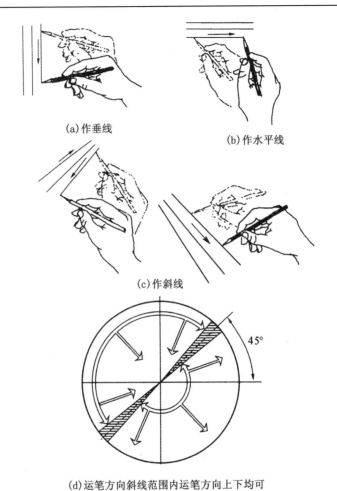

(a)作垂线

(b)作水平线

(c)作斜线

45°

(d)运笔方向斜线范围内运笔方向上下均可

图 4-5　徒手线条中垂直线、水平线和斜线的基本画法和运笔

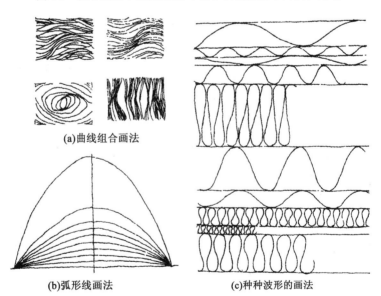

(a)曲线组合画法

(b)弧形线画法

(c)种种波形的画法

图 4-6　徒手曲线线条的画法

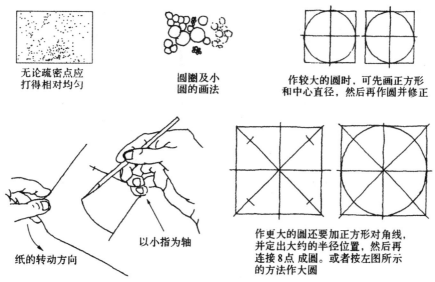

无论疏密点应
打得相对均匀

圆圈及小
圆的画法

作较大的圆时,可先画正方形
和中心直径,然后再作圆并修正

以小指为轴

纸的转动方向

作更大的圆还要加正方形对角线,
并定出大约的半径位置,然后再
连接8点 成圆。或者按左图所示
的方法作大圆

图 4-7 徒手点和圆的画法

2. 工具线条图

一旦建筑方案基本确定下来,需要准确地将建筑的尺度、建筑的形态表达出来时,一般需选择工具线条图。工具线条图的精准有助于我们把握建筑中的尺度关系,明确建筑的轮廓线。一般对工具线条图的要求是线条光滑、粗细均匀,交接清楚,如图 4-8 所示。

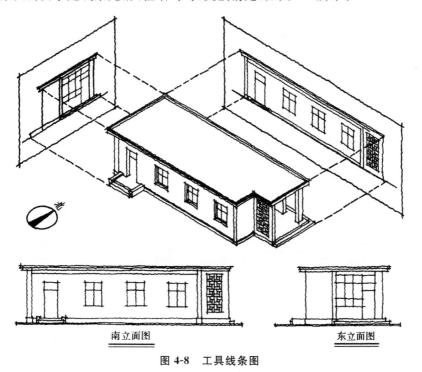

南立面图   东立面图

图 4-8 工具线条图

图 4-9 为建筑图纸中工具线条图常用的绘图工具。

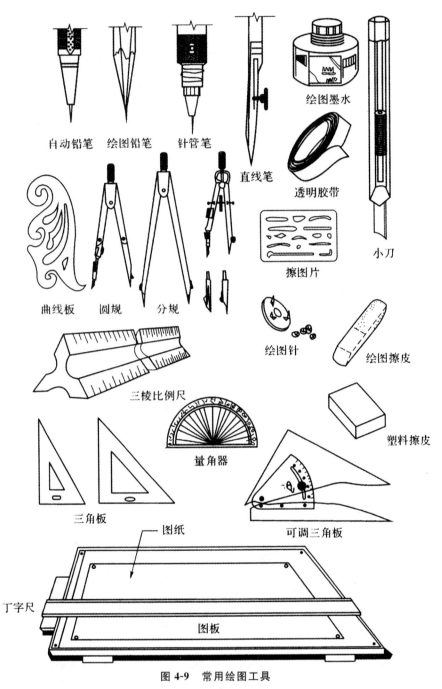

自动铅笔　绘图铅笔　针管笔

直线笔

绘图墨水

透明胶带

小刀

曲线板　圆规　分规

擦图片

绘图针

绘图擦皮

三棱比例尺

塑料擦皮

量角器

三角板

可调三角板

图纸

丁字尺

图板

图 4-9　常用绘图工具

(1)丁字尺和三角板。丁字尺和三角板使用前，必须擦干净；丁字尺头要紧靠图板左侧，不可以在其他侧面使用；水平线用丁字尺自上而下移动，运笔从左向右；三角板必须紧靠丁字尺尺边，角向应在画线的右侧；垂直线用三角板由左向右移动，运笔自下向上。丁字尺的使用方法见图 4-10。常见角度的斜线画法见图 4-11。

使用丁字尺和三角板，可画出 15°、30°、45°、60°、75°等常用角度。

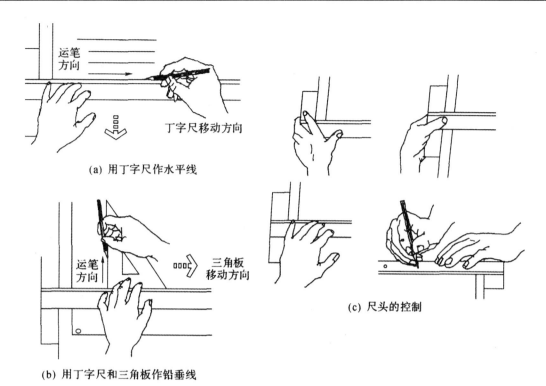

(a) 用丁字尺作水平线

(c) 尺头的控制

(b) 用丁字尺和三角板作铅垂线

图 4-10　丁字尺的使用方法

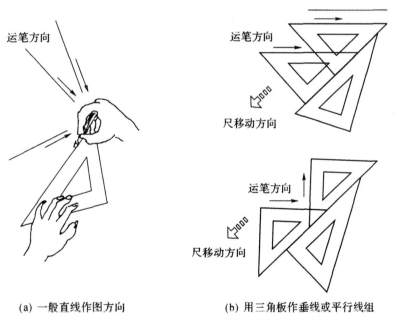

(a) 一般直线作图方向　　　　　(b) 用三角板作垂线或平行线组

图 4-11　常见角度的斜线画法

(2)圆规和分规。用圆规画圆时,应顺时针方向旋转,规身略可前倾;画大圆时,可接套杆,此时针尖与笔尖要垂直于纸面,画小圆时,用点圆规;用分规时应先在比例尺或线段上度量,然后量到图纸上,分规的针尖位置应始终在待分的线上,弹簧分规可作微调;注意保护圆心,勿使图纸损坏;若曲尺与直线相接,应先曲后直,若曲线与曲线相接,应位于切线。圆规的使用方法见图 4-12。

圆规附件和连接件结合针管笔的使用方法见图 4-13。

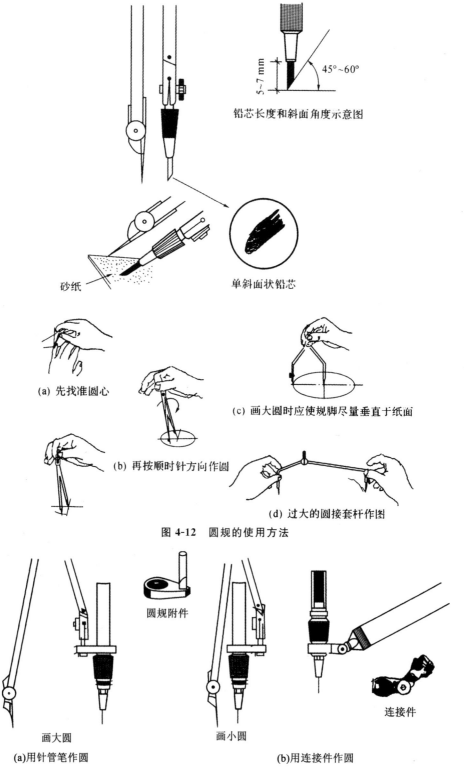

铅芯长度和斜面角度示意图

砂纸

单斜面状铅芯

(a) 先找准圆心

(b) 再按顺时针方向作圆

(c) 画大圆时应使规脚尽量垂直于纸面

(d) 过大的圆接套杆作图

图 4-12　圆规的使用方法

圆规附件

连接件

画大圆

画小圆

(a)用针管笔作圆

(b)用连接件作圆

图 4-13　圆规附件和连接件结合针管笔的使用方法

(3)铅笔。铅笔线条是一切建筑画的基础,通常多用于起稿和方案草图。铅笔的笔芯有软硬之分,而且可以削得很尖,便于深入绘制时能够细致地刻画。铅笔分为 B 和 H 两种型号,B 代表铅笔芯的软度,B 前面的数字越大表示铅笔越软、色越重;H 表示铅笔芯的硬度,H 前面的数字越大,表示铅笔越硬、色越淡。铅笔的使用方法见图 4-14。

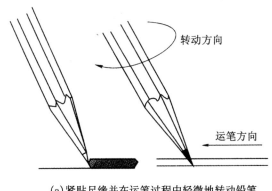

(a)紧贴尺缘并在运笔过程中轻微地转动铅笔

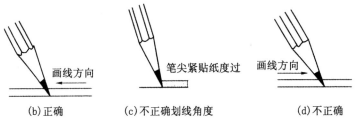

图 4-14　铅笔的使用方法

(4)直线笔(鸭嘴笔)。常用绘图墨水或碳素墨水,调整螺丝可控制线条的粗细;将墨水注入笔的两叶中间,笔尖含墨不宜长过 6~8mm,否则易滴墨,笔尖在上墨后要擦干净,保持笔外侧无墨迹,以免洇开;用毕后,务必放松螺丝,擦尽积墨;画线时,笔尖正中要对准所画线条,并与尺边保持一微小距离,运笔时,要注意笔杆的角度,不可使笔尖向外斜或向里斜,行进速度要均匀。

(5)比例尺。比例尺也叫做缩尺,这是用在制造或测量从而减少规模图纸。它的特点是射程校准的尺度。传统上比例尺用木头做的,但为了准确性、长寿、稳定和耐用,通常是由坚硬的塑料或铝的材料。比例尺上刻度所注长度,表示了要度量的实物长度,如 1:100 比例尺上的 1m 刻度就代表了 1m 长的实物。此时,长度尺寸是实物的 1/100。比例尺的识读见图 4-15。

(二)模型

建筑模型能以三度空间来表现一项设计内容,也可以培养建筑设计人员的想象力和创造力。建筑模型非常直观,是按照一定比例缩微的形体,以其真实性和完整性展示一个多维空间的视觉形象,并且以色彩、质感、空间、体量、肌理等表达设计的意图,建筑模型和建筑实体是一种准确的比例关系。

建筑模型大体上分为两种:工作模型和正式模型。

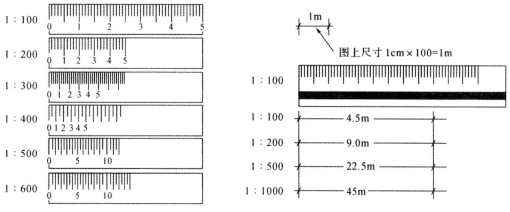

图 4-15　比例尺的识读

关于模型制作方面的内容,将在本章的第三节进行详细论述,在此就不再赘述。

(三)渲染

渲染是表现建筑形象的基本技法之一,主要有水墨渲染和水彩渲染。水墨渲染是用水来调和墨,在图纸上逐层染色,通过墨的浓、淡、深、浅来表现对象的形体、光影和质感。水彩渲染则是将墨换为水彩颜料,渲染时不仅讲究颜料的浓淡深浅关系,还要考量颜料之间的色彩关系。

关于渲染技法的内容,将在本章的第四节进行详细论述,在此就不再赘述。

三、根据目的的不同划分

(一)设计推敲性表现

设计推敲性表现方法可分为以下几种:草图表现、草模表现、计算机模型表现。

1. 草图表现

草图表现是一种传统的,但也是被实践证明非常有效的设计推敲性表现方法。它的特点是操作迅速而简洁,并可以进行比较深入的细部刻画,尤其擅长对局部空间造型的推敲处理。

设计徒手草图实际上是一种图示思维的设计方式。在一个设计的前期尤其是方案设计的开始阶段,最初的设计意象是模糊的,不确定的,而设计的过程则是对设计条件的不断"协调"。图示思维的方式就是把设计过程中的有机的、偶发的灵感及对设计条件的"协调"过程,通过可视的图形将设计思考和思维意象记录下来的一种方式。实践证明,国内外的许多优秀设计师和设计大师均精于此道,出色的图示思维亦是他们的成功之道。

2. 草模表现

与草图表现相比较,草模由于充分发挥了三维的空间,因此可以全方位地对设计进行观察,其对空间造型、内部整体关系以及外部环境关系的表现能力尤为突出。

草模表现的缺点在于,由于模型大小的限制,使得一般来说对于模型的观察都是"鸟瞰"的角度,这样会过于强调在建筑建成后不大被观察到的屋顶平面,从而会或多或少地误导设计。另外表现的深度也会受操作技术的限制和影响。

3. 计算机模型表现

计算机模型表现兼顾了草图表现和草模表现的优点,并且在很大程度上弥补了它们的缺点。

它可以像草图表现那样进行深入的细部,又能使表现做到客观、真实;它既可以全方位地表现空间造型的整体关系和环境关系,又避免了单一视角的缺陷。

此外,还有一种将上述表现技法综合起来的技法,它是指在设计构思过程中,依据不同阶段、不同对象的不同要求,灵活运用各种表现方式,以达到提高方案设计质量之目的。

(二)展示性表现

展示性表现是指建筑师针对阶段性的讨论,尤其是最终成果汇报所进行的方案设计表现。它要求图纸表现完整明确、美观得体,能够把设计者的构思所具有的立意、空间形象、特点气质充分展现出来,从而最大限度地赢得他人的认同。

要将一幢房屋的全貌包括内外形状结构完整表达清楚,根据正投影原理,按建筑图纸的规定画法,通常要画出建筑平面图、立面图和剖面图。

展示性表现时,需要注意以下几点:

(1)绘制正式图前要有充分准备。

(2)注意选择合适的表现方式。

(3)注意图面构图。

第二节　建筑图纸的表达

通常所说的建筑图纸的表达方式一般是施工图用的方法和非常基本的图标。施工图为了标准化和效率化,表达必须清楚准确。

一、投影相关知识

在日常生活中可以看到如灯光下的物影、阳光下的人影等,这些都是自然界的一种投影现象。在工业生产发展的过程中,为了解决工程图样的问题,人们将影子与物体关系经过几何抽象形成了"投影法"。

投影法就是投射线通过物体,向选定的面投射,并在该面上得到被投射物体图形的方法。投影法通常分为两大类,即中心投影法和平行投影法。其中平行投影又包括斜投影和正投影。

图 4-16(a)为中心投影法,投影时,所有的投射线都通过投影中心。图 4-16(b)和图 4-16(c)为平行投影法,投影中心距离投影面无穷远时,可视为所有的投射线都相互平行。其中根据投射线与投影面的关系又分为:斜投影法[见图 4-16(b)],投射线与投影面相倾斜;正投影法[见图 4-16(c)],投射线与投影面相垂直。

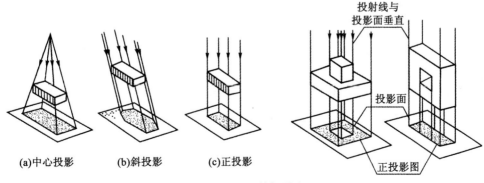

(a)中心投影　　(b)斜投影　　(c)正投影

图 4-16　不同的投影法

在建筑图纸中,通常使用的都是正投影法得出建筑的平面图、立面图和剖面图,如图 4-17 所示。

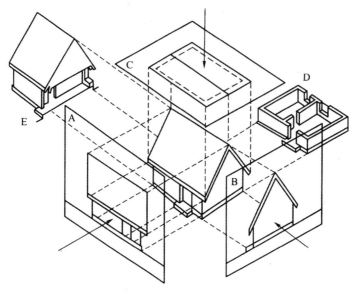

图 4-17　建筑的平立剖面

二、总平面图

建筑总平面图简称总平面图,反映建筑物的位置、朝向及其与周围环境的关系。

总平面图的图纸内容主要包括:

(1)单体建筑总平面图的比例一般为 1∶500,规模较大的建筑群可以使用 1∶1000 的比例,规模较小的建筑可以使用 1∶300 的比例。

(2)总平面图中要求表达出场地内的区域布置。

(3)标清场地的范围(道路红线、用地红线、建筑红线)。

(4)反映场地内的环境(原有及规划的城市道路或建筑物,需保留的建筑物、古树名木、历史文化遗存、需拆除的建筑物)。

(5)拟建主要建筑物的名称、出入口位置、层数与设计标高,以及地形复杂时主要道路、广场的控制标高。

(6)指北针或风玫瑰图。

(7)图纸名称及比例尺。

如图 4-18 所示,从这张 1∶1000 的总平面图中我们可以读到的信息有:该地块所在地区的常年主导风向为西南风,该地块的绝对标高为 265.10m;地块东北角为一高坡;四号住宅楼位于整个地块的西侧中部,为一五层建筑,出入口在建筑南侧;周边有一号、二号、三号住宅楼和小区物业办公楼,并且地块内拟建配电室、单身职工公寓;地块东侧的商店准备拆除;此外,地块内还有一些运动场地及绿化带。

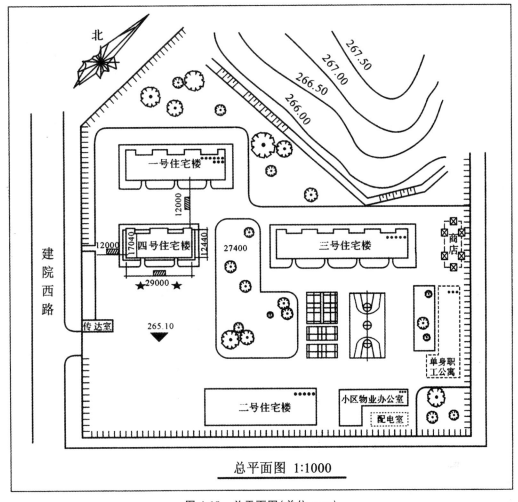

图 4-18 总平面图(单位:mm)

三、平面图

建筑平面图是房屋的水平剖视图,也就是用一个假想的水平面(一般是以地坪以上 1.2m 高度),在窗台之上剖开整幢房屋,移去处于剖切面上方的房屋将留下的部分按俯视方向在水平投影面上作正投影所得到的图样。建筑平面图主要用来表示房屋的平面布置情况。建筑平面图应包含被剖切到的断面、可见的建筑构造和必要的尺寸、标高等内容。

图 4-19 为建筑平面生成示意图。

平面图的图纸内容包括:

(1)图名、比例、朝向。

设计图上的朝向一般都采用"上北—下南—左西—右东"的规则。

比例一般采用 1:100,1:200,1:50 等。

(2)墙、柱的断面,门窗的图例,各房间的名称。

墙的断面图例。

柱的断面图例。

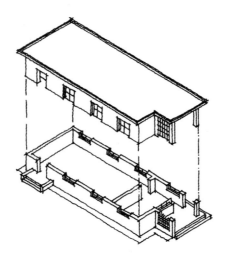

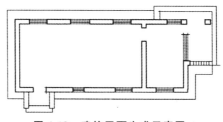

图 4-19　建筑平面生成示意图

门的图例。

窗的图例。

各房间标注名称,或标注家具图例,或标注编号,再在说明中注明编号代表的内容。

(3)其他构配件和固定设施的图例或轮廓形状。

除墙、柱、门和窗外,在建筑平面图中,还应画出其他构配件和固定设施的图例或轮廓形状。如楼梯、台阶、平台、明沟、散水、雨水管等的位置和图例,厨房、卫生间内的一些固定设施和卫生器具的图例或轮廓形状。

必要的尺寸、标高,室内踏步及楼梯的上下方向和级数。

必要的尺寸包括:房屋总长、总宽,各房间的开间、进深,门窗洞的宽度和位置,墙厚等。

在建筑平面图中,外墙应注上三道尺寸。最靠近图形的一道,是表示外墙的开窗等细部尺寸;第二道尺寸主要标注轴线间的尺寸,也就是表示房间的开间或进深的尺寸;最外的一道尺寸,表示这幢建筑两端外墙面之间的总尺寸。

在底层平面图中,还应标注出地面的相对标高,在地面有起伏处,应画出分界线。

(4)有关的符号。

在平面图上要有指北针(底层平面)。

在需要绘制剖面图的部位,画出剖切符号。

如图 4-20 所示,从这张 1∶100 的住宅的平面图上可以读到的信息有:建筑的朝向;单元门设置在建筑北侧;为一梯两户的形式;每户的户型结构为 4 室 2 厅 2 卫;各个房间的大小、朝向和门窗洞口的开启位置;地坪标高;承重的柱子位置;主要房间的名称;家具的摆放等。

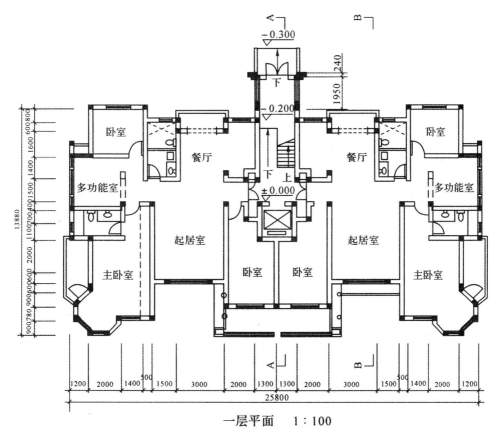

一层平面　1 : 100

图 4-20　建筑平面图(尺寸单位:mm;高程单位:m)

四、立面图

建筑立面图是在与房屋立面相平等的投影面上所作的正投影。建筑立面图主要用来表示房屋的体型和外貌、外墙装修、门窗的位置与形状,以及遮阳板、窗台、窗套、檐口、阳台、雨篷、雨水管、勒脚、平台、台阶、花坛等构造和配件各部分的标高和必要的尺寸。

图 4-21 为建筑立面生成示意图。

立面图的图纸内容包括:

(1)图名和比例:比例一般采用 1 : 50,1 : 100,1 : 200。

(2)房屋在室外地面线以上的全貌,门窗和其他构配件的形式、位置,以及门窗的开户方向。

(3)表明外墙面、阳台、雨篷、勒脚等的面层用料、色彩和装修做法。

(4)标注标高和尺寸。

室内地坪的标高为±0.000。

标高以米为单位,而尺寸以毫米为单位。

标注室内外地面、楼面、阳台、平台、檐口、门、窗等处的标高。

如图 4-22 所示,从某大学南大门传达室的南立面图上我们可以读到的信息有:这是一幢单层的建筑,建筑的最高点标高为 8.5m。

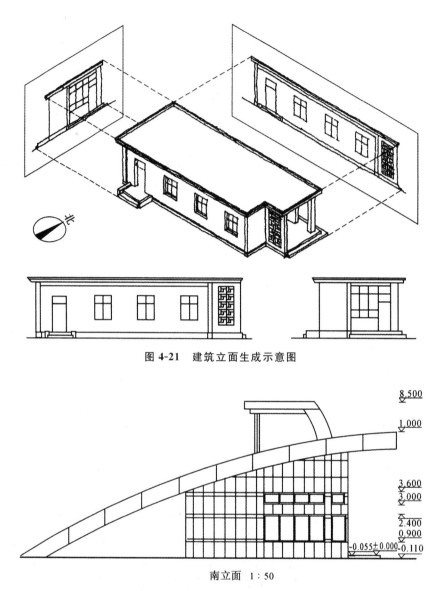

图 4-21 建筑立面生成示意图

南立面 1 : 50

图 4-22 建筑立面图(单位:m)

五、剖面图

建筑剖面图是房屋的垂直剖视图,也就是用一个假想的平行于正立投影面或侧立投影面的竖直剖切面剖开房屋,移去剖切平面与观察者之间的房屋,将留下的部分按剖视方向投影面作正投影所得到的图样。一幢房屋要画哪几个剖视图,应按房屋的空间复杂程度和施工中的实际需要而定,一般来说剖面图要准确地反映建筑内部高差变化、空间变化的位置。建筑剖面图应包括被剖切到的断面和按投射方向可见的构配件,以及必要的尺寸、标高等。它主要用来表示房屋内部的分层、结构形式、构造方式、材料、做法、各部位间的联系及其高度等情况。

图 4-23 为建筑剖面生成示意图。图 4-24 为剖面的位置在平面图中用剖切线标出示意图。

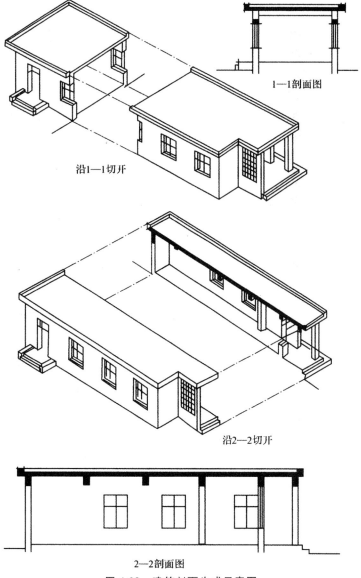

1—1剖面图

沿1—1切开

沿2—2切开

2—2剖面图

图 4-23　建筑剖面生成示意图

剖面图的图纸内容包括：

(1)剖面应剖在高度和层数不同、空间关系比较复杂的部位,在底层平面图上表示相应剖切线。

(2)图名、比例和定位轴线。

(3)各剖切到的建筑构配件。

画出室外地面的地面线、室内地面的架空板和面层线、楼板和面层。

画出被剖切到的外墙、内墙,及这些墙面上的门、窗、窗套、过梁和圈梁等构配件的断面形状或图例,以及外墙延伸出屋面的女儿墙。

画出被剖切到的楼梯平台和梯段。

竖直方向的尺寸、标高和必要的其他尺寸。

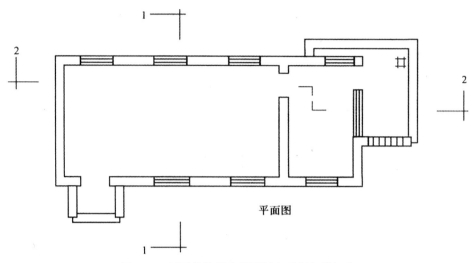

图 4-24 剖面的位置在平面图中用剖切线标出

（4）按剖视方向画出未剖切到的可见构配件。

剖切到的外墙外侧的可见构配件。

室内的可见构配件。

屋顶上的可见构配件。

（5）竖直方向的尺寸、标高和必要的其他尺寸。

如图 4-25 所示，从这张剖面图上能够读出这栋建筑的几个关键部分的高度，并且能够看出建筑在屋顶中部做了一些空间上的变化。

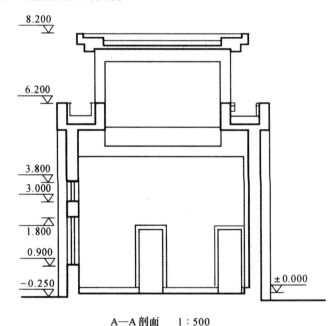

A—A 剖面　1∶500

图 4-25　建筑剖面图（单位:m）

第三节　建筑模型的制作

　　建筑模型有助于建筑设计的推敲,可以直观地体现设计意图,建筑模型具有的三维直观的视觉特点,弥补了图纸表现上二维画面的局限。通过建筑模型的制作,可以将抽象思维获得具体形象化的表现,并可以训练和培养三维空间想象力和动手能力。建筑师利用模型作为设计手段,不仅仅是用于表现创作成果以便于同业主和决策者进行交流,更重要的是用在方案构思和深化设计的过程之中。

　　模型通常按照设计的过程可以分为初步模型和表现模型。前者用于推敲方案,研究方案与基地环境的关系以及建筑体量、体型、空间、结构和布局的相互关系,以及进行细节推敲等。后者则为方案完成后所使用的模型,多用于同业主进行交流和对众展示,它在材质和细部刻画上要求准确表达。本书主要谈的是初步模型的制作和表达。

一、模型材料

　　模型制作可以选用的材料多种多样,可根据设计要求,按照不同材料的表现和制作特性加以选用。制作模型的材料多达上百种,但常用的不过有五六种,包括纸张、泡沫、塑料板、有机玻璃、石膏、橡皮泥等。

(一)纸张

　　制作模型常用的纸张有卡纸和彩色水彩纸。卡纸是一种极易加工的材料。卡纸的规格有多种,一般平面尺寸为 A2,厚度为 1.5～1.8mm。除了直接使用市场上各种质感和色彩的纸张外,还可以对卡纸的表面作喷绘处理。卡纸模型见图 4-26。

　　彩色水彩纸颜色非常丰富,一般厚度为 0.5mm,正反面多分为光面和毛面,可以表现不同的质感。在模型中常用来制作建筑的形体和外表面,如墙面、屋面、地面等。

　　另外,市场上还有一种仿石材和各种墙面的半成品纸张,选用时应注意图案比例,以免弄巧成拙。

　　制作卡纸模型的工具有裁纸刀、铅笔、橡皮等,粘贴材料可选用乳白胶、双面胶。卡纸模型制作简单方便,表现力强,对工作环境要求较少。但易受潮变形,不宜长时间保存,粘接速度慢,线角处收口和接缝相对较难。

图 4-26　卡纸模型

（二）泡沫

卡纸是制作模型常用的面材，而块材最常用的要数泡沫材料了。泡沫材料在市场上非常常见，一般平面规格为 1000mm×2000mm，厚度为 3mm、5mm、8mm、100mm、200mm 不等。有时也可以将合适的包装泡沫拿来用。

用泡沫制作建筑的体块模型非常方便，厚度不够可以用乳白胶粘贴加厚。切割泡沫的工具有裁纸刀、钢锯、电热切割器等。泡沫材料模型的制作省时省力，质轻不易受热受潮，容易切割粘贴，易于制造大型模型，且价格低廉。缺点是切割时白沫满天飞，相对面材而言不易做得很细致。

（三）有机玻璃

有机玻璃也称做哑加力板，常见的有透明和不透明之分。有机玻璃的厚度常见的有 1～8mm，其中最常用的厚度为 1～3mm。有机玻璃除了板材还有管材和棒材，直径一般为 4～150mm，适用于做一些特殊形状的体形。

有机玻璃是表现玻璃及幕墙的最佳材料，但它的加工过程较其他材料难，因此常常只用于制作玻璃或水面材料。有机玻璃易于粘贴，强度较高，制作的模型很精美，但材料相对价格较高。

有机玻璃的加工工具可以选用勾刀、铲刀、切圆器、钳子、砂纸、钢锯以及电钻、砂轮机、台锯、车床、雕刻机等电动工具。粘接材料可以选用氯仿（三氯四烷）和丙酮等。

（四）塑胶板

塑胶板亦称 PVC 板，白色不透明，厚薄程度从 0.1～4mm 不等，常用的有 0.5mm、1mm、2mm 等。它的弯曲性比有机玻璃好，用一般裁纸刀即可切割，更容易加工，粘接性好。

在制作模型时一般可选用 1mm 塑胶板作建筑的内骨架和外墙，然后用原子灰进行接缝处理，使其光滑、平整、没有痕迹。最后可以使用喷漆工具完成外墙的色彩和质感。

塑胶板加工工具可以选用裁纸刀、手术刀、锉刀、砂纸等，粘接材料用氯仿和丙酮。

（五）石膏

石膏是制作雕塑时最为常用的材料。有时也在做大批同等规格的小型构筑物和特殊形体，如球体、壳体时使用。石膏为白色石膏粉，需要加水调和塑形。塑形模具以木模为主，分为内模和外模两种，所需工具为一般木工工具。若要改变石膏颜色，可以在加水时掺入所需颜料，但不易控制均匀。

（六）橡皮泥

橡皮泥俗称油泥，为油性泥状体。该材料具有可塑性强的特点，便于修改，可以很快将建筑形体塑造出来，并有多种颜色可供选择。但塑形后不易干燥。常用于制作山地地形、概念模型、草模、灌制石膏的模具等。

二、制作方法

（一）卡纸模型制作方法

卡纸模型制作的流程与方法为：

（1）一般选用厚硬卡纸（厚度为 1.2～1.8mm）作为骨架材料，预留出外墙的厚度，然后用双面胶将玻璃的材料(可选用幻灯机胶片或透明文件夹等)粘贴在骨架的表面,最后将预先刻好的窗洞和做好色彩质感的外墙粘贴上去。

(2)将卡纸裁出所需高度,在转折线上轻划一刀,就可以很方便折成多边形,因其较为柔软,可弯成任意曲面,用乳白胶粘接,非常牢固。

(3)在制作时应考虑材料的厚度,只在断面涂胶。

(4)注意转角与接缝处平整、光洁,并注意保持纸板表面的清洁。

(5)选用卡纸材料做的模型最后呈一种单纯的白色或灰色。

由于卡纸模型制作使用工具简单,制作方便,价格低廉,并能够使我们的注意力更多地集中到对设计方案的推敲上去,不为单纯的表现效果和烦琐的工艺制作浪费过多时间,因此尤其受到广大学生的青睐。

(二)泡沫模型制作

在方案构思阶段,为了快捷地展示建筑的体量、空间和布局,推敲建筑形体和群体关系,常常用泡沫制作切块模型。这是一种验证、调整和激发设计构思的直观有效的手段。单色的泡沫模型,不强调建筑的细节与色彩,更强调群体的空间关系和建筑形体的大比例关系,帮助制作者从整体上把握设计构思的方向和脉络。

泡沫模型制作的流程与方法为:

(1)估算出模型体块的大致尺寸,用裁纸刀或单片钢锯在大张泡沫板上切割出稍大的体块。

(2)如果泡沫板的厚度不够,可以用乳白胶将泡沫板贴合,所贴合板的厚度应大于所需厚度。

(3)当断面粗糙时,可用砂纸打磨,以使表面光滑,并易于粘贴。

(4)泡沫模型的尺寸如果不规则,尺寸不易徒手控制,可以预先用厚卡纸做模板并用大头针固定在泡沫上,然后切割制作。

(5)泡沫模型的底盘制作可以采用以简驭繁的方法,用简洁的方式表示出道路、广场和绿化。

泡沫模型由于制作快捷,修改方便,重量又非常轻,因此常用于制作建筑的体块模型和城市规划模型,受到设计者的喜爱。

(三)坡地、山地的制作

比较平缓的坡地与山地可以用厚卡纸按地形高度加支撑,弯曲表面做出。坡度比较大的地形,可以采用层叠法和削割法来制作。

层叠法就是将选用的材料层层相叠,叠加出有坡度的地形。一般可根据模型的比例,选用与等高线高度相同厚度的材料,如厚吹塑板、厚卡纸、有机玻璃等材料,按图纸裁出每层等高线的平面形状,并层层叠加粘好,粘好后用砂纸打磨边角,使其光滑,也可喷漆加以修饰,但吹塑板喷漆时易融化。

削割法主要是使用泡沫材料,按图纸的地形取最高点,并向东南西北方向等高或等距定位,切削出所需要的坡度。大面积的坡地可用乳白胶将泡沫粘好拼接以后再切削。泡沫材料容易切削,但在喷漆时易融化。

三、配景制作

建筑物总是依据环境的特定条件设计出来的,周围的一景一物都与之息息相关。环境既是我们设计构思建筑的依据之一,也是烘托建筑主体氛围的重要手段。因此,配景的制作在模型制作中也是非常重要的。

建筑配景通常包括树木、草地、人物、车辆等,选用合适的材料,以正确的比例尺度是配景模型制作的关键。

(一)树的制作

树的做法有很多种,总的来讲可以分为两种:抽象树与具象树。抽象树的形状一般为环状、伞状或宝塔形状。抽象树一般用于小比例模型中(1∶500 或更小的比例),有时为了突出建筑物,强化树的存在,也用于较大比例模型中(1∶30～1∶250)。用于做树模型的材料可以选择钢珠、塑料珠、图钉、跳棋棋子等。

制作具象形态的树的材料有很多,最常用的有海绵、漆包线、干树枝、干花、海藻等。其中海绵最为常用,它既容易买到,又便于修剪,同时还可以上色,插上牙签当树干等,非常方便适用。用绿色卡纸裁成小条做成树叶,卷起来当树干,将树干与树叶粘接起来,效果也不错。此外,漆包线、干树枝、干花等许多日常生活中的材料,进行再加工都可以制成具有优美形状的树。如图 4-27 所示为模型树的制作。

图 4-27　模型树的制作

(二)草地的制作

制作草地的材料有:色纸、绒布、喷漆、锯末屑、草地纸等。锯末屑的选用要求颗粒均匀,可以先用筛子筛选,然后着色晒干后备用。将乳白胶稀释后涂抹在绿化的界域内,洒上着色的锯末屑(或干后喷漆),用胶滚压实晾干即可。

做草地最简单易行的方法就是用水彩、水粉、马克笔、彩铅等在卡纸上涂上绿色,或者选用适当颜色的色纸,剪成所需要的形状,用双面胶贴在底盘上。另外,也可以用喷枪进行喷漆,调配好颜色的喷漆可以喷到卡纸、有机玻璃、色纸等许多材料上。在喷漆中加入少许滑石粉,还可以喷出具有粗糙质感的草地。

(三)人与汽车的制作

模型人与模型汽车的制作尺度一定要准确,它为整个模型提供了最有效的尺度参照系。

模型人可以用卡纸做。将卡纸剪成合适比例和高度的人形粘在底盘上即可,也可以用漆包线,铁丝等弯成人形。人取实际高 1.70～1.80m,女人稍低些。

汽车的模型可以用卡纸、有机玻璃等按照车顶、车身和车轮三部分裁成所需要的大小粘接而成。另一种更为便捷的方法是用橡皮切削而成。小汽车的实际尺寸为 1.77m×4.60m 左右。

在模型上多取 5m 左右的实际长度按比例制作。

四、巧用初步模型

初步模型不仅确切地表达了作者的思维,而且对思维的推进和深化也有着积极的作用。比如我们在分析思考基地环境时有环境模型;在推敲建筑形体时有形体组合模型;在斟酌内部空间时有建筑室内模型;在分析结构方案时有建筑构架模型等。要根据每个设计的具体要求和特点,针对不同的阶段采用不同的模型来引发模型制作者的构思。

通常初步模型对应整个构思设计过程,可以分为三个阶段:在分析基地环境时做环境模型;在作建筑整体布局和形体构思时做建筑构思模型;在进行建筑平立剖设计时做建筑方案模型等。

以外部空间环境设计为例。设计时首先要对基地环境做深入的了解分析,不仅做基地平面的勾绘和分析,还要以模型来表现环境关系。环境中原有的建筑、树、水、山石以及地形地势等均应反映在模型中,并借助于模型促进我们对所绘环境的理解和思考。然后根据设计任务要求,进行外部空间总体布局和基本形体构思,并以构思模型来表现和研究。此时应将该模型置入环境模型中,反复推敲和修改。构思模型是个粗略的形体关系模型,它不仅表达设计的意图和整体构思,而且可以从环境的角度探索构思的效果。可以做多个构思模型,均置于环境模型中以进行反复比较,从而选出最契合环境并能充分体现创作意图的方案来。当基本思路确定后,在进行平立剖设计时,可以用方案模型较具体地表达出来,并进行综合的调整和完善。

制作初步模型的步骤并不复杂。首先,要根据目的和用途,确定模型的最佳比例及配置,预想模型制作后的效果以及可能选用的材料和工艺。然后,根据设计要求确定模型的材料、色彩及特性,运用制作工具处理材料的表面质感及细部。制模时,根据已经确定的模型比例,按照环境配置的范围大小,制作好模型的底盘。对模型的结构体型进行设计,一般制作切块模型时可直接切割,其他比较复杂的模型可以先制作一个模型的内部支撑体系,便于将表面材料铺贴上去。完成模型主体之后,将其放在底盘上,并按照建筑的性格和实际环境效果,配置环境中的树木、车辆、人群以及各类小品,烘托环境的气氛,突出建筑的个性。

在制作初步模型时,应考虑它同制作以表达为目的模型的区别。初步模型的制作,要力图反映设计内容最本质的特征,是以反映和促进创作思维为根本目的的,所以初步模型比表达模型具有更强的概括性和抽象性。制作时不要将精力过多地浪费在细部的制作上,这样既浪费时间而且还可能会起到喧宾夺主的反作用。有时忽略细部与色彩的白色模型或者简单的几个体块所构成的模型同那些经过精雕细刻的模型相比较,对于所要表达的内容以及对创作思维的促进来说,会起到更大的作用。

第四节　建筑渲染技法

一、建筑渲染技法概述

(一)建筑渲染的目的与种类

渲染是表现建筑形象的基本技法之一。通过渲染技巧,可在二维平面上获得表达三维空间的形象立体感,从而更能直观地展现建筑形象的无限魅力。

常见的建筑渲染包括水墨渲染和水彩渲染两大类,即通过调和不同浓淡、不同深浅的墨汁和水彩颜料,运用适当的渲染方法,通过丰富的明暗变化和色彩变化来表现建筑形象的空间、体积、质感、光影和色调。

(二)建筑渲染的特点

建筑渲染作为传统的表现技法之一,其特点表现在以下几个方面。

(1)形象性。形象性即人们在日常生活中对建筑及其环境的细心观察与体验,素材积累日渐丰富,促使大脑产生记忆和联想,形象思维能力和想象能力不断提高,从而激发建筑创作灵感。

(2)秩序性。任何一种造型艺术都应遵循形式美规律法则,建筑形象的创作亦是如此。在西方古典柱式水墨渲染作业中,既强调画面构图的完整性和诠释柱式主体与背景的主从关系的配合,又强调建筑物在强光照射条件下各组成部分之间的明暗对比关系,从而达到建筑空间和建筑形象的统一。

(3)技巧性。与素描、线描、速写、水彩画、水粉画以及电脑效果图等其他表现技法相比较,建筑渲染技法有其独特的技巧性。具体要求:构图严谨,有序统一;明暗生动,光感强烈;色彩和谐,变化有机;渲染均匀,细致入微。

二、渲染工具及用具

(一)渲染工具

(1)毛笔。一般用于小面积渲染,至少准备三支,即大、中、小,可分为:羊毫类,如白云;狼毫类,如依纹或叶筋。

(2)排笔。通常用于大面积渲染。排笔宽度一般为 50～100mm,羊毫类。

(3)贮水瓶、塑料桶或广口瓶。用于裱纸以及调和墨汁和水彩颜料。

(二)主要调色用具

(1)调色盒。分 18 孔和 24 孔,市场有售。

(2)小碟或小碗若干。用于不同浓淡的墨汁和不同颜色的调和。

(3)"马利牌"水彩颜料。用于色彩渲染。有 12 色或 18 色,市场有售。

(4)"一得阁"墨汁。用于水墨渲染。瓶装,市场有售。

(三)裱纸用具

(1)水彩纸。应选择质地较韧,纸面纹理较细又有一定吸水性能的图纸。

(2)棉质白毛巾。棉质毛巾吸水性好,较柔软,不易使纸面产生毛皱和擦痕,利于均匀渲染。不使用带有色彩和有印花的毛巾,是避免因毛巾退色而污染纸面。

(3)卫生浆糊或纸面胶带(市场有售)。用浆糊或胶带把浸湿好的水彩纸固定在图板上。

(四)裱纸技巧及方法

为了使所渲染的图纸平整挺阔,方便作画过程,避免因用水过多和技法不熟而引起纸皱,渲染前应细心裱纸,以利作画。常见的裱纸方法有两种:干裱法和湿裱法。

(1)干裱法。比较简单,适用于篇幅较小的画面,具体步骤为:①将纸的四边各向内折 1～2cm;②图纸正面刷满清水,反面保持干燥,平铺于图板上;③在图纸内折的 1～2cm 的反面均匀涂上浆糊或胶水,固定在图板上;④把图板平放于通风阴凉干燥的地方,毛巾绞干水后铺在图纸中央,待图纸涂抹浆糊的四个折边完全干透后,再取下毛巾即可。

(2)湿裱法。湿裱法较干裱法费时多,对画面篇幅的限制小。具体步骤为:①将纸的正反两面都浸湿,如纸张允许,可在水中浸泡1~3min;②把浸湿过的图纸平铺在板上,并用干毛巾蘸去纸面多余的水分;③用绞干的湿毛巾卷成卷,轻轻在湿纸表面上滚动,挤压出纸与图板之间的气泡,同时吸去多余水分;④待纸张完全平整后,用洁净的干布或干纸吸去图纸反面四周纸边1~2cm内的水分,将备好的胶水或浆糊涂上,贴在图板上;⑤为防止画纸在干燥收缩过程中沿边绷断,可进一步用备好的2~3cm宽的纸面水胶带(市场有售)贴在纸张各边的1~2cm处,放在阴凉干燥处待干。

湿裱法避免了干裱法因纸张正反两面干湿反差大的弊病。由于图纸正反面同步收缩,纸张与图板紧密吻合,上色渲染时只要不大量用水,自始至终可保持平整,利于作画。

三、渲染技法介绍

(一)渲染方法

常见的渲染方法有三种,即平涂法、退晕法和叠加法,如图4-28所示。

平涂法:常用于表现受光均匀的平面。一般适合单一色调和明暗的均匀渲染。

退晕法:用于受光强度不均匀的平面或曲面。具体地,可以由浅到深或者由深到浅地进行均匀过渡和变化。例如,天空、地面、水面的不同远近的明暗变化以及屋顶、墙面的光影变化及色彩变化等。

叠加法。用于表现细致、工整刻画的曲面,如圆柱、圆台等。可事先把画面分成若干等份,按照明暗和光影的变化规律,用同一浓淡的墨水平涂,分格叠加,逐层渲染。

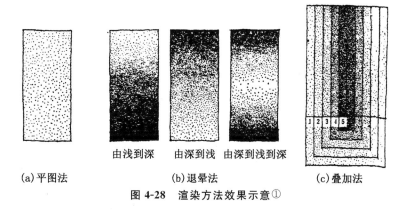

| 由浅到深 | 由深到浅 | 由深到浅到深 |

(a)平图法　　　　　　(b)退晕法　　　　　　(c)叠加法

图4-28　渲染方法效果示意①

(二)渲染的运笔方法

渲染运笔法大致有三种:水平运笔法、垂直运笔法和环形运笔法(见图4-29)。

水平运笔法:用大号笔做水平移动,适宜于作大面积部位的渲染。如天空、大块墙面或玻璃幕墙及用来衬托主体的大面积空间背景等。

垂直运笔法:宜作小面积渲染,特别是垂直长条状部位。渲染时应特别注意:①上下运笔一次的距离不能过长,以免造成上墨不均匀;②同一横排中每次运笔的长短应大致相等,防止局部

---

①　图4-28~图4-35转引自周立军的《建筑设计基础》(哈尔滨:哈尔滨工业大学出版社,2008)。

过长距离的运笔造成墨水急剧下淌而污染整个画面。

环形运笔法:常用于退晕渲染。环形运笔时笔触的移动既起到渲染作用,又发挥其搅拌作用,使前后两次不同浓淡的墨汁能不断均匀调和,从而达到画面柔和渐变的效果。

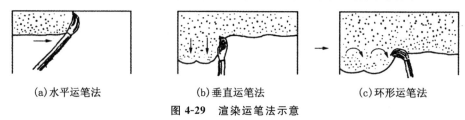

(a)水平运笔法   (b)垂直运笔法   (c)环形运笔法

图 4-29　渲染运笔法示意

(三)光线的构成及其表达法

通常情况下,建筑画的光线方向确定为上斜向 45°,而反光定为下斜向 45°,如图 4-30 所示。

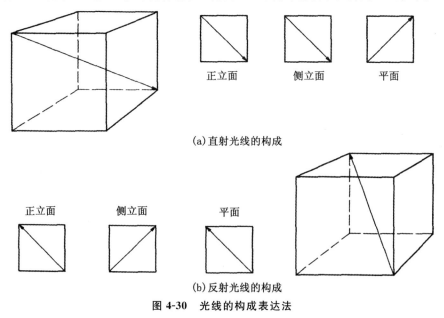

正立面　　　侧立面　　　平面

(a)直射光线的构成

正立面　　　侧立面　　　平面

(b)反射光线的构成

图 4-30　光线的构成表达法

(四)圆柱体的光影变化分析和渲染要领

物体受直射光线照射后,分别产生受光面、阴面、高光、明暗交界线以及反光和阴影,其各部分的明暗变化应遵循明暗透视和色彩透视的基本原理。现结合水墨渲染作业,对圆柱体的光影变化进行分析,如图 4-31 所示。

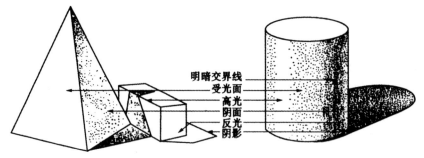

明暗交界线
受光面
高光
阴面
反光
阴影

图 4-31　几何体光影变化分析

将圆柱体平面图的半圆等分,由 45°直射光线照射后,对其每等分段的相对明度进行分析,具体情况为:

(1)高光部分,渲染时留白。

(2)最亮部分,渲染时着色 1 遍。

(3)次亮部分,渲染时着色 2~3 遍。

(4)中间色部分,渲染时着色 4~5 遍。

(5)明暗交界线部分,渲染时着色 6 遍。

(6)阴影及反光部分,渲染时阴影着色 5 遍,反光着色 1~3 遍。

相对而言,等分越细,各部分的相对明度差别就越小,更加细致入微,圆柱体的光影变化也就更加柔和。如果采用叠加法,可按图 4-32 所示序列在圆柱立面上分格逐层退晕。分格渲染时,可在分格边缘处用干净毛笔蘸清水轻洗,弱化分格处的明显痕迹,以获得较为光滑自然的过渡效果。

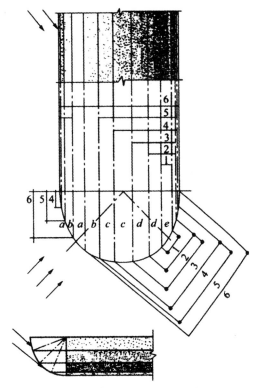

图 4-32 圆柱体光影变化及渲染分析

(五)渲染技巧运用时应注意的问题

在水墨渲染和水彩渲染的过程中,理解并熟练掌握渲染方法与技巧,会使渲染工作更加顺利(见图 4-33)。一般情况下应注意以下方面:

(1)略微抬高图板。

(2)退晕时墨水要渐次加深。

(3)开始先用适量清水润湿顶边,避免纸张骤然吸墨。

(4)毛笔蘸墨水量要适中。

（5）渲染时应以毛笔带水移动，笔毛不应触及纸面。

（6）渲染至图纸底部时应甩干笔中水，用笔头轻轻吸去上层水分，避免触及底墨。

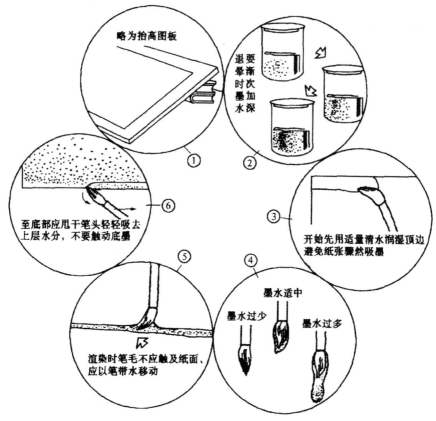

图 4-33　渲染的注意事项

四、水墨渲染步骤分析（以西方古典柱式为例）

在渲染正式图之前，做"水墨渲染小样图"是很有必要的一个环节。按所给定的"小样作图法"示范样图，以相同比例绘制出"渲染小样图"铅笔稿后进行渲染。重点要强调渲染对象的整体关系，明确划分空间层次，运用透视原理确定各部分之间的协调制约关系，从而展现出空间有序、主体突出、层次清晰、明暗生动的完美效果。

"水墨渲染正式图"是对"渲染小样图"的进一步完善和细化。具体包括以下几个步骤：精确绘制铅笔稿、区分主体与背景、渲染主体、刻画细部、整理画面。

（一）精确绘制铅笔稿

精确绘制铅笔稿是按所给"小样作图法"示范样图，按比例放大，用 H 或 2 H 自动铅笔做出精致的正图铅笔稿。这一阶段应尽量不用或少用橡皮擦拭图面，以免擦毛或弄花纸面造成渲染不均。

（二）区分主体与背景

区分主体的檐部、柱子、基座三大部分以及柱式受光面和背光面的相互协调制约关系，重点强调整体关系和划分空间层次。

（1）区分主体与背景。以大面积退晕方法来渲染背景部分，做到上深下浅。深浅程度以 6～7 成为宜，以便为进一步渲染实体及相互间比较和调整留有余地。

（2）区分檐部、柱子、基座三部分的明暗变化，注意高光部位要留白，次亮面不可一次渲染过深。

（3）画面底部字体部分的底色也应作为整体的一部分综合考虑。这部分色调的明暗也同主体各部分一样，渲染时要留出余地。

（三）渲染主体

利用透视原理确定主体各部分之间的协调制约关系及明暗对比关系，重点区分主体的光影变化，突出受光面和背光面的协调对比。这时应强调整体关系，以粗略表现为宜，深浅程度为5～6成。还应注意空间层次的划分，特别是亮面和次亮面的明暗变化，应留有余地，不可一次渲染过深。

（四）刻画细部

（1）利用透视理论进行分析，明确柱式受光面的亮面、次亮面和中间色调的材质表达。

（2）用湿画法对柱式进行细部处理。侧重檐部的圆线脚、柱础部分的圆线脚等曲面体，以及柱式主体——圆柱体，明确高光、反光和明暗交界线的位置以及各部分的明暗对比关系，特别要明确相邻形体的明暗交界线的连续性和制约性。

（3）以湿画法来刻画阴影部分。明确区分暗面和阴影，特别要注意反光的影响，并且要擦留出反高光。

（五）整理画面

对经过深入刻画后的画面整体要进行最后的明暗深浅的统一协调。

（1）主体柱式和背景的协调统一。必要时可以加深背景以增加空间的层次感。

（2）各个阴影面的协调统一。位于受光面强烈处而又位置靠前的明暗对比要加强，反之则要减弱。例如，圆柱体较之檐部，其受光面的明暗对比要强烈些。

（3）受光面的协调统一。画面的重点部位要相对亮些，反之则暗些。

（4）为了突出画面重点，可采用比较夸张的明暗对比、可能出现的反影、弱化画面其他部分等方法进行"画龙点睛"最后阶段的渲染。

（5）若有可能宜采用树木、山石、邻近建筑等衬景，达到衬托主体建筑的目的。

五、水彩渲染步骤分析（以建筑局部立面为例）

水彩渲染一般采用透明度较高的水彩画颜料。已经用过且形成颗粒状的干结颜料是不能继续使用的，故而一次使用时不可挤出过多，以免造成浪费。但在渲染时应调配足够的颜料。另外，对颜料的沉淀、透明、调配和擦洗等特性也应有所了解。

沉淀——赭石、群青、土红、土黄等均属透明度低的沉淀色。渲染时可利用其沉淀特性来表现较粗糙的材料表面。

透明——柠檬黄、普蓝、西洋红等颜料透明度高，在逐层叠加渲染着色时，应先着透明色，后着不透明色；先着无沉淀色，后着有沉淀色；先浅色，后深色；先暖色，后冷色，以避免画面灰暗呆滞，或后加的色彩冲掉原来的底色。

调配——颜料的不同调配方式可以达到不同的效果。例如，红、黄二色先后叠加上色和二者混合后上色的效果就不同。一般地,调和色叠加上色,色彩易鲜艳;对比色叠加上色,色彩易灰暗。

擦洗——水彩颜料可被清水擦洗,这对画面的修改很有必要,还能利用擦洗达到特殊效果。一般用毛笔蘸清水轻巧擦洗即可。

同水墨渲染一样,水彩渲染一般也应做出小样图。其方法为:按所给定的"小样作图法"示范样图,以相同比例绘制出"渲染小样图"铅笔稿后进行渲染。目的在于:确定画面的总体色调;确定各个组成部分的明暗和冷暖关系;确定建筑主体和衬景的协调关系。重点强调渲染对象的整体色彩关系、空间层次关系以及各部分之间的明暗协调关系,勾画一幅空间错落有致、主体色彩鲜明、明暗清晰生动的建筑立面形象。

水彩渲染具体包括以下步骤:绘制铅笔稿、确定基调和底色、重点渲染建筑主体、渲染主体阴影、细致刻画、融合配景与主体环境。

(一)绘制铅笔稿

按所给"小样作图法"示范样图,按比例放大,以 H 或 2H 自动铅笔用尺规准确清晰地做出精致的正图铅笔稿。这时应尽量不用或少用橡皮擦拭图面,以免擦毛或弄花纸面造成渲染不均。

(二)确定基调和底色

为确定画面的总色调和协调各主要部分,一般用柠檬黄或中铬黄作为底色淡淡地平涂整个画面。根据各部分固有色和环境色的影响,确定建筑主体(例如,天空、地面、屋顶、墙面、玻璃、台阶等)各部分的不同色调和明度,分析其明暗对比的差别,利用复色退晕法对各部分进行粗略的明暗和冷暖划分。

(三)重点渲染建筑主体

建筑主体的刻画既要考虑固有色,又要兼顾环境色影响,这样才能得到层次鲜明的空间效果及丰富生动的建筑主体。需要特别强调的是:

天空——普蓝稍加西洋红,由上至下略变浅,复色退晕法渲染。

地面——选沉淀色土黄、土红、赭石分别略加深红和深绿,由左至右或由右至左,利用沉淀色的特性所造成的均匀沉淀的特殊效果来表达地面粗糙不平的材质变化。

墙面——选用赭石、土红、土黄、深红等颜色,利用其沉淀性能来表现红砖墙面凹凸毛糙反光差的空间效果。主体入口左右侧部位,由上至下既有明暗深浅的对比,又有上下冷暖变化。

玻璃——渲染时采用普蓝略加群青和深红,主要位于门窗上,虽然面积较小,但若采用平涂法,会造成沉闷平庸之感。渲染时由上至下或由下至上逐渐加深,为形成丰富的空间效果作"铺路石"。

屋顶——可选用深红加普蓝和深蓝。由上至下,由冷及暖,利用铁皮屋面漆红,较之墙面而言,材质表现较光滑,这时应充分考虑固有色、环境色及强光共同作用效果。

台阶——属混凝土抹灰表面,色浅较明亮,采用淡淡的深蓝略加深红或铬黄,以表达出混凝土表面细滑、光亮的质感。

(四)渲染主体阴影

渲染时宜追求整体性和退晕的变化均匀以及色调的和谐统一。阴影部分的色相和明度的对比和变化会形成强烈生动的空间效果。例如,上浅下深的檐下阴影意味着天空对墙面的反光效果;右侧红砖墙面的阴影左浅右深表达着垂直于画面的墙面形成的反光效果。

（五）细部刻画

深入细微的细部刻画,对进一步表达空间层次、材料质感、光影变化、整体体积均能起到重要作用。例如,选择墙面少量砖块作真实生动的材质和色彩变化,更丰富了材料特点。门、窗棂的线脚形成的阴影和反影的对比变化,从细微处更强调立面入口这一重点部位。选择小块色彩及掌握色度方面,应力求变化有序,和谐有理。

（六）融合配景与主体环境

配景即"配角",其作用是融入以建筑为主体的整体环境中,切忌喧宾夺主。配景的形状态势、尺度比例及冷暖色调的选配宜简洁大方。渲染时尽可能一气呵成,既不要层层叠叠,笔触过碎,又不能反反复复,涂抹擦洗。

六、常见的渲染技法病例

（一）水墨渲染常见病例

图 4-34 为水墨渲染常见病例示意图。

(1)纸面有油渍和汗斑。

(2)纸未裱好,造成渲染时角端凸凹不平,墨迹形成拉扯方向的深色条。

(3)橡皮擦毛纸面,墨色洇开变深。

(4)涂出边界,画面不整齐。

(5)画面未干,滴入水滴。

(6)退晕时加墨太多,变化不均匀。

(7)图板倾斜严重,墨水下行过快,或用笔过重,产生不均匀笔触。

(8)水分太少或运笔重复涂抹,画面干湿无常,缺乏润泽感。

(9)滤墨不净或纸面积灰形成斑点。

(10)水量太多造成水洼,干后有墨迹。

(11)底色较深,叠加时笔毛触动底色,造成退晕混浊。

(12)渲染至底部,因吸水不尽造成返水或笔尖触动底色留下白印。

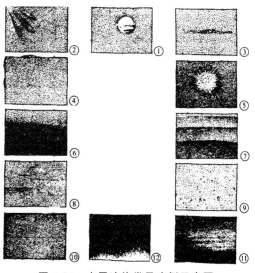

图 4-34　水墨渲染常见病例示意图

（二）水彩渲染常见病例

图 4-35 为水彩渲染常见病例示意图。

（1）间色或复色渲染调色不匀造成花斑。

（2）使用易沉淀颜色时,由于运笔速度不匀或颜料和水不匀而造成沉淀不匀。

（3）颜料搅拌多次造成发污。

（4）覆盖一层浅色或清水洗掉了较深的底色。

（5）外力擦伤纸面后出现毛斑。

（6）使用干结后的颜料,造成颗粒状麻点。

（7）退晕过程中变化不匀造成"突变台阶"。

（8）渲染至底部积水造成"返水"。

（9）纸面有油污。

（10）画面未干时滴入水点。

（11）工作不细致,涂出边界。

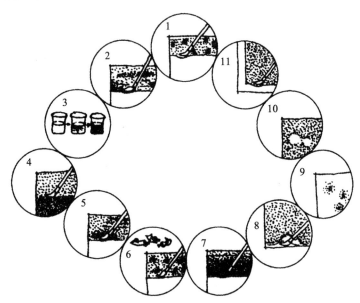

图 4-35　水彩渲染常见病例示意图

第五节　建筑方案的设计

一、建筑方案设计的一般方法

建筑方案设计的过程可以分为任务分析、方案构思和方案完善三个阶段,其顺序过程不是单向的、一次性的,而需要多次循环往复才能完成。因此,遵循这样的设计过程,不同的设计者会采用多种方法深入到方案创作之中,当然也会针对同一设计任务产生丰富多样的设计结果。总结起来,可大体概括为两种倾向的设计理念及方法,即"先功能、后形式"和"先形式、后功能"两类。作为初学者而言,在了解了各种设计方法及建筑理念的基础上,通过自身实践经验的不断积累,可逐步完善个人的建筑设计观及具有个人风格的设计方法。

任何一种设计方法都是要经过前期的任务分析阶段,即对设计对象的功能环境有了一个比较系统、深入的了解把握之后,开始进行方案构思,然后逐步完善设计方案,直到完成。这两大类设计方法的最大差别主要体现为方案构思的切入点与侧重点的不同。

（一）"先功能、后形式"式方法

"先功能、后形式"是以平面设计为起点,重点研究建筑的功能需求,当确立比较完善的平面关系之后再据此转化成空间形象。这样直接"生成"的建筑造型可能是不完美的,为了进一步完善需反过来对平面作相应的调整,直到满意为止。

"先功能"的优势在于:其一,由于功能环境要求是具体而明确的,与造型设计相比,从功能平面入手更易于把握,易于操作,因此对初学者最为适合;其二,因为功能满足是方案成立的首要条件,从平面入手优先考虑功能势必有利于尽快确立方案,提高设计效率。"先功能"的不足之处在于,由于空间形象设计处于滞后被动位置,可能会在一定程度上制约了对建筑形象的创造发挥。

（二）"先形式、后功能"式方法

"先形式、后功能"则是从建筑的体型环境入手进行方案的设计构思,重点研究空间与造型,当确立一个比较满意的形体关系后,再反过来填充完善其功能,对体型进行相对的调整。如此循环往复,直到满意为止。

"先形式"的优点在于,设计者可以与功能等限定条件保持一定的距离,更利于自由发挥个人丰富的想象力与创造力,从而会产生富有新意的空间形象。其缺点是由于后期的"填充"、调整工作有相当的难度,对于功能复杂、规模较大的项目有可能会事倍功半,甚至无功而返。因此,该方法比较适合于功能简单、规模不大、造型要求高、设计者又比较熟悉的建筑类型。它要求设计者具有相当的设计功底和设计经验,初学者一般不宜采用。

在实际建筑方案设计中,以上两种方法并非截然对立的,对于那些具有丰富经验的设计师来说,二者甚至是难以区分的。当他先从形式切入时,他会时时注意以功能调节形式,而当设计师首先着手于平面的功能研究时,则同时迅速地构想着可能的形式效果。最后,他可能是在两种方式的交替探索中找到一条完美的途径。

二、方案设计的任务分析

任务分析作为建筑设计的第一阶段,其目的就是通过对设计要求、地段环境、经济因素和相关规范资料等内容的系统分析研究,为方案设计确立科学的依据。

（一）设计要求分析

设计要求主要是以建筑设计任务书形式出现的,包括功能空间要求和形式特点要求两个方面。

功能空间是组成建筑的基本单位,各个功能空间都有自己明确的功能需求,任务分析阶段首先要具体分析各空间的体量大小,包括平面尺寸及空间高度,各空间内所需家具陈设的要求,空间对声、光、热及景观、朝向的要求,空间的私密性还是公共性的属性要求,空间的位置及各功能空间之间的相互关系,以及交通流线的组织等。明确各种基本要求之后,可按比例在草图纸上绘制出分析的结果。

形式特点的要求是要分析不同类型的建筑所要求的性格特征,如居住建筑要亲切宜人,商业建筑要新颖热烈,纪念性建筑要庄重肃穆等,在设计初期就要定位立意,把握清楚。

除此之外,任务分析还包括对使用者具体情况的定位分析,如使用者的年龄、职业、兴趣、品位不同,设计作品也要相应地有所区别。只有准确把握使用者的个性特点,才能创作出独特的建筑作品。

(二)环境条件分析

设计作品的产生要受到周边环境条件的影响,同时也对环境起着反作用,重新构成新的环境氛围。因此,在任务分析阶段就要着重分析气候条件,如冷、热、风、雪的影响;地形特征如有无山地、湖泊等条件;景观朝向、周边建筑、道路交通等状况以及地段是否有历史、文化等人文方面的要求。

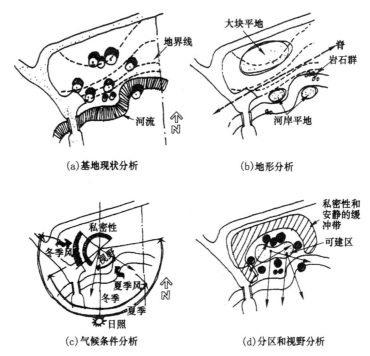

图 4-36　环境条件的分析

(三)经济技术因素分析

经济技术因素是指建设者所能提供用于建设的实际经济条件与可行的技术水平。它是确立建筑的档次质量、结构形式、材料应用以及设备选择的决定性因素,是除功能、环境之外影响建筑设计的第三大因素。在方案设计入门阶段,由于初学者所涉及的建筑规模较小,难度较低,并考虑到初学者的实际程度,经济技术因素一般不展开分析讨论。

(四)相关资料的调研、收集与分析

学习并借鉴前人正反两个方面的实践经验,了解并掌握相关规范制度,既可以避免走弯路,也能认识、熟悉各类型建筑。因此,为了学好建筑设计,必须学会收集并使用相关资料。结合设计对象的具体特点,资料的收集调研可以在第一阶段一次性完成,也可以穿插于设计之中,有针对性地分阶段进行。

调研实例的选择应本着性质相同、内容相近、规模相当、方便实施,并体现多样性的原则,调研的内容包括一般技术性了解(对设计构思、总体布局、平面组织和空间造型的基本了解)和使用管理情况调查(对管理、使用两方面的直接调查)两部分。最终调研的成果应以图、文形式尽可能详尽而准确地表达出来,形成一份永久性的参考资料。

相关资料的收集包括规范性资料和优秀设计图文资料两个方面。建筑设计规范是为了保障建筑物的质量水平而制定的,建筑师在设计过程中必须严格遵守这一具有法律意义的强制性条文,在课程设计中同样应做到熟悉、掌握并严格遵守。

优秀设计图文资料的收集与实例调研有一定的相似之处,只是前者是在技术性了解的基础上更侧重于实际运营情况的调查,后者仅限于对该建筑总体布局、平面组织、空间造型等技术性了解。但简单方便和资料丰富则是后者的最大优势。

总而言之,任务分析的工作不但内容繁杂,头绪众多,操作起来比较单调枯燥,而且随着设计的进展会发现,有很大一部分的工作成果并不能直接运用于具体的方案之中。之所以在方案设计过程中坚持认真细致、一丝不苟地完成这项工作,是因为虽然在此阶段我们不清楚哪些内容有用(直接或间接)、哪些无用,但是我们应该懂得只有对全部内容进行深入系统的调研、收集并分析、整理,才可能获取所有的对我们至关重要的信息资料,为下一步确立设计方案打下坚实的基础。

三、方案的立意、构思与选择

(一)方案的立意

任何艺术创作,无论是文学、绘画还是音乐,都必须有创作主题,即所谓立意,建筑创作也如此。立意是作者创作意图的体现,是创作的灵魂,构思之前应先有立意。成功的设计立意可以在满足建筑功能、形式、环境、技术等基本问题的基础上把设计对象推向更高的层次,使设计作品具有更深刻的内涵和境界,因而好的立意对方案构思有着决定性的指导作用。

建筑设计立意的范围十分广泛,可涉及建筑各个领域,如功能、形式、环境、文脉、技术、经济、能源等各个方面。很多建筑名作给我们作出了示范。

建筑大师赖特设计的流水别墅(见图 4-37),立意源自环境,其追求的是把建筑融于自然、回归自然,建筑仿佛是从环境里生长出来一样达到设计的最高境界。其选址、空间布局、形象塑造、材料、色彩、结构、构造都是围绕这一立意展开的,并取得了非凡的效果。

图 4-37　流水别墅

悉尼标志性建筑物悉尼歌剧院(见图 4-38)由丹麦建筑师伍重设计,其立意源自形式,它的形式风格与滨海环境十分协调,充分展现了海滨建筑的特点——轻盈、纯洁而富有动感,以至于人们把它形象地比喻为"风帆""贝壳"等。

图 4-38　悉尼歌剧院

立意有时来自建筑的某个方面,有时是复杂的。由于每个建筑师的文化修养和专业侧重点不同,他们会产生丰富多彩的立意,创造出富有个性的建筑方案。

(二)方案的构思

方案的构思是建筑设计过程中最基本的环节,同时也是最重要的环节,它是在立意基础上诞生方案的过程。这个过程需要将人的想象转化为具象的建筑形态。

诗人通过文字、画家通过绘画进行创作、传达思想。对建筑师而言,其形象思维的表达方式比较宽泛,语言文字、图示、模型、计算机演示等都是建筑创作构思表达的语言。构思从源自立意的抽象思维到构思成果的表达的整个过程,实际上是一个脑、手、眼协调工作的循环过程。在构思过程中,思维与表达是相互依存、相互促进的。因而在构思过程中,要逐步养成多看、多想、多动手的习惯,掌握构思的正确方法。

方案构思源于立意,构思是在立意的切入点基础上展开的。通过具体的建筑要素(功能、形式、技术等),把立意发展完善,形成方案雏形。例如卢浮宫扩建工程。卢浮宫代表法国历史的荣耀,因此对它的扩建也是十分慎重的问题。建筑师贝聿铭认为,鉴于卢浮宫在法国历史和巴黎城市的重要地位,在地面上新增任何建筑都会影响原来的风貌。他的构思就是建筑的主要部分都放在地下,地面不作任何增建,只设一个入口,来减少对旧有建筑物视觉上的冲击,最后他提出的方案为晶莹剔透的方锥体,位于卢浮宫三栋主建筑的轴线上。卢浮宫扩建至今,人们由质疑甚至反对变为接受,最后引以为荣,由此可以看出建筑师的前瞻性为巴黎创造了新的文化地标。

图 4-39 为卢浮宫金字塔。

图 4-39　卢浮宫金字塔

立意的切入点和突破口很多。它因人而异,不同类型、地段的建筑也不相同。在构思过程中,决不能片面发展,走向极端。构思在保证立意的前提下,要对设计进行全面丰富和完善,解决建筑创作中遇到的问题。构思过程中的形象思维是一种要求有丰富空间想象力的立体思维模式。在构思过程中,始终要有立体空间的概念,以此来解决建筑的形式与功能问题,决不能把建筑的立体形态简单分割成平、立、剖面的设计。从构思开始建筑就是一个立体的整体。至于"先有平面还是先有立面",只是画图的先后顺序而已。先画平面草图时,要考虑该平面对立面的影响,反之亦然,并且要根据需要反复调整。

（三）方案的选择

方案的选择讲究优化。优化的必要性方案的构思在进一步深化调整前,要进行方案的优化,确定最终的发展方案。一方面,可以为下一步打下良好基础;另一方面,可以避免因构思的失误造成不必要的工作。

方案优化最主要的手段就是多方案的比较。通过比较选择优秀方案,综合各方案的优点,对构思方案进行优化。实行多方案比较,不是方案的数量越多越好,方案必须满足基本的设计原则。建筑设计是工程设计,不是艺术创作,方案的成立是建立在依托设计条件的基础之上,满足建筑的功能要求是主要目的。另外,各个方案都要有其独到之处。在满足设计基本条件的基础之上,应从多个角度审视题目,从建筑的整体布局、建筑的形式等各个方面来实现其丰富性。

优点综合方案比较与选择要以设计要求为前提。满足基本的设计要求（包括功能、流线、环境、形象等诸因素）是一个优秀方案首先应达到的标准。在此基础上,要看解决各种问题是否有创意。优秀的设计方案应该是优美、动人、富有个性的,而不应该是平淡的、缺乏特点的。

构思方案不可能尽善尽美,每个方案肯定会有这样或那样的缺点。评价一个方案的优劣,应该看它是否解决了建筑的主要矛盾。次要问题是可以修改或弥补的,但是主要问题不解决或解决不好,会影响到方案设计的全局。例如,展览建筑的流线设计很重要,如果这个问题不解决,就不可能是一个成功的方案。

四、方案的调整与完善

（一）方案的调整

虽然通过方案优化选择出了最佳方案,但此时的设计还处在大想法、粗线条的层次上,某些方面还存在着许多问题。为了达到方案设计的最终要求,必须对方案进行调整和深化。

方案调整阶段的主要任务是解决方案在比较分析的过程中所出现的问题,同时弥补设计缺憾。调整方案是对原有方案进行适度的修改与补充,不但要保留原有方案的个性特色,而且要进一步提升原有方案的优势与水平。

方案调整的内容主要有:

（1）进一步强化与周边环境的关系,完成较为详细的总平面图设计。

（2）确定各个功能空间的大小、特性以及相互关系,完成较为详细的平面设计。

（3）在解决功能空间的基础上,完成建筑的形象设计,做出建筑的立面图和轴测分析图。

（4）完善结构技术要求,进行材料的选择运用以及构造的初步设计。

（5）考虑建筑设备的要求。

（二）方案的完善

方案构思完成后，还要经过设计的另外一个环节——完善阶段。完善阶段的内容主要包括以下两个方面：一是解决技术方面的问题，如确立建筑物的结构、构造等，各个局部的具体做法，色彩、质感、材料的选择等；二是协调建筑形象与空间的关系。

技术的完善是完善阶段的第一层次，也可以说是对构思阶段的延续和补充。构思阶段经多次反复综合形成的是相对完整的建筑意象，完善阶段就是通过对各种技术问题的处理，使建筑方案变得更细致、更完整、更明确。完善阶段对建筑方案的改动可能性较小，多是在大的建筑意象不变的情况下对其进行细微的调整。例如建筑中门窗的尺寸与位置、建筑室内外高差、楼梯踏步的长度与宽度等。技术的完善既涉及到总图中的问题，也包括平面、立面、剖面中的细节问题。

尽管在这个部分中涉及确定具体的尺寸、详细的形象及其他技术性问题，但首先要注意的是我们做细化、深化的方案时，切莫盲目地深化，应当是本着原先立意去深化，而不走样，要善于"锦上添花"，而不是"画蛇添足"。

方案细部完善设计涉及的内容主要有：

（1）面积、层高等指标要求。

（2）结构与构造的处理。

（3）建筑立面的细部处理：门、窗、柱、廊、洞口、装饰等细部；建筑转角、入口的细部处理；建筑基座、墙身和顶部的细部处理。

（4）建筑外环境的细部处理。

（5）细节设计与规范。建筑设计离不开规范，建筑师应当熟悉各种有关规范：民用建筑设计通则；建筑设计防火规范；其他各类建筑设计规范。

建筑形象应与内部空间关系协调。建筑的形式与空间是相辅相成的，方案在完善一些细部的同时，立面和平面之间的关系也随之发生了某些变化，对此要有充分认识，根据需要及时调整，做到空间与形式的一致。

在方案的深化过程中，有两方面问题值得注意：一是必须满足有关法规和设计规范的要求；二是能够持之以恒，保持足够的热情和信心，不可半途而废。方案的调整、完善不可能一次完成。在此过程中，要保持耐心，一个一个地解决细节问题，调节好各个方面之间的关系，切忌只偏重于一个方面，将之完成得天衣无缝，而其他地方草草收场，要注重全面发展。

五、方案设计的表达

建筑设计的一个很重要的环节就是将构思的方案用一定的方式表现出来，这如同作家的写作一样，如果没有文字这种形式的表述，仅有作家的构思和幻想，我们看不到他的成果，就不能认为他在写作。方案设计也一样，它最终的成果必须以特定的方式表现出来，才能得到社会的认可。

依据目的不同，方案设计的表达分为构思阶段的表达和成果表达两种。

（一）构思阶段的表达

构思阶段的表达是设计者思维活动的最直接、最真实的记录与展现。其一，它可以以具体的空间形象刺激设计者的形象思维活动，从而产生更为丰富生动的构思；其二，它为设计者分析、判断、抉择方案构思确立了具体对象与依据。

构思阶段的表达方式主要分为：草图、工作模型、计算机辅助三种。

1. 草图

草图是方案构思阶段的主要表达方式,它虽然看起来粗糙、随意,但可以快速记录设计者的思想意图和一闪即逝的灵感,是瞬间思维的反映。另外,草图比较适合进行深入的细部刻画。设计者借助草图进行思考,可以促进思考的进程。

2. 工作模型

用来推敲方案的模型叫做工作模型或草模,它在三维空间中的作用犹如草图在二维空间中的作用一样,越来越受到设计者的重视。利用模型进行多方案的比较,可以直观地展示设计者的多种思路,为方案的推敲、选择提供可信的参考依据。

3. 计算机辅助

设计近些年来,计算机技术在建筑设计领域中广泛应用。在构思阶段,多方案的比较推敲中,利用计算机可以将建筑做多种处理与表现。如建立计算机模型,可以从不同观察点、不同角度对其进行任意查看,还可以模拟真实环境和动态画面,使得建筑的形体关系、空间关系等一目了然。

总之,构思阶段的这三种表达方式各有特点,也各有欠缺,这就要求将三者综合起来运用。一般来说,早期多用草图来捕捉灵感,发现问题,形成一定的建筑意象;而对其进行量化的比较、推敲和分析时,往往要用工作模型和计算机辅助设计来加以完善和综合,使建筑意象更直观,更利于评价。

(二)成果表达

成果表达的方式主要有三种:正式图、模型、计算机表达。

1. 正式图

设计的成果最终是通过建筑的总平面图、平面图、立面图、剖面图及轴测图、透视图等来体现的。每个图表达反映的是建筑的某一个片断的内容,将它们联系起来,就会对方案有一个全面的认识。

2. 模型

模型在方案表达中也有非常重要的作用。与图纸相比,模型具有直观性、真实性和较强的可体验性,可以弥补图纸表达用二维空间来表达建筑的三维空间所带来的诸多问题。借助模型表达,可以更直观地反映出建筑的空间特征,尤其对于大型的建筑群体或技术先进、功能复杂、空间造型富于变化的建筑更是如此。另外,模型表达对于非专业人士来说,是对方案进行评价和判断的最有效方式。

3. 计算机表达

计算机表达在一定程度上综合了图纸表达与模型表达的优点,而且它的准确性与真实性又是图纸与模型表达所无法比拟的,因而随着计算机的普及应用,计算机表达成为一种使用越来越广泛的表达方式。计算机表达除了能够表现出二维的平面、立面和剖面,还能生成建筑模型,从多个视点、多个角度描绘建筑。它强大的模拟功能,可以模拟真实的光源、材料、颜色,甚至真实的环境和配景,达到逼真的效果,环境氛围和意境的表达也很真切。另外,动画功能可以提供动态画面,增强表现的力度。

六、方案设计者的素质要求

要成为一名合格的方案设计的设计者，有以下四点素质要求。

(一)注重提高个人修养

建筑设计是一项综合性很强的工作，它涉及的知识面很广，因此要成为一名优秀的建筑师，除了需要具备渊博的知识和丰富的经验外，还要加强自身的修养，它是建筑师进行设计的灵魂。建筑师的个人修养决定着设计观念境界的高低。提高个人修养不是一蹴而就的，它靠的是持之以恒的决心与毅力，通过日积月累不断努力来取得。因此，在掌握好相关专业知识的同时，还要广泛地涉猎其他领域，如人文、社会、心理、美学、哲学等，这对获取灵感大有益处。

(二)培养良好的工作方法

培养良好的学习习惯与作风是十分必要的。建筑从根本上说是为人的生活服务的，真正了解了生活中人的行为、需求、好恶，也就把握了建筑功能的本质需求。生活处处是学问，只要有心留意，平凡细微之中皆有不平凡的真知存在。因此，培养向生活学习的习惯十分重要。

培养不断总结的习惯。通过不断总结已完成的设计过程，达到认识提高再认识的目的。许多著名建筑师无论走到哪里，笔记本、速写本乃至剪报簿常伴随左右，这正是良好设计习惯的具体体现。

应养成脑手配合、思维与图形表达并进的构思方式，避免将思维与图形表达完全分离开来。这就要求在构思的过程中也要勤于动手，随时记录思维过程中闪现的瞬间灵感。由于设计任务的相关因素繁多，期望完全理清了思路再通过图形一次表达出来是不现实的，也是不科学的。在构思过程中如果能够随时随地如实地把思维的阶段成果用图形表达出来，有助于理清思路，从而把思维顺利引向深入。

(三)努力提高设计水平

设计是一门综合性学科。它不像数理化，有固定的公式，推理出唯一的答案，所以在学习中，除了要有开放的思维方式，敢于大胆创新之外，相互交流是十分必要的。另外，提高设计水平还要多看一些理论书籍，多听专业方面的学术报告，以及从计算机网络中获取专业知识，总之在信息时代要学会多渠道地获得知识。最后要注意学习优秀的建筑实例。这种学习不是形式上的生搬硬套，应该多研究其背景资料及相关评论，从根源上加以理解，领会其精神。

(四)合理安排设计进度

建筑学专业学习的一个很突出的特点就是每一个课程设计持续的时间比较长，这就容易导致同学们在设计中出现时间安排不合理的现象，即时间的分配前松后紧。导致这种问题产生的原因有两种：其一，总感觉离交图的时间还很长，不能按照老师所要求的进度做好每一步工作，到最后因为时间仓促，匆忙收尾，不能将自己的真实水平很好地发挥出来；其二，基本上能够按照进度要求进行，但总对自己存在过高要求，所以屡屡推翻原有的方案，有的甚至于反复提出多次方案，最终仍无法真正确立最佳方案。这种精益求精的精神固然可嘉，但是由于时间、精力等诸多客观因素的制约，推倒重来势必会影响到完成下一阶段任务的质量与进度，所以这种做法的最终效果肯定是差强人意的，因而也是不可取的。方案构思固然十分重要，但它并不是方案设计的全部。为了确保方案设计的质量水平，尤其使课程训练更系统、更全面，科学地安排各阶段的时间进度十分必要。

第五章　建筑空间与组织

第一节　空间与建筑空间

一、空间的概念与类型

（一）空间的概念

空间是一种无形的弥漫扩散的质,在任何位置和任何方向上都是等价的;自由和不确定是空间的特质。广义的空间含义不仅指向建筑领域,其他艺术形式也形成空间感受。如舞者通过舞蹈所控制的领域,音乐产生的声场,甚至文学艺术所带来的想象余地等都属于空间的范畴。

建筑中能被人感知的空间是因内部元素、界面围合或物体介入而被限定出来的领域。比如一块空地,我们可能感觉茫然而难以描述;但当在空地上插一面旗帜,就昭示着被占据、有中心等;出现一棵大树,自然给人以心理依靠或视觉屏障,甚至附加一些简单的功能——遮阳避雨、停顿休息等;如果地面上有一级台阶,则意味着不同区域的界分。人在照镜子时,镜子背后的世界被拉入画面,自己也作为观众参与其中,这时的空间由视错觉产生,如同虚拟幻像。

空间是建筑的"灵魂",体现了虚、无、围、透的辩证关系。空间即实体围合而成的"空",也就是什么都没有。建筑着眼于空间,而不是围合的墙、地、顶及四壁等。空间是与实体相对的概念,是物质存在的一种形式,是物质在广延性和伸张性方面的表现。凡是实体以外的部分都是空间,它均匀或匀质地分布和弥散于实体之间,是无形的和不可见的,同时也是连续的和自由的,而建筑空间是一种特殊的自由空间。

我们可以认为一种空间是建筑空间,即用墙体、地面和顶棚等实体所限定和围合起来的空间;另一种空间可以通过"原型＋变量"的方式来认识。自然空间理解为建筑空间的原型,而目的、属性和尺度则是建筑空间所必须具有的特征变量,包括对不同实用功能的满足(目的变量)、对不同文化和审美要求的联系(属性变量)以及对视觉效果的控制(尺寸变量)等。由此可见,第一种方法帮助人们获得一种一般意义上的几何空间,属于容积的概念;第二种方法则帮助人们获得一种特殊识别性的空间,属于领域的概念,即具有某种目的、某种属性和某种尺度的空间。人们对于空间的知觉和认识是基于上述这两种方法的结合的。换言之,建筑空间就是观者的一种知觉空间。

（二）空间的类型

空间有着各种不同的类型,如自然空间与建筑空间。在建筑空间这一层面上,又分为居住建筑空间与公共建筑空间等。在每一类型空间的层面上又分为目的空间和辅助空间。目的空间是具有单一功能的使用空间,如起居室、办公室、教室等;辅助空间可以是卫生间、贮藏间及为目的空间服务的一系列单元部分等。空间类型及其内容见表5-1。

表 5-1　空间类型及其内容

空间							
自然空间		建筑空间					
无组织的外部空间	有组织的外部空间		非公共建筑空间	公共建筑空间			
				辅助空间	目的空间		
城市街道广场	人口地带庭院广场		居住建筑空间工业建筑空间农业建筑空间等等	交通空间卫浴空间设备机房	A	B	C	D
					各种功能场所		

注：表中 A、B、C、D 指各种具有单一功能的使用空间。

二、建筑空间的概念

建筑空间有狭义和广义之分。建筑空间是指由建筑实体以及其他实体所构成的空间。建筑的本质是建筑空间。空间的类型分为内部空间、外部空间和内外部空间（即灰空间）。灰空间最早是由黑川纪章提出的。灰空间一方面指色彩；另一方面指介乎于室内外的过渡空间。大量利用的庭院、走廊等过渡空间，就一般人的理解，就是那种半室内与半室外、半封闭与半开敞、半私密与半公共的中介空间。这种特质空间在一定程度上抹去了建筑的内外部界限，使其成为一个有机整体，空间的连贯性消除了内外部的隔阂，给人自然有机的整体感觉。

关于建筑空间的概念论述有很多，这里仅引述一些观点，有助于大家对建筑空间的概念有所了解。

（一）侯幼彬《建筑—空间与实体的对立统一——建筑矛盾初探》

侯先生在《建筑—空间与实体的对立统一——建筑矛盾初探》一文中对建筑矛盾问题进行了探讨，指出盖房子，人力物力都花在实体上，而真正使用的却是空间。所有的建筑，都是建筑空间与建筑实体的矛盾统一体。他还指出：人为的建筑空间的获得所采用的不外乎是"减法"（削减实体）与"加法"（增筑实体）这两种方式，在许多情况下是"加法"与"减法"并用。建筑实体提供了三种类型的建筑空间状况：（1）形成建筑内部空间，同时形成建筑外部空间；（2）只形成建筑内部空间，没有形成建筑外部空间；（3）只形成建筑外部空间，没有形成建筑内部空间。

（二）赫曼·赫茨伯格《建筑学教程 2：空间与建筑师》

赫曼·赫茨伯格认为：建筑的空间物质上，空间的塑造是通过它周围的东西及其内的物体被我们感知的，至少是当那儿有光时。当在建筑领域谈及空间时，大多数情况下意味着一个空间。一个物体的存在或缺失决定了涉及的是无限大的空间，还是一个更多或更少被包含的空间，或者存在于两者之间，既非无穷大亦非被包围。空间是被限定的，意义是明确的，也是由其外部和内部物体单独或共同决定的。空间意味着什么——对一些事物提供保护或使得某物可被接近。在某种意义上，它是特制的，从功能角度考虑它或许是变化的，但不是偶然性的。一个空间带有类似目的性的东西，即使它有可能走到这一目的的对立面。那么我们可能将一个空间理解为一个目标而只不过是在相反意义上的：是一个负实体。

（三）日本《建筑大辞典》

日本《建筑大辞典》对建筑空间的释义：

（1）由建筑物的墙体、顶棚、地板等所限定的空间。建筑所建造出来的，不是构成建筑物的"物"，而是由这种"物"所构成的"空间"，有时也仅仅只说"空间"。

（2）以形成伴随着人的生活行为的空间意识作为目标所建造的空间的全部。考虑建筑空间的素材不仅仅是建筑物，还扩大到树木和岩石等。基于这些多样的空间的理解，产生了内部空间、外部空间、目的空间、多目的空间、功能空间、自由空间、装备空间、缓冲空间、骨骼空间、有机空间、无限定空间、虚拟空间和其他众多的新词语。

第二节　建筑内部空间的组织形式

随着社会生产力的不断发展，文化技术水平的提高，人们对建筑内部空间环境的要求愈来愈高。而建筑内部空间组织乃是建筑内部空间环境的基础，它决定建筑内外空间总的效果。对空间环境的气氛、格调起着关键性的作用。建筑内部空间的各种各样的不同处理手法和不同的目的要求，最终将凝结在各种形式的空间形态之中。概括来说，建筑内部空间组织大致上有以下几类。

一、线式空间组织

线式空间组织方式实质上是一个空间系列组合。这些空间既可能是直接地逐个连接。亦可能是由一个单独的不同的线式空间来联系在一起的。

线式空间组合通常是由尺寸、形式和功能都相同或相似的空间重复出现而构成。也可将一连串形式、尺寸或功能不相同的空间由一个线式空间沿轴向组合起来。

在线式空间组合中，功能方面或者象征方面具有重要性的空间。可以出现在序列的任何一处。以尺寸和形式的独特表明它们的重要性。也可以通过所处的位置加以强调；置于线式序列的端点、偏移于线式组合，或者处于扇形线式组合的转折上。

线式空间组织的特征是"长"，因此它表达了一种方向性，具有运动、延伸、增长的意义。为使延伸感得到限制。线式空间形态组合可终止于一个主导的空间或形式，或者终止于一个经特别设计的清楚标明的空间，也可与其他的空间组织形态或者场地、地形融为一体。

二、集中式空间组织

集中式空间组织主要是以一个空间母体为主结构。一些次要空间围绕展开而组成的空间组织。集中式空间组织作为一种理想的空间模式具有表现神圣或崇高场所精神和表现具有纪念意义的人物或事件的特点特征。其主空间的形式作为观赏的主体，要求有几何的规划性、位置集中的形式。如圆形、方形或多角形。因为它的集中性，所以这些形式具有强烈的向心性。主空间作为周围环境中的一个独立单体，或空间中的控制点，在一定范围内占据中心地位。

古罗马和伊斯兰的建筑师最早应用集中式空间组织方式建造教堂、清真寺建筑，而到了近现代，集中式空间组织的运用主要表现在公共建筑内部空间中的共享大厅的设计上。以美国建筑师波特曼为首的一些建筑师通过大型酒店和办公建筑中的共享空间的设计将集中式空间形态的发展推向一个新的阶段。如图 5-1 所示为线式内部空间形态立面示意及效果图。

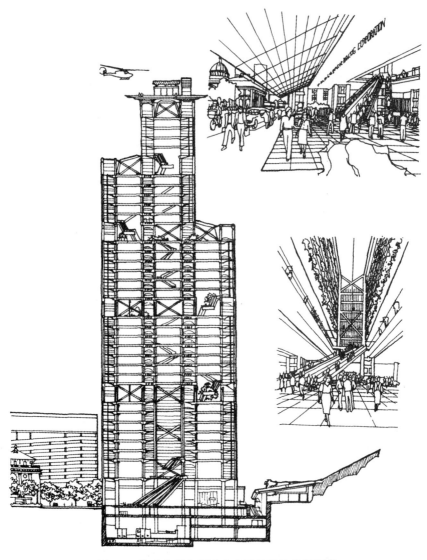

图 5-1　线式内部空间形态立面示意及效果图①

　　近代共享空间最大的特点是从感官角度唤起了人们的空间幻想,它以一种夸张的方式,将人们放置在建筑舞台的中心。它鼓励人们参与活动,进行交流互动,在空间中穿行,享受室内大自然(光线、植物、流水),享受社交生活。共享空间的出现和发展对于那些千篇一律的、沉闷的内部空间和缺少形态的外部空间,无疑是提供了一种视觉上的清新剂。

　　共享空间的出现为城市公共空间的振兴提供了一种方式,它表述了一种广受欢迎的、大众化城市和较少清教徒气息的建筑空间语言。其中心思想非常贴近中国的"天人合一"的理想。

　　共享空间的表现形式大多应用在城市大型公共建筑中设置的中庭空间——一种全天候公众聚集的空间。在这个空间中,内庭院及其周围空间之间相互影响着。俯瞰中庭的空间能够透光,但避风、雨、烈日和变幻的气候,大的通透与微妙的遮蔽在起着作用。

---

　　①　图 5-1~图 5-31 转引自郑曙旸的《环境艺术设计》(北京:中国建筑工业出版社,2007)。

通常围绕在共享空间周围的空间多是功能空间,如酒店的客房、大型公共商厦的办公室等。而中庭空间是一种额外的奉送,但是这两者是相互影响的。中庭本身能够提供有用的空间,除了构成门厅与可至建筑物各部分进口的交通空间外,它的地面可作为餐厅、休息、展览或表演空间或商场用地。它所创造的对景和公共入口能使上部各层作为底层"地面"的延伸。

集中式内部空间立面示意图如图 5-2 所示。集中式内部空间平面示意图如图 5-3 所示。集中式内部空间效果示意图如图 5-4 所示。

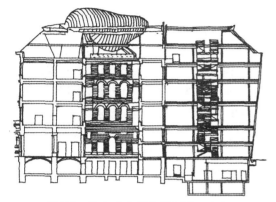

图 5-2　集中式内部空间立面示意图

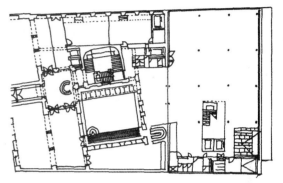

图 5-3　集中式内部空间平面示意图

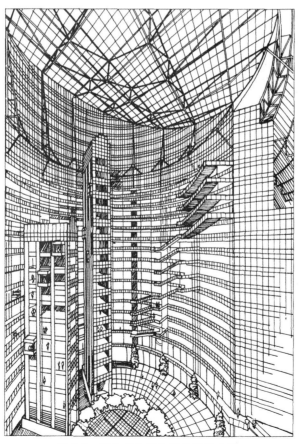

图 5-4　集中式内部空间效果示意图

三、放射式空间组织

在放射式空间组织中,集中式及线式组织的要素兼而有之。它由一个主导中央空间和一些向外放射扩展的线式空间所构成。集中式空间形态是一个内向的图案,趋向于向中心空间聚焦,而放射式空间形态更多的是一个外向的图案,它向空间组合的周围扩展(见图 5-5)。

正如集中式空间组织一样,放射式空间组织方式的中央空间一般也是规则形式,以中央空间为核心向各方向扩展。

放射式空间组合变化的一个变体是风车式图案形态。它的空间沿着正方形或规则的中央空间的各边向外延伸,形成一个富于动势的图案,在视觉上产生一种围绕中央空间旋转运动的联想。

城市中的立体交通,车水马龙川流不息,显示出一个城市的活力,也是繁华城市壮观的景象之一。现代室内空间设计亦早已不满足于习惯的封闭六面体和静止的空间形态,在创作中也常把室外的城市立交模式引进室内,不但对于大量群众的集合场所如展览馆、俱乐部等建筑,在分散和组织人流上颇为相宜,而且在某些规模较大的住宅也适用。在这样的空间中,人们上下活动交错川流,俯仰相望,静中有动,不但丰富了室内景观,也给室内环境增添了生气。放射式建筑形态如图 5-6 所示。

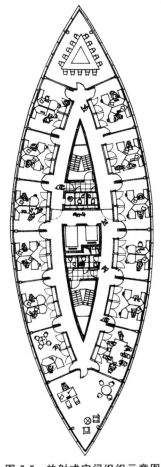

图 5-5　放射式空间组织示意图

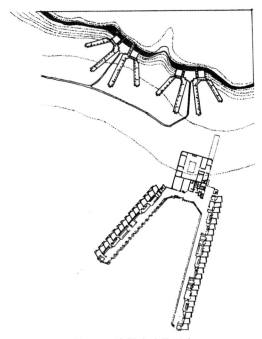

图 5-6　放射式建筑形态

四、组团式空间组织

组团式空间组织,又可称为包容式空间组织,是通过紧密连接来使各个小空间之间互相联系,进而形成一个组团空间。每个小空间具有类似的功能,并在形状和朝向方面有共同的视觉特征。

组团式空间组织结构也可在它的构图空间中采用尺寸、形式、功能各不相同的空间加以协调联系,但这些空间常要通过紧密连接和诸如对称轴线等视觉上的一些规则手段来建立关系。因为组合式空间组织的平面图形并不来源于某个固定的几何概念,因此它灵活可变,可随时增加和变化而不影响其特点。

由于组团式空间组织的平面图形中没有固定的重要位置,因此必须通过图形中的尺寸、形式或者朝向,才能显示出某个空间所具有的特别意义。在对称及有轴线的情况下,可用于加强和统一组团式空间组织的各个局部,来加强或表达某一空间或空间组群的重要意义。组团式空间组织的几种模式如图 5-7 所示。组团式空间组织示意图如图 5-8 所示。

图 5-7　组团式空间组织的几种模式

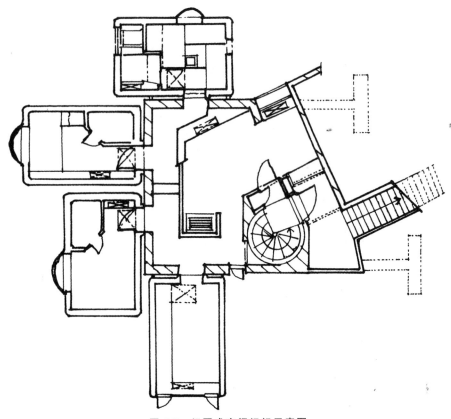

图 5-8　组团式空间组织示意图

五、"浮雕式"空间组织

"浮雕式"空间组织是指在建筑内部空间组织中的几种具有特点的形态结构。它们的共同之处是尺度精致且具浮雕感。"浮雕式"空间组织主要有以下几种形式。

(一)下沉式空间

室内地面局部下沉,在统一的室内的空间中就产生了一个界限明确、富有变化的独立空间。由于下沉地面标高比周围的要低,因此有一种隐蔽感、被保护感和宁静感,使其成为具有一定私密性的小天地。人们在其中休息、交谈也倍觉亲切。同时,随着视点的降低,空间感觉增大,室内外景观也会由此产生不同凡响的变化,并能适用于多种性质的房间。下沉式空间,根据具体条件和不同要求,可以有不同的下降高度,少则一二阶,多则四五阶不等。对高差交界的处理方式也有许多方法,或布置矮墙绿化,或布置沙发座位,或布置低柜、书架以及其他储藏用具和装饰物。高差较大者应设围栏,但一般来说高差不宜过大,尤其不宜超过一层高度,否则就会像楼上、楼下和进入底层地下室的感觉,失去了下沉空间的意义。下沉式空间示意图如图 5-9 所示。

(二)地台式空间

与下沉式空间相反,如将室内地面局部升高也能在室内产生一个边界十分明确的空间,但其功能、作用几乎和下沉式空间相反。由于地面升高形成一个台座,在和周围空间相比变得十分突出,因此它们的用途适宜于惹人注目的展示、陈列或眺望。许多商店常利用地台式空间将最新产品布置在那里,使人们一进店堂就可一目了然,很好地发挥了商品的宣传作用。现代住宅的卧室或起居室虽然面积不大,但也利用地面局部升高的地台布置床位或座位,有时还利用升高的踏步直接当座席使用,使室内家具和地面结合起来,产生更为简洁而富有变化的、新颖的室内空间形态。此外,还可利用地台进行通风换气。改善室内气候环境。在公共建筑中,如茶室、咖啡厅常利用升起阶梯形地台方式,使顾客更好地看清室外景观。

图 5-9　下沉式空间示意图

（三）内凹与外凸空间

内凹空间是在室内局部退进的一种室内空间形态,特别在住宅建筑中运用比较普遍。由于内凹空间通常只有一面开敞,因此在大空间中自然少受干扰。有时在设计中常把顶棚降低,形成具有宁静、安全、亲密感的特点,是空间中私密性较高的一种空间形态(见图 5-10)。

根据凹进的深浅和面积大小的不同,可以作为多种用途的布置。在住宅中多数利用它布置床位,这是最理想的私密性位置。有时甚至在家具组合时,也特地空出能布置座位的凹角。在公共建筑中常用内凹空间来避免人流穿越干扰,以获得良好的休息空间。许多餐厅、茶室、咖啡厅也常利用内凹空间布置雅座。对于长廊式的建筑,如宿舍、门诊、旅馆客房、办公楼等,能适当间隔布置一些内凹空间,作为休息等候场所,可以避免空间的单调感。

凹凸是一个相对概念,如凸式空间就是一种对内部空间而言是凹室,对外部空间而言是向外凸出的空间。如果周围不开窗,从室内而言仍然保持了内凹空间的一切特点,但这种不开窗的外凸式空间,在设计上一般没有多大意义,除非外形需要,或仅作为外凸式楼梯、电梯等使用。大部分的外凸空间希望将建筑更好地伸向自然、水面,达到三面临空,饱览风光,使室内外空间融合在一起;或者为了改变朝向方位,采取锯齿形的外凸空间,这是外凸空间的主要优点。住宅建筑中的挑阳台、日光室都属于这一类。外凸空间在西洋古典建筑中运用得比较普遍,因其有一定特点,故至今在许多公共建筑和住宅建筑中也常采用。不同程度的外凸式空间形态如图 5-11 所示。外凸空间形态如图 5-12 所示。

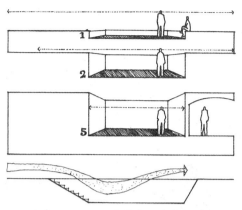

图 5-10　不同程度的内凹式空间形态

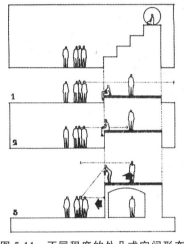

图 5-11　不同程度的外凸式空间形态

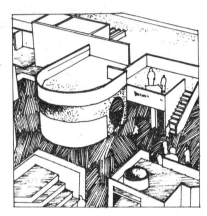

图 5-12　外凸空间形态

（四）回廊与挑台

回廊与挑台是一种室内外空间中独具一格的空间形态。回廊常采用于门厅和休息厅,以增强其入口宏伟、壮观的第一印象和丰富垂直方向的空间层次。结合回廊,有时还常利用扩大的楼梯休息平台和不同标高的挑平台。布置一定数量的桌椅作休息交谈的独立空间,并造成高低错落、生动别致的室内空间环境。由于挑台居高临下,提供了丰富的俯视视角环境。现代旅馆建筑中的中庭,许多是多层回廊挑台的集合体,并表现出多种多样的处理手法和不同效果,借以吸引广大游客。

回廊与挑台在古典建筑中的应用如图 5-13 所示。回廊的应用如图 5-14 所示。

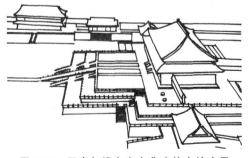

图 5-13　回廊与挑台在古典建筑中的应用

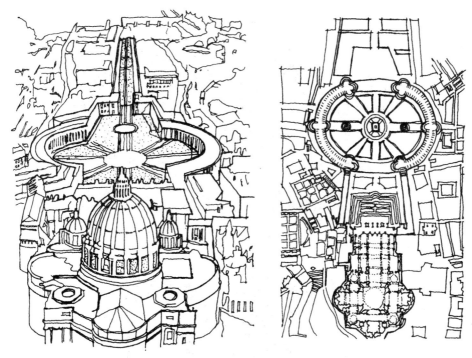

图 5-14　回廊的应用

第三节　建筑外部空间的组织形式

　　建筑外部空间是建筑环境中功能、形式相互矛盾,又相互统一的结果。一方面,建筑外部空间的形成是环境形式由简单聚居向功能多样、形态及结构复杂演化的过程;另一方面,建筑外部空间组织发展的历程也是人们不断能动地改善自己的集居环境、进行空间设计营建的过程。虽然因世界各地自然条件、社会经济发展水平均有差异,建筑外部空间出现的时期、分布、规模和景观形态不可能相同,反映这种不同演化发展阶段的空间组织形态也必然随着时代不断演化而发展变化。同时,又由于建筑外部空间的复杂性和综合性,在一定时期内和特定的各种影响因素作用下,所基本形成的某种明确的空间组织和布局结构,是不会轻易改变的,这种渐变相对固定的现象也有其必然的规律。因此,建筑外部空间形态同时具有整体上绝对的动态性和阶段上相对的稳定性这样一个特征。概括来说,建筑外部空间组织大致上有以下几类。

一、中心式空间组织

　　中心式空间组织,即建筑外部空间主体轮廓长短轴之比小于 4∶1,是集中紧凑的空间组织形态,其中包括若干子类型,如方形、圆形、扇形等。这种类型是建筑外部空间形态中最常见的形式,空间的特点是以同心圆式同时向四周扩延。活动中心多处于平面几何中心附近,空间构筑物的高度往往变化不突出和比较平缓、区内道路网为较规整的格网状。这种空间组织形态从艺术设计角度上易突出重点,形成中心,从功能上便于集中设置市政基础设施,合理有效地利用土地,也容易组织区域内的交通系统(见图 5-15 和图 5-16)。

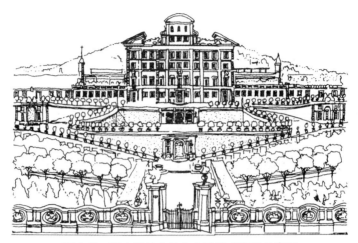

图 5-15　西方园林中的中心对称式布局示意图

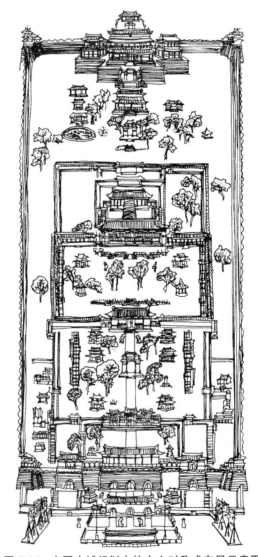

图 5-16　中国古城规划中的中心对称式布局示意图

二、放射式空间组织

放射式空间组织主要表现为：建筑外部空间组织总平面的主体团块有三个以上明确的发展方向，这包括指状、星状、花状等子型。这些形态大多使用于地形较平坦，而对外交通便利的地形地势上。放射式城市布局示意图如图 5-17 所示。放射式场地规划平面示意图如图 5-18 所示。

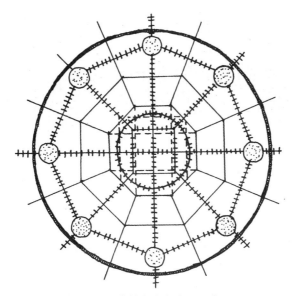

图 5-17　放射式城市布局示意图

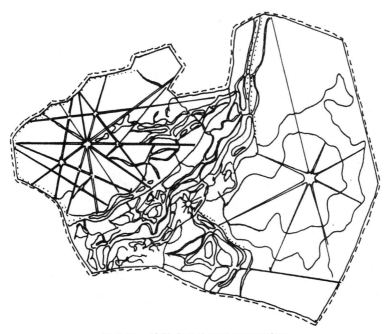

图 5-18　放射式场地规划平面示意图

三、带状或流线式空间组织

带状或流线式空间组织主要表现为：建筑外部空间主体组织形态的长短轴之比大于4：1，并明显呈单向或双向发展，其子型具有U形、S形等。这些建筑外部空间组织往往受自然条件所限，或完全适应和依赖区域主要交通干线而形成，呈长条带状发展，有的沿着湖海水平的一侧或江河两岸延伸，有的因地处山谷狭长地形或不断沿道路干线一个轴向的长向扩展景观领域。这种形态的规模一般不会很大，整体上使空间形态的各部分均能接近周围自然生态环境，平面布局和交通流向组织也较单一，如图5-19～图5-21所示。

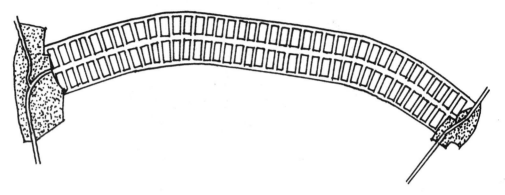

图5-19 带状城市空间布局示意图

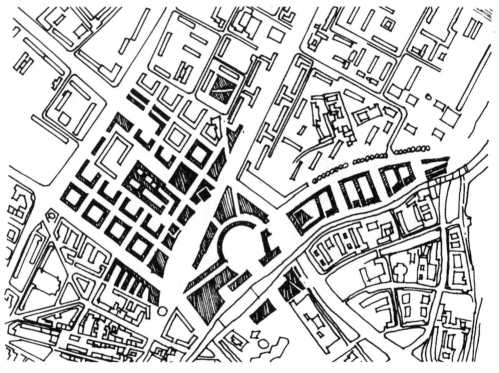

图5-20 带状城市布局的平面及效果图

图 5-21　由河流导致的带状城市空间形态

四、自由散点式空间组织

这种组织形式没有明确的总体团块,各个基本团块在几个区域内呈散点状分布。这种形态往往是在地形复杂的山地丘陵或广阔平原地带,也有的是由若干相距较远的独立发展区域组合成为一个较大的空间地域,如图 5-22 和图 5-23 所示。

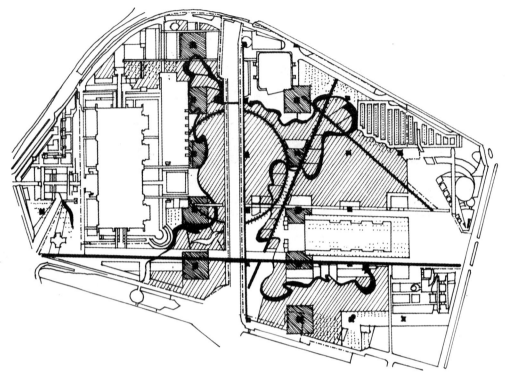

图 5-22　自由散点式空间组织平面示意图

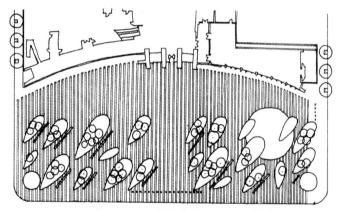

(a)平面图

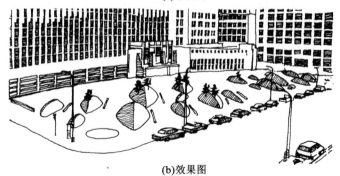

(b)效果图

图 5-23　自由式景观设计平面图及效果图

五、星座式或组团式空间组织

这种组织形式的总平面是由一个颇具规模的主体团块和三个以上较次一级的基本团块组成的复合形态。这种组织整体空间结构形似大型星座,除了具有非常集中的中心区域外,往往为了扩散功能而设置若干副中心或分区中心。联系这些中心及对外交通的环形和放射道路网使之成为较复杂的综合式多元结构。依靠道路网间隔地串连一系列空间区域,形成放射性走廊或更大型空间组群。

组团式空间组织形态是指由于地域内河流、水面或其他地形等自然环境条件的影响,使建筑外部空间形态被分隔成几个有一定规模的分区团块,有各自的中心和道路系统,团块之间有一定的空间距离,但由较便捷的联系性通道使之组成一个空间实体。星座式空间形态与组团式空间形态有类似的地方,亦有差异性(见图 5-24 和图 5-25)。

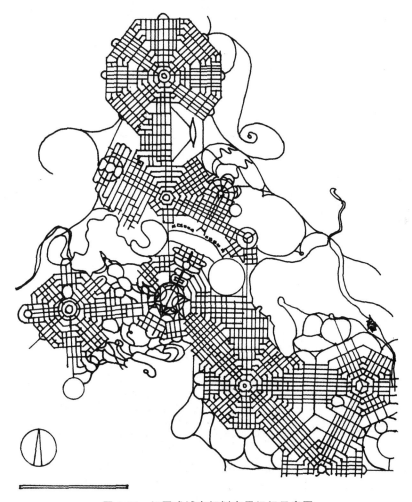

图 5-24　组团式城市规划布局组织示意图

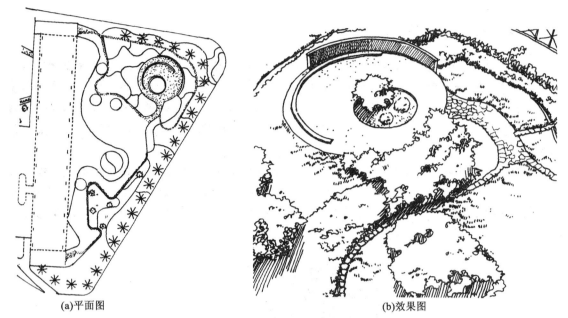

(a)平面图　　　　　　　　　　　　　　　　　　(b)效果图

图 5-25　星座式园林景观平面图及效果图

六、棋盘格式空间组织

常见的棋盘格式空间组织是以道路网格为骨架的建筑外部空间布局组织方式,这种空间布局组织方式早在公元前 2000 多年埃及的卡洪城,美索不达米亚的许多城市规划中已经应用,并在重建希波战争中被毁的许多城市中付诸实践,形成体系。这种组织模式的创始人,可以追溯到公元前 5 世纪希腊建筑师希波丹姆,希波丹姆在规划设计中遵循古希腊哲理,探求几何图像和数的和谐,以取得秩序和美。棋盘格式城市规划如图 5-26 所示。棋盘格式园林景观设计平面图及效果图如图 5-27 所示。

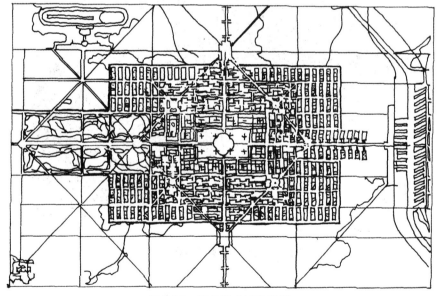

图 5-26　棋盘格式城市规划

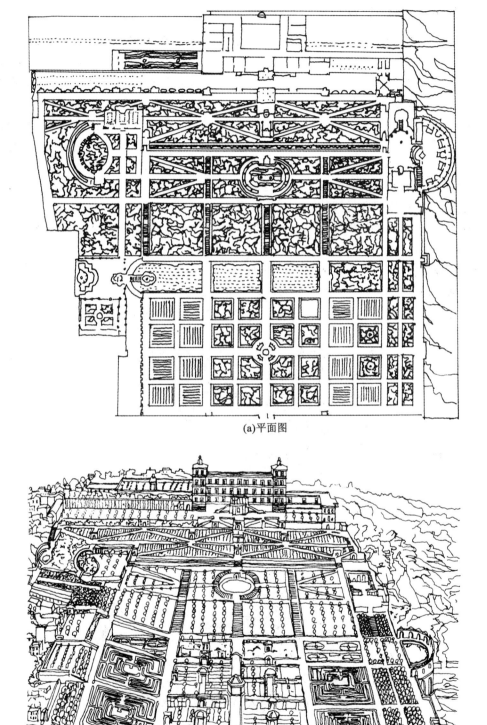

(a)平面图

(b)效果图

图 5-27　棋盘格式园林景观设计平面图及效果图

七、互动或借景式空间组织

利用空间中形体的起、承、转、合以及东方园林艺术中的借景手法形成的一种虚拟空间组织方式,被称为互动式空间组织。一处建筑外部空间的图上面积是有限的,为了扩大景物的深度和广度,丰富空间的内涵,除了运用多种多样统一、迂回曲折等处理手法外,设计者常常运用借景这种巧妙的手法,收无限于有限之中。

中国古代早就运用借景的手法营造园林或建筑(见图5-28～图5-31)。唐代所建的滕王阁,借赣江之景:"落霞与孤鹜齐飞,秋水共长天一色"。岳阳楼近借洞庭湖水,远借君山,构成气象万千的山水画面。

互动式借景的种类又可分为以下四种类型:

(1)近借,在园中空间欣赏园外空间近处的景物。

(2)远借,在不封闭的园林空间中看远处的景物,例如靠水的园林,在水边眺望开阔的水面和远处的岛屿。

(3)邻借,在园中空间中欣赏相邻园林的景物。

(4)互借,两座园林或两个景点之间彼此借资对方的景物。

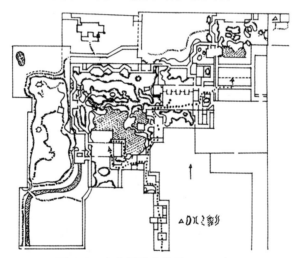

图5-28 古典园林中借景平面示意图

图5-29 古典园林中近借景效果示意图

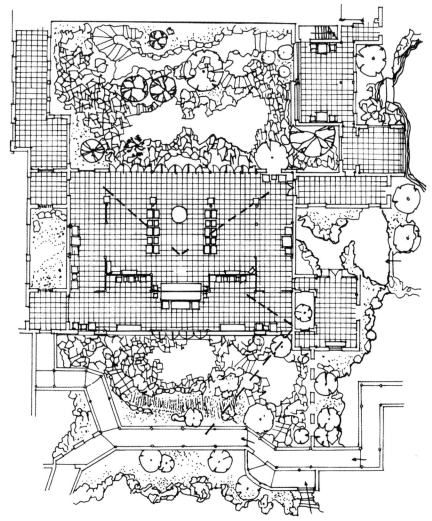

图 5-30 古典园林中远借景平面示意图

图 5-31 古典园林中远借景效果示意图

第四节　建筑空间设计

一、基本使用空间的设计

(一)基本使用空间设计的要求

公共建筑由于功能使用不同,房间的种类很多,要求不一。学校的教室,医院的诊室、病房,宾馆的客房,托儿所、幼儿园的活动室、卧室,乃至空间较大的车站候车室,展览馆的陈列室,尽管有各自特殊的要求,但是它们都是构成建筑的一个基本空间。在设计时,有一些问题是需要共同考虑的,包括合适的房间大小和形状,良好的朝向,良好的自然采光和通风条件以及有效地利用室内面积和空间等。

1. 要有合适空间大小与形状

各种不同的使用房间都为了供一定数量的人在里面活动及布置所需要的家具和设备,因而要求一定的面积和空间。例如教室,是学校的主要房间,教室的大小取决于每班的学生人数及供教学所需的黑板、讲台、桌椅的大小及布置方式;餐厅是食堂的主要房间,餐厅的大小主要取决于用膳者的人数、用膳方式及桌椅的大小及布置;客房是宾馆的主要房间,它的大小主要取决于居住人数、床位(单人、双人)、家具设备及其星级标准。在国家的有关规范中,平均每人使用面积都有一定的定额规定。根据使用人数及面积定额计算出房间所需的面积。每人面积定额的大小除了参阅规范以外,还要通过调查及根据建筑物的标准综合考虑,定出合适的面积大小。

基本使用空间通常是采用规整的矩形的平面。这种形式,便于家具布置和设备的安排,使用上能充分地利用面积并有较大的灵活性。同时,墙身平直,结构简单,施工方便,也便于统一建筑开间和进深,有利于平面组合。所以,长期以来,它广泛地应用于各类建筑之中。但是,也不能认为矩形就是房间唯一的平面形式。现在很多的建筑实践已打破了矩形几何形体的局限,创造了许多更为丰富多彩的使用空间。

对于较大的空间来讲,如陈列室、候车室、观众厅等更不能认为矩形平面是它们唯一的最佳形状。但是采用这些非矩形的空间一定要满足内部的使用要求,如果中小型火车站为打破传统的矩形厅室形式而采用圆形的候车室,结果排队就不方便了。此外,采用这些非矩形的空间形式,要能较好地解决结构布置、管道安排等问题,要力求简化结构、按一定结构模数设计。例如,某宾馆平面以六角形模数为基础,采用三角形钢筋混凝土柱组成骨架,形成了一种新型的六角形的旅馆客房空间。结构整齐简单,"角"部空间都得到巧妙的利用。由于平面依势而成三角形,故出现了平行四边形或菱形的各个空间作为客房和商店。有的建筑采用圆形平面,就形成了一系列扇形的小空间,它们的结构都是单一化的。

2. 要有良好的朝向

我国的建筑非常讲究朝向问题,良好的朝向一般都宜朝南,尤其是居住建筑和公共建筑的主要使用房间更要保证有较好的南向,就是我国东北黑龙江及云南也不例外。另外,某些要求光线均匀的房间,如绘图室、美术教室、化验室、药房、手术室等,则要求朝北。

良好的朝向与地区有关,如在南半球,如澳大利亚、新西兰等国,良好的朝向就是朝向北,因为太阳照在北面而不在南面。

3. 要有良好的自然采光条件

公共建筑中基本的工作空间对自然采光都有较高的要求,尤其是教室、陈列室等,不但要使人看得见,而且要使人看得舒适。良好的自然采光条件包括以下几个方面。

(1)直接的自然光线。这是除影剧院观众厅等特殊房间以外,绝大多数的基本工作房间所共同的要求,以保证自然卫生的工作条件。这就要使房间能直接对外开窗。

(2)足够的照度和均匀的光线。这是保证正常工作和较好的视觉条件最基本的要求。每种建筑所需要照度不一,通常最简单的以采光口面积的大小来测算,即以窗子与地板面积的比值作为衡量的标准,如表 5-2 所示。

表 5-2　基本工作空间采光系数

基本工作房间名称	采光系数(采光口面积∶地板面积)
办公室	1∶6～1∶8
病房	1∶6～1∶7
客房	1∶7～1∶9
教室	1∶4～1∶6
陈列室	1∶4～1∶5
阅览室	1∶4～1∶6
营业厅	1∶5～1∶8
起居室	≥1∶7

均匀的光线对于课堂、绘图房、陈列室、比赛厅等都是很重要的。均匀的照度可以减轻人眼的疲劳。一般要求光线均匀的房间以朝北布置较适宜,也可在朝南的房间在南向窗子的上口加设遮阳设施。根据生理卫生要求,一般理想的照度是在 50～500lx 之间,过低或过高就使光线强弱悬殊。例如,教室中合适的照度为 75～300lx;陈列室中展区的照度为 75～300lx;陈列室中一般区域的照度为 50～100lx;最合适的展区的照度是 200～300lx;在体育比赛厅中平均照度为 150～200lx。

除了窗子大小影响光线的均匀以外,建筑物的间距、房间进深、窗户的分布及形状等都影响房间照度和光线的均匀。通过实验表明,同一墙面上分开小窗就没有集中开一个面积相等的大窗户光线均匀,后者受光面积比前者要大 25% 左右,如图 5-32(a)和(b)所示。同样面积的一个窄长窗户竖向放或横向放置时,前者受光范围窄而深,后者宽而浅,前者受光范围面积比后者多 10% 左右,如图 5-32(c)和(d)所示。所以,普通的房间一般都采用竖向长方形窗子,以保证房间进深方向照度的均匀性。

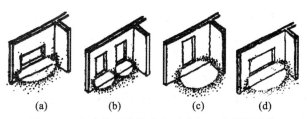

(a)　　　(b)　　　(c)　　　(d)

图 5-32　窗户的现状及分布对房间照度的影响①

---

① 图 5-32～图 5-85 转引自鲍家声的《建筑设计教程》(北京:中国建筑工业出版社,2009)。

一般房间的窗洞上口至房间深处的连线与地面所成的角度不小于 26°,则可以保证室内照度的均匀性。如果房间的进深太大,不能满足上述要求,则室内照度不均匀,房间的深处光线较弱。条件允许时,可以提高窗洞上口的高度,或者设置天窗(单层时),或者两面开窗,以加强这部分的照度,如图 5-33 所示。

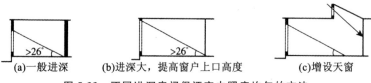

  (a)一般进深   (b)进深大,提高窗户上口高度   (c)增设天窗

图 5-33   不同进深房间保证室内照度均匀的方法

  (3)光线的方向。要求光线投向房间主要使用区或工作面上,如陈列室的展品陈列区、体育馆的比赛区、商店的橱窗内、学校教室的黑板与课桌。要求左向侧光,但又要避免过强的光源直接射入使用者的眼中,产生耀眼的现象。在某些房间(如陈列室、橱窗、阅览室等)还要避免阳光的直射,以免展品、商品、图书晒后变质或褪色。

  (4)避免反射光。在布置有大面积的玻璃面或光亮表面的房间时,如陈列室陈列柜、商店营业厅的橱窗、教室黑板等,为了保证看清,避免反射光是相当重要的。因为光线射到玻璃面或油漆的光亮表面,往往产生一次反射或二次反射,如图 5-34 所示。一次反射是反射光射到人眼,使人看不清要观看的对象,只见一片白光。二次反射是由于人所站之处的亮度大于观看对象处的亮度,则在玻璃面内产生对面人、物的虚像,也看不清。两者都易使人眼产生疲劳,影响观看效果,如图 5-35 和图 5-36 所示。

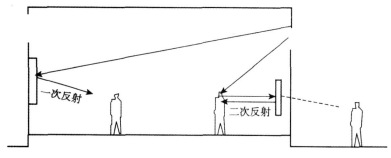

图 5-34   一次反射或二次反射

4. 要有良好的通风条件

  一般公共建筑都采用自然通风,通常采用组织穿堂风的办法,也就是利用房间的门窗开启后所形成的室内外气压差而使室内空气流动通畅。一般室外新鲜空气由对外的窗子进来,由内墙的门、窗子或高窗将室内污浊空气排走,形成良好的穿堂风。前者即为进风口(设计时需了解当地的常年主导风向,使房间开窗面与主导风向垂直或成一定的角度,这是在平面布局中要注意解决的问题),后者为出风口。进风口控制了房间内的气流方向,出风口的位置则影响气流在室内的走向,影响通风范围的大小。因此房间门窗开设的平面位置和剖面上的高低都影响穿堂风的组织效果,如图 5-35 和图 5-36 所示。

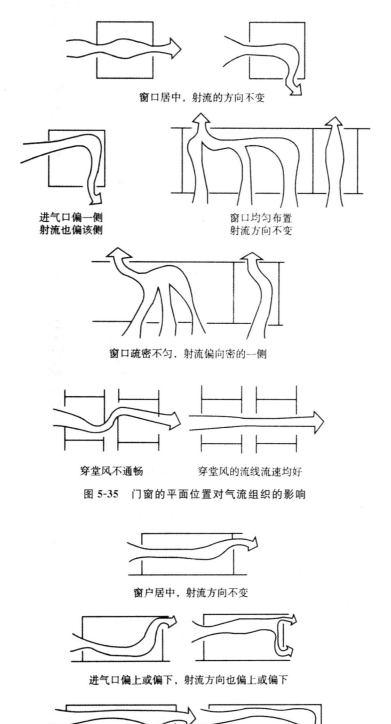

窗口居中，射流的方向不变

进气口偏一侧
射流也偏该侧

窗口均匀布置
射流方向不变

窗口疏密不匀，射流偏向密的一侧

穿堂风不通畅

穿堂风的流线流速均好

图 5-35 门窗的平面位置对气流组织的影响

窗户居中，射流方向不变

进气口偏上或偏下，射流方向也偏上或偏下

进、排气口相对

进、排气口错开

图 5-36 开窗高低对气流组织的影响

　　某些通气要求较高的特殊房间需加设排气天窗。例如餐馆、食堂的厨房,热加工过程中散发出大量的蒸气和油烟。为了改善厨房的工作卫生条件,常常开设排气天窗,加强厨房的通风。它是利用热压和风压使空气流动,便于室内外空气进行交换。由于厨房室内温度较高,室外温度较低,两者空气比重不同,产生压力差,温度较低、比重大的室外空气通过厨房外墙的门窗进来,使厨房内比重低的热空气上升,再由天窗排出室外,如图 5-37 所示。

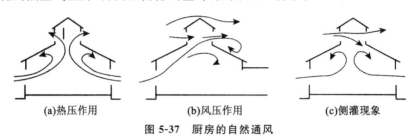

|(a)热压作用|(b)风压作用|(c)侧灌现象|

图 5-37　厨房的自然通风

　　风压换气是当风吹向建筑物时,迎风面形成正压,背风面形成负压,气流由正压区的进风口流入,由负压区的出风口排出。在厨房中,气流由迎风面的侧门窗和天窗进入室内,由背风面的侧窗、门和天窗将室内的蒸气、油烟等排出。但是,当室外风压大于天窗口处的内压时,可能产生倒灌现象。此时需要采取措施,使迎风面的天窗口处产生负压,以利排气,可以设置挡风板、加高女儿墙或者把迎风面的天窗关闭,由背风面的天窗排气。天窗的位置最好设置于炉灶的上方,排气直接。厨房天窗的设置方式可参照图 5-37 所示的几种形式。

|(a)气楼不在炉灶上方,
排气不直接|(b)气楼在炉灶上方,
排气直接|(c)二灶合用一气楼|

图 5-38　厨房天窗的几种形式

　　群众大厅(观众厅等),可以采用机械通风、自然通风或者二者结合的方式使用。目前中小型会场、影剧观众厅尽可能争取采用自然通风,节约设备、能源和投资。

　　5. 要有效地利用室内面积和空间

　　各种房间的设计都要为使用创造方便的条件,要合理地组织室内交通路线,使之简捷,尽量缩小交通面积,扩大室内使用面积,使家具布置方便灵活。为此,室内门的布置较为重要。如果房间门位置安排不当,不仅要影响室内自然通风,而且还将直接影响室内交通路线的组织和家具的布置。在面积小、家具多、人流少的房间里,如宾馆客房、医院病房、办公室等,门的位置主要是考虑家具的布置;而在面积大、家具布置要求灵活、人流大的房间,如餐厅、休息厅等,门的位置则主要是考虑室内交通路线的组织,使人流方便、简捷,不交叉,保证有较完整安静的使用区,避免交通路线斜穿房间。

　　在病房、客房中,门的位置直接影响床位的布置。图 5-39 为两种一般标准的旅馆客房,图 5-39(a)门开于中间,则能布置四张床位,图 5-39(b)门设于房间一角,则可布置五张床位。常常利用门的相错布置,减少对面房间视线的干扰。

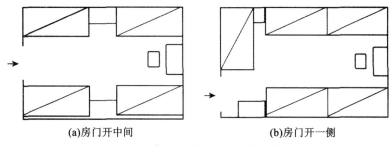

(a)房门开中间　　　　　　　　　　　(b)房门开一侧

图 5-39　房间门的位置影响床的布置

(二)基本使用空间的开间、进深与层高设计

1. 开间和进深的确定

由于基本使用空间是各类建筑的主要组成部分,量大面广,房间开间、进深和层高的大小合适与否,直接关系到建筑面积和建筑的体积,关系着建筑物设计的经济性,影响着建筑物的总造价。在设计时需要仔细推敲,有时可以进行多种方案的比较,优化基本空间细胞的尺度。

开间和进深的确定,首先取决于室内基本的家具和必备设备的布置,满足人们在室内进行活动的要求。如设计餐厅时要考虑餐厅桌椅的大小及布置方式;设计宾馆时,要考虑客房的家具、设备的大小及布置方式等。因此,设计时需进行调查研究,进行认真的分析,从而确定使用方便、舒适又经济的开间和进深。

其次是考虑结构布置的经济性和合理性,同时要适应建筑面积定额的控制要求。设计时房间大小要求不一,但要减少结构构件种类和规格,便于构件的统一,这就需要确定一种基本统一而又经济合理的开间和进深,并且为了提高建筑工业化的水平,进深和开间要采用一定的模数,作为统一与协调建筑尺度的基本标准。模数分基本模数和扩大模数。在《建筑统一模数制》中规定以 100mm 为基本模数,建筑中以 300mm、600mm、1.5m、3m 和 6m 为扩大模数。确定了基本的结构布置尺寸后,房间的大小基本上就是利用模数倍数的尺寸,以教室为例,如图 5-40 所示。同时,在统一了开间和进深以后,还要使每个房间的面积不超过定额的规定或任务书的要求。

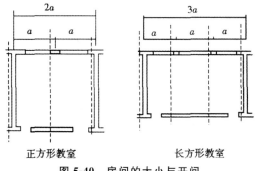

正方形教室　　　　　　　　　　长方形教室

图 5-40　房间的大小与开间

此外,开间和进深的确定还要考虑采光方式的影响,单面采光的房间进深就小一些。一般是进深不大于窗子上口离地面高度的二倍,双面采光的房间进深则可增大一倍,采用天窗采光时,房间的进深则不受限制,如图 5-41 所示。

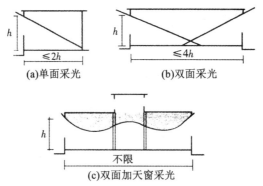

图 5-41 采光方式对房间进深的影响

在某些房间,如教室、讲堂、观众厅、会场等房间的宽度和长度还要考虑视觉条件的要求,即根据水平视角和垂直视角的要求来决定。如教室、讲堂要考虑学生看黑板的视角;陈列室中要考虑观众看展品的最佳视角;在观众厅中,就按观众看银幕的视角来决定。仅以电影厅为例,根据视角的要求,电影厅的宽度应小于或等于 3 倍银幕的宽度加上两侧走道的宽度之和,而其长度则应小于或等于 5 倍银幕的宽度,如图 5-42 所示。

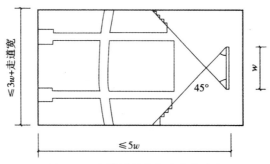

图 5-42 电影厅长度与宽度的确定

房间开间和进深的确定还要协调楼层上下不同使用功能的空间要求,还要考虑楼层的层数,楼层荷载大小,以及柱子的大小。例如,底层和地下室若是车库,开间的大小就直接关系到停车位的经济安排。一般应设置三个或三个以上的车位,而以三个为多。若每个车位需 2.6m,那么三个车位就要 7.8m,也就是说二柱之间的净距离不小于 7.8m,加上柱子的宽度就是房间开间的尺寸,因此开间至少需不小于 8.4m,这是在层数不多的情况下。若是高层,柱子更大,开间也就更大,可能要达到 8.7m 甚至更多。

2. 层高的确定

层高的确定主要需要考虑以下几个方面的要素。

(1)有利于采光、通风和保温。进深大的房间为了采光而提高采光口上缘的高度,往往需要增大层高,否则光线不均匀,房间最深处照度较弱;另外,室内热空气上浮,需要足够的空间与室外对流换气,所以房间也不能太低,特别在炎热地区更应略高一点,但过高则室内空间太大,散热多,对冬天的保温不利,当然也不经济。

(2)考虑房间高与宽的合适比例,给人以舒适的空间感。面积相差较大的房间,它们的室内高度也应有所不同。一般讲,面积大的房间,相应地高一点,面积小的房间则可低一些。

（3）考虑房间的不同用途，保证室内正常的活动。不同用途的房间，即使面积大致相同，它们的室内高度有时也不一。一般说来，公共性的房间如门厅、会议厅、休息厅等，以高一些为宜（3.5～5m），非公共性的空间可以低一点；工作办公用房可适当高一点（3～3.5m），居住用房可以低一点（3m以下）；集体宿舍采用单层铺时可以低一些，采用双层铺时则应高一些；某些特殊用房则应根据具体要求来决定。例如陈列室，墙面需挂字画展品，一般适宜的展区高度是在3.75m以下，因此陈列室的高度要考虑这个要求。

（4）考虑楼层或屋顶结构层的高度及构造方式。层高一般指室内空间净高加上楼层结构的高度。因此，层高的决定要考虑结构层的高度。房间如果采用吊平顶时，层高应适当加高；或者当房间跨度较大，梁很高时，即使不吊平顶，也应相应增大层高，否则，也会产生压抑感；反之，则可低一点。梁高一般按房间跨度的1/12～1/8设置。

（5）考虑空调系统及消防的设施。如果设计是集中式的全空调房间，则房间的层高还必须考虑通风管道的高度及消防系统喷淋安装的要求。一般需400～600mm的高度。

（6）层高的决定还要考虑建筑的经济效果。实践表明，普通混合结构建筑物，层高每增加100mm，单方造价要相应增加1%左右。可见，层高的大小对节约投资具有很大的经济意义。尤其对大量性建造的公共建筑更为显著。所以大量建造的中小型的公共建筑，如中小学、医院、幼儿园，它们的层高都应有所控制。

（三）几种常见的基本使用空间设计

1. 医院的病房

医院病房的设计主要考虑病床的布置及医护活动。目前以3～6人病房占多数，少数为单人或2人病房。病房的床位都平行于外墙布置，在进深方面布置2～3张床，病床还要求可以自由推出。因此，病房开间就要考虑一张病床的长度，加上病床能推出的通道宽度，还要留一些空隙，一般为3.3～3.6m；6人的病房则考虑两个病床的长度加上中间的通道，一般为5.6～6.0m，以5.7m居多，如图5-43所示。

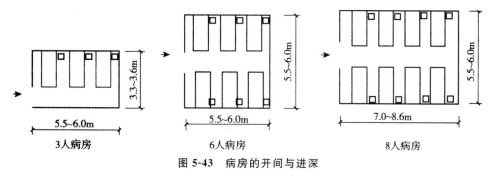

图5-43　病房的开间与进深

病房的进深则应考虑2～3张病床的宽度，加上床之间的间距及床离墙的距离，以便放置床头柜及供医护人员护理操作之用。一般病床尺寸为900mm×1950mm，床头柜为400mm×500mm。病床之间距离为700～850mm，而以800mm居多，床离墙500～700mm。因此3～6人病房的进深通常为5.5～6.0m，其他形式的病室可参见图5-44。病房的门考虑病床推出，其宽度为1100～1150mm，可设单扇门，也可设一大一小双扇门，一般只开大门，有病床进出时，将大小门都打开。

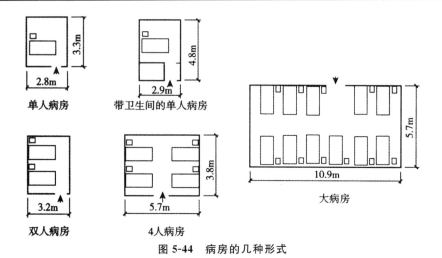

图 5-44　病房的几种形式

2. 宾馆客房

宾馆客房的设计主要根据客房居住人数,需设几张床位。目前一般标准的客房为两张单人床,常称"标准间",少数为单间,还有双间套间、三间套间等,最豪华的还有总统间。标准间都附设有卫生间,房间内有床、床头柜、电视机、桌椅、工作台、茶几等,有的甚至还有冰箱、行李架等设施。一般床铺宽为 900～1000mm,长为 1950～1970mm,按照宾馆星级标准,开间大小应有不同的要求,但至少应不小于 4.0m,进深则以 4800～6200mm 为多。层高一般为 2.7～3.3m,集中空调的客房,层高要高一些,宾馆层数愈高,恰当地确定层高对充分发挥投资效果愈有较大的影响,如图 5-45 所示。

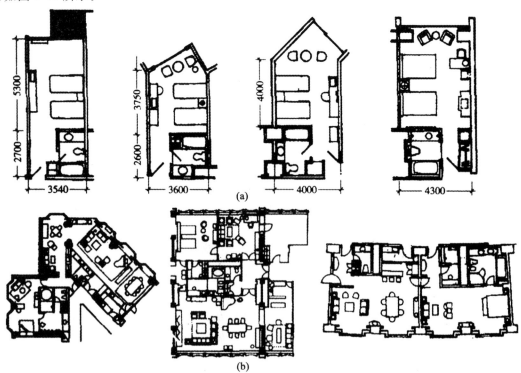

图 5-45　客房的开间与进深(单位:mm)

3. 中小学教室

以小学的教室为例,根据每班学生人数,按照定额标准,教室净面积为 50m² 左右。里面要放置 54 个座位。据调查,一般都采用双人课桌,平面尺寸为 1000mm×400mm。采用较多的布置方式是:教室内课桌椅布置为横向四排双座,纵向 6～7 排,课桌排距平均 800mm,行距不小于 500mm。为了防止学生近视及粉笔灰对学生的影响,并避免学生垂直视角大(见图 5-46),第一排课桌前沿与黑板之间的距离一般为 2m 左右比较合适,最后一排课桌后沿与黑板的距离不宜大于 8.5m,以保证后排学生视觉和听觉的要求。根据以上布置的要求,小学教室平面尺寸一般有 6000mm×8400mm、6000mm×8000mm 及 6200mm×8400mm 几种,以前者为多。中学教室由于课桌及排距、行距均相应增大,教室的平面尺寸也随之加大。通常见到的有 6400mm×9000mm、6400mm×8700mm 及 6800mm×8400mm 等几种,以前者居多。中小学普通教室的座位布置如图 5-47 所示。

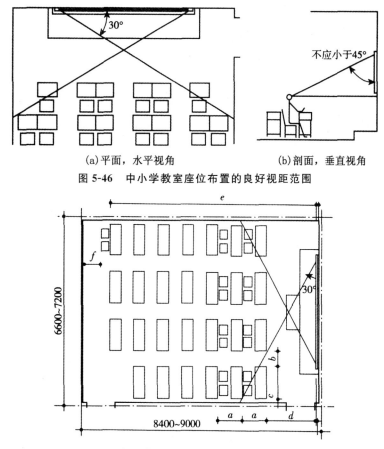

(a)平面,水平视角　　　　(b)剖面,垂直视角

图 5-46　中小学教室座位布置的良好视距范围

图 5-47　中小学普通教室的座位布置(单位:mm)

此外,也常采用一些方形教室,即教室的长度和宽度相接近,其优点是进深加大,建筑长度缩短,用地经济,外墙减少,交通面积也相应缩小,同时长度缩短,视距缩短,对后排学生视觉有利。但前排的两侧边座视线与黑板的夹角 a 过小,对前排边座学生视觉不利。一般采用横向五排,纵向 5～6 排的布置方式,其平面尺寸有 7800mm×7800mm、8100mm×8100mm 等(见图 5-48)。有的学校也采用多边形教室平面,其最大的优点是视角好的座位多,课桌布置是前、后区座位少,

中区座位多;同时声响效果好(见图 5-49)。

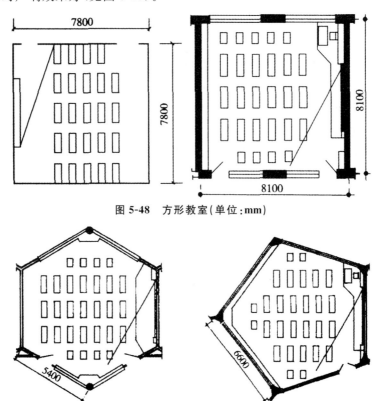

图 5-48　方形教室(单位:mm)

图 5-49　多边形教室(单位:mm)

4. 阅览室

阅览室是空间较大的使用房间。虽然它们的长度非只一个开间,而是几个开间相连,但是关键还是决定一个开间的大小。它们也是根据不同的用途,考虑家具设备的布置及人们在里面进行活动的要求。

阅览室,主要决定于阅览桌、椅的大小及排距,以保证读者坐、站、行等活动要求(见图 5-50)。目前,一般采用双面 6~8 人的阅览桌,为了保证侧面光线,阅览桌都垂直于外墙布置。通常每开间布置2~3排阅览桌。因此阅览室的开间应是阅览桌排距的倍数,通常为 2~3 倍。根据调查,阅览室桌与桌的排距一般为 2500~2800mm,因此阅览室的开间应为它们的倍数,而以 7500~8400mm 为多。阅览室的跨度则根据采光方式决定,单面采光不应该大于 9m,双面采光可在 15~18m 之内。

5. 陈列室

陈列室基本形式为矩形,其长度、宽度(跨度)和高度的大小主要应满足陈列和参观的要求(见图 5-51)。一个开间应能成为一个小的展示空间,两侧置以陈列屏风或陈列墙,它的最大厚度不大于 600mm,多半与柱子同宽或少于它,最大视距不超过 2.6m。根据陈列、参观的要求,柱子开间宜采用 6.0m 较合适。目前一般采用 4.0m、5.0m、6.0m 及 8.0m 几种。其中 4.0m、5.0m 适用于小型陈列馆,6.0m、8.0m 适应于大型展览馆。

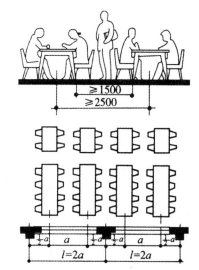

图 5-50　阅览室开间的确定（单位：mm）

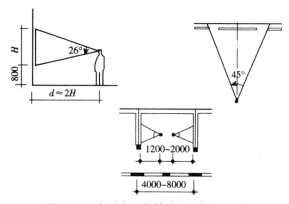

图 5-51　陈列室开间的确定（单位：mm）

陈列室的跨度除了受采光方式限制外，主要决定于陈列室的布置方式。陈列室最小宽度（跨度）单行布置时不小于 6m，双行布置时不小于 9m，三行布置时不小于 14m（见图 5-52）。

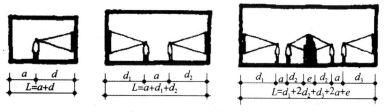

图 5-52　陈列室跨度的确定

陈列室的高度取决于陈列室的性质、展品的特征、采光方式及空间比例等因素，一般高度为 4～6m，工农业展览馆或当代的会展中心，其展厅就要更高大一些。

6. 其他类型房间

其他类型的房间，如托儿所、幼儿园的活动室（见图 5-53）、卧室，办公楼中的办公室（见图 5-54），食堂的餐厅（见图 5-55）等都是根据家具、设备大小及布置要求和人的活动行为要求来决定的。

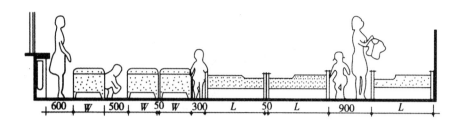

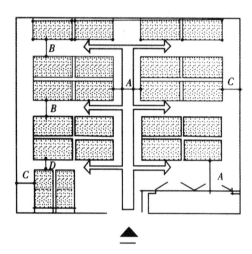

A=900；B=500；C=600；D=300

图 5-53　幼儿园活动室及卧室房间大小的确定(单位:mm)

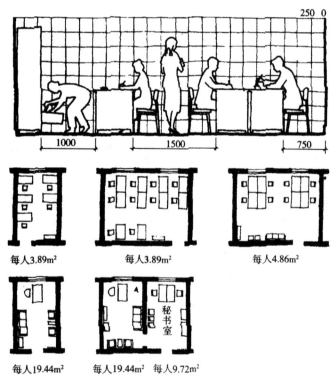

每人3.89m²　　　每人3.89m²　　　每人4.86m²

每人19.44m²　　　每人19.44m²　每人9.72m²

图 5-54　办公室房间大小的确定(单位:mm)

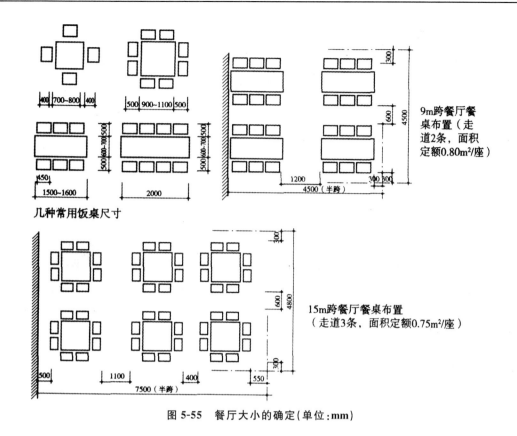

几种常用饭桌尺寸

9m跨餐厅餐桌布置（走道2条，面积定额0.80m²/座）

15m跨餐厅餐桌布置（走道3条，面积定额0.75m²/座）

图 5-55　餐厅大小的确定（单位：mm）

二、辅助空间的设计

（一）辅助空间的概念

任何建筑除了基本使用空间外，还有很大数量的辅助使用空间，包括行政管理用房、盥洗室、卫生间、供应服务用房及设备用房等。这里主要介绍盥洗室及卫生间的设计。

公共建筑物中卫生间的组成包括有厕所、盥洗室、浴室及更衣、存衣等部分，可以分以下三种情况。

（1）仅设有公共男、女厕所，如一般办公楼、学校、电影院，供学习、工作及文化娱乐活动的公共建筑。

（2）设有公共卫生间，即不仅设有公共厕所，而且还设有公共盥洗室，甚至设置公共浴室，如一般的托儿所、幼儿园、中小型旅馆、招待所、医院等附有居住要求的公共建筑。此外，火车站由于解决夜间行车顾客的生活问题，也都设有公共洗脸间。剧院化妆室、体育馆运动员室也要求有盥洗室和淋浴间。

（3）设有专用卫生间，如标准较高的宾馆、饭店、高级办公楼及高级病房、疗养院等建筑。每间客房或病室都设有一套专用卫生间，包括盥洗池和浴缸及便器等卫生洁具。

（二）室内厕所的设计

厕所需有一定的卫生设备，在进行设计时，首先要了解各种设备和人体活动所需要的基本尺寸。然后要根据任务书中所规定的使用人数，并根据规范等要求来进行组合安排（见图 5-56）。

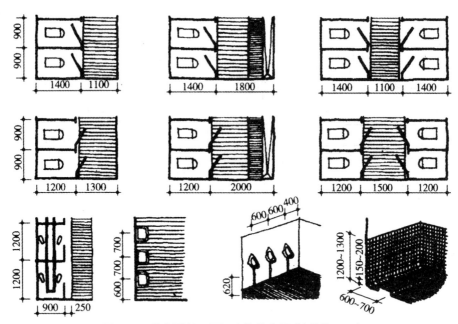

图 5-56　公共厕所平面组合的基本尺寸(单位:mm)

厕所的卫生设备主要包括卫生洁具、洗手盆和拖把池等。卫生洁具有坐式、蹲式和集中冲洗等三种。设计时根据建筑标准高低和生活习惯等因素来选择。一般来说,北方人多习惯用蹲式,公共厕所选用蹲式也较卫生。所以一般标准的建筑物中,即使南方地区选用蹲式洁具也较多。如果标准低些,为了节约器材并便于管理,可以采用集中冲洗的方式,每隔一定的时间自动冲水。在标准高的建筑中,如星级宾馆、高档写字楼等,则应采用坐式卫生洁具。

室内厕所的设计要考虑不同类型建筑的使用特点:有的是均匀使用的,如医院、办公楼、宾馆等;有的使用是不均匀的,如剧院演出休息时使用,中小学校课间休息时的集中使用;有的建筑厕所使用既有均匀的,也有集中的,如候机厅内的厕所使用是均匀的,而出站用的厕所则是相对集中的。不同的使用情况影响厕所在平面中的布局及内部设置的数量和空间的大小,很多国际的航空大站如上海浦东机场、澳大利亚悉尼机场等,对这个问题都考虑不足,南京禄口机场考虑较周到,下机处厕所面积较大,便具数量充足,基本满足集中使用要求。此外,厕所也要均匀布置,以方便所有的使用者;在条型布局的平面中应布置在走廊适中的地位,在有大厅的平面布局中,厕所应该靠近主要大厅(见图 5-57)。

厕所的位置一般应布置在人流活动的交通线上,所以通常靠近出入口、楼梯间,在建筑物的转角处或走廊的一端,以便寻找。有时,为了有效地利用面积,厕所可以放在楼梯下面,或其他不能布置主要房间的地方。

厕所一般应有自然采光与通风,以便排除气味。它一般可设置在朝向、通风较差的方位以保证主要房间有较好的朝向。在中间走廊的平面中,厕所常设在北面或西面。若不可能对外开窗时,则需设置排气设施。室内厕所的位置既要方便使用,又应当尽可能隐蔽。

通常厕所都设有前室,并设置双重门。前室的深度一般不小于 1500～2000mm,以便两重门同时开启。门的位置和开启方向要注意既能遮挡外面视线,也不宜过于曲折,以免进出不方便或拥挤堵塞。在前室内布置洗手盆和污水池。如果厕所面积很小,就不必设计前室,只要将门的开启方向处理好,也能达到遮挡视线的效果(见图 5-58)。

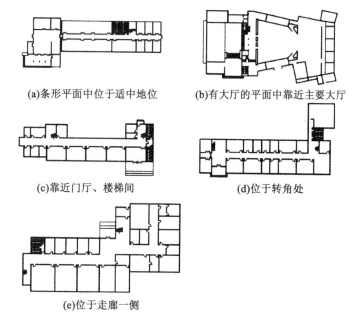

(a)条形平面中位于适中地位　　　　(b)有大厅的平面中靠近主要大厅

(c)靠近门厅、楼梯间　　　　　　(d)位于转角处

(e)位于走廊一侧

图 5-57　公共厕所在平面布局中的基本位置

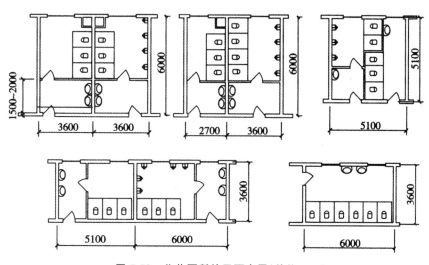

图 5-58　公共厕所的平面布置(单位:mm)

　　为了节省管道,减少立管,男、女厕所一般常沿房间隔墙平行并排布置,卫生设备也尽可能地并排或背靠背布置。如果房间进深较浅,也可以沿纵墙布置。男、女厕所并排布置既节省管道,也便寻找,但在某些情况下,为了分散人流,也有将男、女厕所位置分开的。如在中小学校建筑中,因为课间使用厕所比较集中,往往采取分开布置的方式以分散人流(见图 5-59)。

　　多层建筑各层均应设置厕所,而且厕所在各层的位置要垂直上下对齐,以节省上下水管道和方便寻找。如果每层设置男、女厕所面积过大,则可采用男、女厕所间层布置的方式或者是男、女厕所在同一开间交错布置,面积利用较好,但管线弯头多头,安装不利。

　　除此之外,还要考虑残疾人使用方便,要为残疾人专设卫生设施。

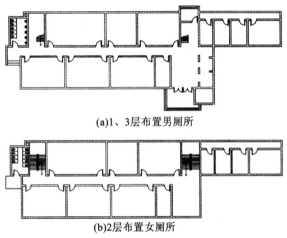

(a)1、3层布置男厕所

(b)2层布置女厕所

图 5-59　某中学男女厕所平面布置

(三)公共卫生间的设计

公共卫生间包括盥洗室、淋浴室、更衣室及存衣设备。不同用途的建筑包括不同的组成,附有不同的卫生设备。盥洗室的卫生设备主要是洗脸盆或盥洗槽(包括龙头、水池),在设计时要先确定建筑标准,根据使用人数确定脸盆、龙头的数量,其基本尺寸见图 5-60。浴室主要设备是淋浴喷头,有的设置浴盆或大池,还需设置一定数量的存衣、更衣设备。基本形式及尺寸见图5-61、图 5-62。

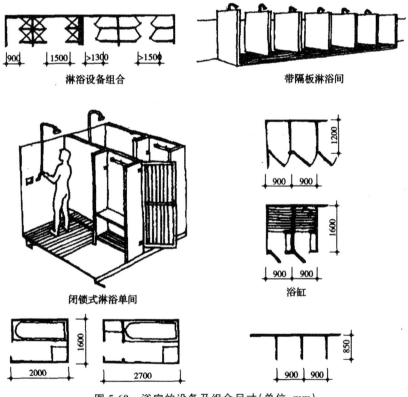

图 5-60　浴室的设备及组合尺寸(单位:mm)

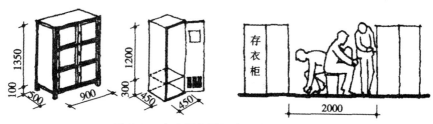

图 5-61 存衣设备及组合尺寸(单位:mm)

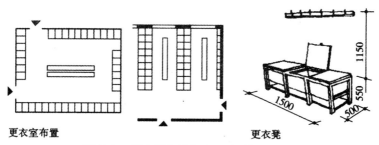

更衣室布置   更衣凳

图 5-62 更衣设备及组合尺寸(单位:mm)

此外,公共卫生间的地面应低于公共走道,一般不小于 20mm,以免走道湿潮。室内材料应便于清洗,地面要设地漏,楼层要用现浇楼板,并做防水层。墙面需做台度,高度不低于1200mm。前室内常装设烘手机及纸卷机,盥洗室前装镜子。

下面将对设有公共卫生间的主要类型的建筑进行分述。

1. 宾馆中的公共卫生间

普通标准的宾馆、招待所,每一标准层均设有公共卫生间,它包括厕所及盥洗室。在炎热地区附有淋浴设备,位置一般应在交通枢纽附近。公共卫生间的位置无论设在哪里,较理想的组合方式是通过前室进出。这样可以避免走道湿潮,又可遮挡视线,隔绝臭气。有的利用盥洗室作为前室,通到厕所、浴室,这样可以节省面积,但走道易湿潮。它们的组合方式见图 5-63。

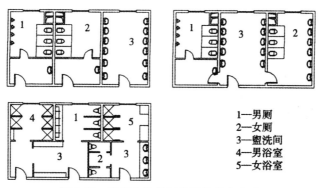

1—男厕
2—女厕
3—盥洗间
4—男浴室
5—女浴室

图 5-63 宾馆中公共卫生间的组合方式

2. 医院中的公共卫生间

一般标准的医院的每一护理单位都设有病人使用的厕所、盥洗室及浴室。它们与医务人员使用的厕所、盥洗室分开,并设置在朝北的一面。根据病人的特点,厕所内应设坐式及蹲式两种。

坐式照顾体弱病人,蹲式较卫生,不易感染,但墙上要做扶手。男、女厕所可各设两个,男、女盥洗室应独立设置,不宜附设在厕所内。浴室有的集中设置在底层,靠近锅炉房,有的分设在各层护理单元中。前者较经济,后者方便病人。集中设置一般是设置淋浴,在护理单元里除淋浴外,最好设一浴缸,置于单独小间,供病人用。

随着医院建设标准的不断提高,不少医院的病房都附设有卫生间,就像宾馆客房一样,卫生间的设置有两种方式,一种方式是靠走道一侧布置;另一种方式是将卫生间靠外墙布置,以便于医护人员看护。

此外,医院病房中还设有供存放、冲洗、消毒便盆及放置脏物的污洗室。室内也设有水池,为了节省管道,也应与公共卫生间相邻布置。

3. 托儿所、幼儿园的卫生间

托儿所、幼儿园的卫生间包括盥洗室、厕所及浴室。盥洗室与厕所可分开设置,也可组合在一起,适当加以分隔,最好每班一套,最多两班合用。浴室以集中设置为宜,全托班可在盥洗室中设浴池。它们的位置应与相应的活动室相通。它们的组合方式见图 5-64。

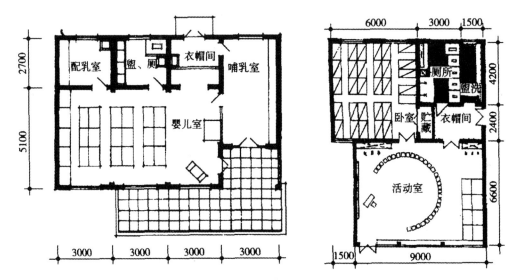

图 5-64　幼儿园中盥洗室与厕所的组合实例

盥洗室与厕所由于儿童使用时间比较集中,卫生器具不宜太少。此外,所有卫生器具的尺度必须与幼儿的身材尺度相适应。有关设备及尺寸可查阅相关设计资料。托儿所小班一般使用便盆,设倒便池、便盆架及便椅,幼儿园的幼儿使用便桶不方便,一般采用大便槽冲水。

4. 体育建筑中的公共卫生间

体育建筑中为供运动员、裁判员、工作人员及平时进行体育锻炼的业余爱好者使用,都设有更衣、存衣、淋浴等辅助设施。它们的位置应与比赛场地、练习场地、医务卫生及行政管理部门联系方便(见图 5-65)。其交通路线不能通过观众席及其附属部分,而且男、女运动员及主队和客队的更衣、存衣及淋浴设施也必须分开,它们都要与厕所靠近布置。

体育建筑的浴室内一般不用浴盆,但在按摩室内可设置一两个。为了恢复运动员的体力,有的浴室中附设大池。淋浴间使用热水较多,在平面布置中以将它们接近锅炉房为宜。

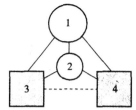

图 5-65　体育建筑厕所淋浴设施与其他空间的平面关系
1—更衣、淋浴;2—管理、医务;3—练习场地;4—比赛场地

(四)专用卫生间的设计

较高标准的宾馆客房,医院、疗养院的病房以及高级办公室都设有专用卫生间。大多不沿外墙以免占去采光面,采用人工照明与拔风管道。有的也沿外墙布置,它可直接采光通风,省去拔风管道。

专用卫生间一般设置洗脸盆、坐式便器及浴缸或淋浴。浴缸的布置应使管线集中,室内要有足够的活动面积,同时要维修方便。带有专用卫生间的客房、病房及办公室的开间应结合卫生设备的型号、布置、尺度及管道走向、检修一起加以考虑决定(见图 5-66)。

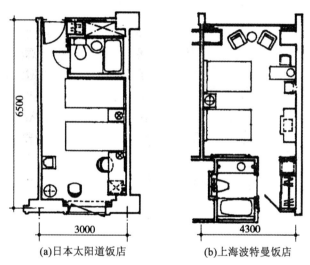

(a)日本太阳道饭店　　　(b)上海波特曼饭店

图 5-66　卫生间和房间结合的宾馆实例

三、交通空间的设计

建筑物内各个使用空间之间,除了某些情况用门或门洞直接联系外,大多是借助别的空间来达到彼此的联系。这就是建筑物内用于彼此联系的交通,可称它为交通空间。它包括水平交通(如门厅、过道、走廊等)、垂直交通(如楼梯、坡道、电梯等)以及交通枢纽(门厅、川堂等)三个部分。

(一)交通枢纽的设计

交通枢纽设计包括门厅、过厅及川堂的设计。

1. 门厅的设计

门厅作为重要的交通枢纽之一,不仅是一个交通中心,而且往往也是建筑物内某些活动聚散之地,具有实际使用的功能。如在旅馆中接待旅客,办理住宿、用膳、乘车、邮电等手续;在医院的门诊部中,它可以接待病人,办理挂号、收费、取药甚至候诊等;在中、小型车站中,它可兼办售票、托运、小件寄存等业务;在演出建筑中,可售票、检票、观众等候休息等。为此,一般门厅内应设有相应的辅助服务用房,如问讯、管理、售票、小卖部等。此外主要楼梯也常设在门厅内。在一般公共建筑中,经门厅可通工作室、休息室、群众大厅等,联系直接、方便。

(1)门厅空间组合形式(见图5-67)。门厅的空间组织有单层、夹层、二层或二层以上高度的大厅布置,具体的剖面形式见图5-67。

门厅的层高与主要房间同高或适当提高,但仍属一层,是一种较简单的方式,如旅馆、学校等建筑所常用,空间经济,感觉亲切,见图5-67(a)。

门厅内有高低不同的空间,通常是较高的门厅与较低的川堂、过厅相通,借高低的处理,产生空间对比的变化,见图5-67(b)。

门厅内设置夹层,门厅空间较高,在其一面、二面、三面或四面设置夹层,即跑马廊的形式,见图5-67(c)。常用于影剧院、会堂等建筑中,尤其是利用它们楼座看台下的空间设置门厅,更产生较独特的空间效果,见图5-67(d)。

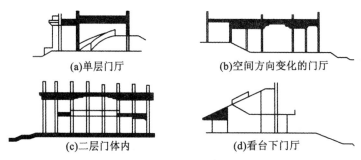

(a)单层门厅　　　　　　　(b)空间方向变化的门厅

(c)二层门体内　　　　　　　(d)看台下门厅

图5-67　门厅的空间组织实例

(2)门厅设计需要注意的问题。门厅部分的设计是整个建筑物设计的重要部分,在设计时需考虑以下几个方面的问题:

①门厅是建筑物的主要入口,它的位置在总平面中应明显而突出。通常应面向主要道路或人流、车流的主要方向,并且常居建筑物主要构图轴线上。

②门厅与建筑物内主要使用房间或大厅应有直接而宽敞的联系。水平方向应与走道紧密相连,以便通往该楼的各个部分。垂直方向应与楼梯有直接的联系,以便通往各层的房间。所以在门厅内应看到主要的楼梯或电梯,以引导人流。同时楼梯应有足够的通行宽度,以满足人流集散、停留、通行等要求(见图5-68)。

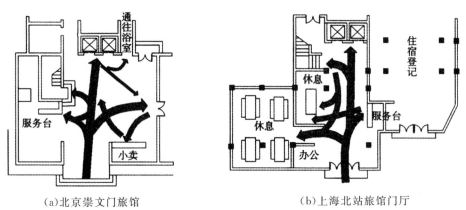

(a)北京崇文门旅馆　　　　　　　(b)上海北站旅馆门厅

图5-68　门厅各部分的功能关系

③门厅内交通路线组织应简单明确,符合内在使用程序的要求,避免人流交叉。在某些建筑中(如宾馆),应把交通路线组织在一定的地带,而留出一些可供休息、会客、短暂停留之地。各部分位置应顺着旅客的行动路线,便于问讯、办理登记、存物、会客等工作。

图 5-69 为北京和平宾馆的门厅,平面布置较好,主要楼梯居明显地位,人流交通线集中到一定的位置,在门厅内组织了不受交通干扰的等候、会客、休息之地。同时大量上楼的人流和去餐厅的人流分别组织在门厅的两个方向,既明确又互不干扰。

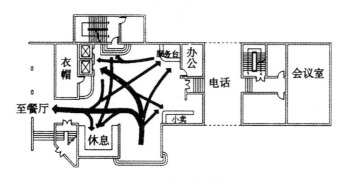

图 5-69　北京和平宾馆的门厅

医院门诊部的门厅应很好地组织门厅内的挂号、交费、取药等活动流程,并考虑人们排队所需的面积,使其互不交叉(见图 5-70)。

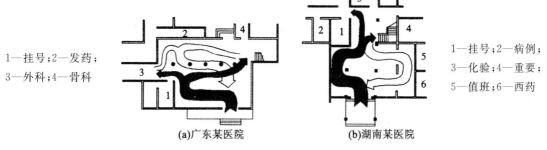

1—挂号;2—发药;
3—外科;4—骨科

1—挂号;2—病例;
3—化验;4—重要;
5—值班;6—西药

(a)广东某医院　　　　　　(b)湖南某医院

图 5-70　门诊部门厅人流分析实例

电影院、剧院的门厅应考虑售票的位置(目前有的设置独立的售票处,但有的仍在门厅内当场售票)及面积的大小,避免买票排队与进场人流交叉、拥挤。如有楼座时,应把楼座人流和池座人流恰当分开。楼梯的位置与通向池座的入口不要太近,故通常都使楼梯的起步靠近门厅的前部。

图 5-71 为日本滋贺县立琵琶湖艺术剧场,它由大、中、小三个剧场组成,分别用于歌剧、音乐会及戏剧演出,共用一个大主门厅,通过主门厅进入各自的休息厅,再从休息厅进入观众厅池座或通过主门厅中的开敞大楼梯登上二楼观众厅,路线流畅,互不干扰。

④当门厅内的通路较多时,更要保证有足够的直接通道,避免拥挤堵塞和人流交叉,同时门厅内通向各部分的门、走廊、楼梯的大小、位置等的处理应注意方向的引导性。一般利用它们的大小、宽窄、布置地位和空间处理的不同而加以区别,明确主次。通向主要部分的通路处理一般较宽畅、空间较大,并且常常布置在主要地位或主轴线上。

(a)外景

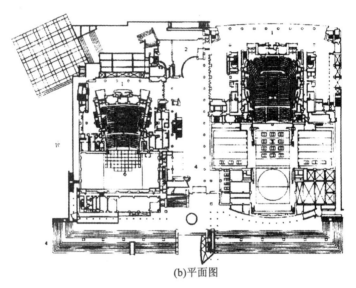

(b)平面图

图 5-71　日本滋贺县立琵琶湖艺术剧场

图 5-72 为南京河海大学工程馆入口门厅的设计,门厅内有四个人流方向;1 和 2 为主要人流方向,分别通向各层的教室。人流导向 1 是借助于宽敞开畅的楼梯,使其地位突出;人流导向 2 是借助于将走廊布置于入口的主轴线上,而突出其重要性;人流导向 3 为通向实验室的较次要的人流方向,走廊通道的起步退于主要楼梯之后,使其居于较次要的地位;人流导向 4 为通向教研组办公室的更次要的人流方向,故走廊窄,且更退后,使其居次要的地位。

⑤在寒冷地区或门面朝北时,为避免冬季冷空气大量进入室内和室内暖气的散失,门厅入口处需设门斗,作为室内外温度差的隔绝地带。门斗的设置应有利于人流进出,避免过于曲折。门斗的形式有三种(见图 5-73):①直线式布置,两道门设于同一方向,人流通畅,唯冷空气易透入室内;②曲折式布置,门设于两个方向,室内外空气不易对流;③过于曲折,人行有些不便。

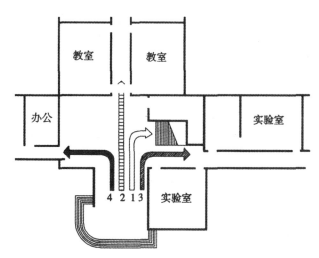

图 5-72　南京河海大学工程馆入的设计
1—通往二楼;2—通往教室;3—通往实验;4—办公人流

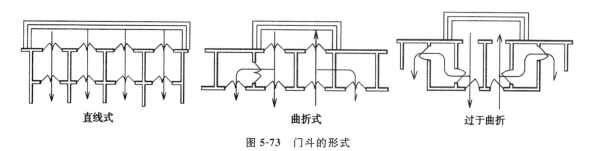

图 5-73　门斗的形式

2. 过厅、川堂的设计

过厅、川堂设计过厅是作为分配、缓冲及过渡人流的空间。过厅的设计也要很好地组织人流,并在满足使用要求的前提下,节省建筑面积。公共建筑使用人流较多,过厅是经常采用的一种组织水平交通的方式。过厅、川堂也常作为平面布局和内部空间处理的一种手段。我们可以利用对比的手法,突出主要的空间(大厅或门厅等),可利用过厅作为过渡空间,欲高先低,欲大先小(但无压抑感和局促感),烘托主体空间,使人有豁然开朗之感。

过厅位置的选择一般可考虑以下几个方面:

(1)设在几个方向过道的相接处或转角处,并与楼梯结合布置在一起,起分配人流的作用。

(2)走道与使用人数较多的大房间相接之处,起着缓冲人流的作用。

(3)设在门厅与大厅,或大厅与大厅之间,起着联系和空间过渡的作用,利用过厅将门厅与其他大厅(休息厅、陈列厅、候车厅等)联系起来。

川堂与过厅的意思相仿,它常用于门厅与群众大厅(如比赛厅、会议厅或观众厅)之间,如在影剧院中常利用它起着隔光和隔声的作用。图 5-74 是利用过厅,把门厅、观众厅及休息厅联系起来,又起着隔光隔声的作用。

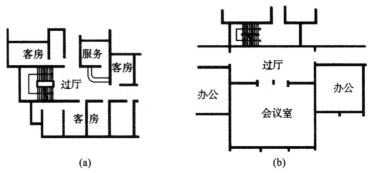

图 5-74 过厅的连接作用

(二)水平交通的设计

水平交通是用来联系同一层楼中各个部分的空间,除了水平交通枢纽外,主要是走道(也叫过道、走廊)。走道的布局一般应直截了当,不要多变曲折。走道本身应有足够的宽度、合适的长度及较好的采光。走道的宽度必须满足人流交通的要求,根据使用人数和性质而决定,并符合安全疏散的防火规定。在公共建筑中,公用走道一般净宽不小于 1.50m。单面布置房间的走道可以窄一些,而双面布置房间的走道就需宽一些。

走廊的必要宽度除考虑通行能力外,还要考虑房间门的开启方向。一般在人数不多的房间用单扇门,开向室内,而在人数多的房间,如会议室、休息室等,则需用双扇门,且门要向走廊开,这时走道的宽度就要加大。

走道主要起交通联系的作用,但有时也兼有其他功用,当需兼作其他用途时,就要适当地扩大走道的宽度。如学校建筑或展览建筑走道兼作休息时,即使是单面走道也需做得宽一点,如2.0~3.0m;医院门诊部走道常兼候诊,则可加宽到3.0~4.0m,单面设置候诊席可小一点,双面设置候诊就大一些。病房走道因考虑病床的推行、转弯,其净宽不小于2.25m,见图5-75。

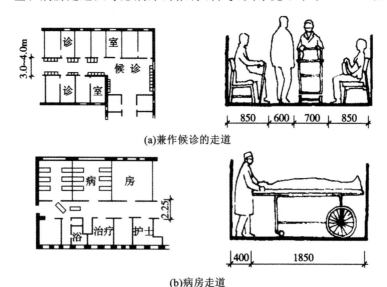

(a)兼作候诊的走道

(b)病房走道

图 5-75 医院走道宽度的确定

走道的长度决定于采光口、楼梯口或出入口之间的距离,以使它不超过最大的防火距离,避免过长的口袋形走道(即过道的一端无出入口)。走道的光线除了某些建筑(如大型宾馆)可用人工照明外,一般应有直接自然光线。单面走道没有问题,中间走道的采光一般是依靠走道尽端开窗,利用门厅、过厅及楼梯间的窗户采光,有时也可利用走道两边某些较开敞的房间来改善走道的采光与通风,如利用宾馆的客房服务处、会客室,医院中的护士站、小餐厅或门诊部的候诊室,办公室的会客室等。有时甚至可采用顶部采光的手法(常见于现代建筑)。在某些情况下也可局部采用单面走道的办法。此外,就是依靠房间的门、摇头窗及高窗的间接采光,见图 5-76。

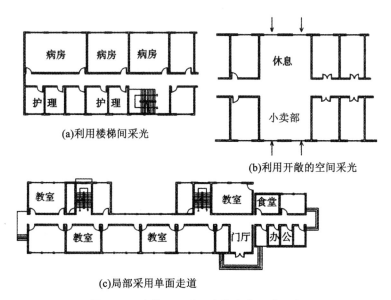

(a)利用楼梯间采光

(b)利用开敞的空间采光

(c)局部采用单面走道

图 5-76 建筑平面利用自然光的几种形式

在满足使用要求的前提下,要力求减小走道的面积和长度。因此一般房间应是开间小,进深大,否则就会增加走道的长度,同时也增加外墙,用地也不经济。

例如,图 5-77 为两个小学的教室楼,一个是采用矩形教室,进深较浅;一个是采用方形教室,进深较大。两者相比,显然后者面积要经济。

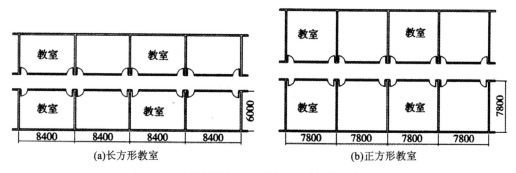

(a)长方形教室

(b)正方形教室

图 5-77 房间的进深与走道长度的关系(单位:mm)

此外,缩短走道的长度,还可以充分利用走道尽端作为使用面积,布置较大的房间,或作辅助楼梯,楼梯下部兼作次要入口,见图 5-78。

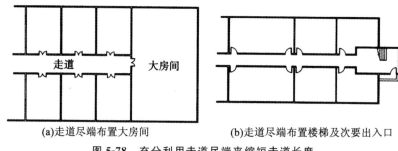

(a)走道尽端布置大房间　　　　　　(b)走道尽端布置楼梯及次要出入口

图 5-78　充分利用走道尽端来缩短走道长度

（三）垂直交通的设计

垂直交通包括联系上下层的楼梯和电梯两部分。

1. 楼梯设计

公共建筑垂直交通是依靠楼梯、电梯、自动扶梯或坡道来解决的,其中普通楼梯是最常用的。

公共建筑中的楼梯按使用性质可分主要楼梯、服务楼梯和消防梯。主要楼梯一般与主要入口相连,位置明显。在设计时要避免垂直交通与水平交通交接处拥挤堵塞,在各层楼梯口处应设一定的缓冲地带。

楼梯在建筑物中的位置要适中、均匀,当有两部以上的楼梯时,最好放在靠近建筑物长度大约1/4的部位,以方便使用。同时也要考虑防火安全。在防火规范中,规定了最远房间门口到出口或楼梯的最大允许距离,设计中要查阅并遵行,见图 5-79。为了保证工作房间好的朝向居多,楼梯间多半置于朝向较差的一面,或设在建筑物的转角处,以便利用转角处的不便采光的地带,见图 5-79(b),但楼梯间一般也应直接自然采光。

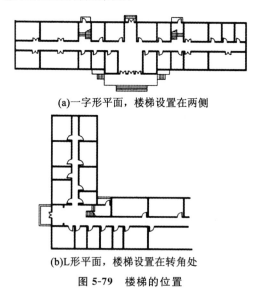

(a)一字形平面,楼梯设置在两侧

(b)L形平面,楼梯设置在转角处

图 5-79　楼梯的位置

此外,楼梯的位置必须根据交通流线的需要来决定。一般建筑应居门厅中,而在展览建筑中应以参观路线的安排为转移,不一定在门厅中,可在一层参观路线的结束处。如图 5-80 所示,在门厅中看不到一般公共建筑常有的装饰性的大楼梯,就是因为参观路线的安排,不需要在门厅内设置主要楼梯。

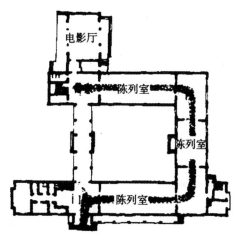

图 5-80 展览建筑中楼梯的位置

楼梯的宽度和数量要根据建筑物的性质、使用人数和防火规定来确定。公共楼梯净宽不应小于 1.50m,疏散楼梯的最小宽度不宜小于 1.20m。公共建筑中主要楼梯可分为开敞式和封闭式两种,而以开敞式居多。开敞式楼梯设于门厅、休息厅或侧厅中,它可丰富室内的空间,取得较好的建筑效果,超过 24m 高的建筑按防火要求,要设计封闭楼梯。

公共建筑中的楼梯形式主要有以下几种(图 5-81)。

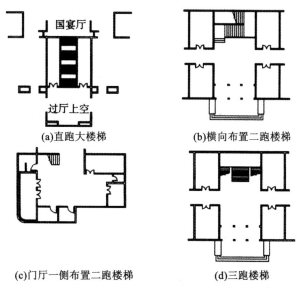

(a)直跑大楼梯　　　　　　(b)横向布置二跑楼梯

(c)门厅一侧布置二跑楼梯　　　(d)三跑楼梯

图 5-81 公共建筑楼梯的主要形式

(1)直跑式楼梯。它将几段梯段布置于一条直线上,单一方向,但踏步数目要限制,一般每梯段不宜超过 17 级,可以直对门厅,便于人流直接上楼,如北京人民大会堂中通向国宴厅的大楼梯及天津大学图书馆的楼梯等。

(2)二跑楼梯。一般由二梯段组成,并列布置。这种楼梯最好不要直对门厅入口布置,以免第二跑的斜面对着大门,较难处理,在较宽畅的门厅中可以把它作横向处理,或置于门厅的一角,使门厅内比较整齐美观。

(3)三跑楼梯。它由三个梯段成"一"形或成"m"形布置。前者为不对称的,后者为对称的。

它置于门厅正中比较气派,也可取得较好效果。

此外,某些公共建筑中还利用坡道作垂直交通,其坡度不大于1∶7,有时更平缓一些。这种方式通行方便,通行能力几乎同在水平上差不多,电影院、剧院、体育馆建筑中常用它通向池座或楼座看台,医院中采用更多,便于病床、餐车推行。由于它占面积大,一般建筑中很少采用(见图 5-82)。但在国内外不少展览建筑中常用它将垂直方向的参观路线有机地联系起来(见图 5-83)。

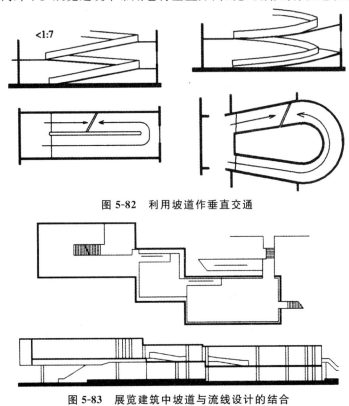

图 5-82　利用坡道作垂直交通

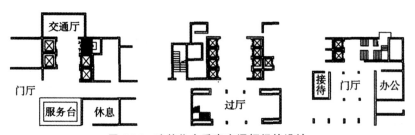

图 5-83　展览建筑中坡道与流线设计的结合

2. 电梯设计

在人流频繁或高层建筑中广泛采用电梯,有时采用自动扶梯。电梯的入口是从门厅、各层的侧厅或过厅中进出。它与普通楼梯要相近布置,以保证二者使用灵活,有利于防火。三者共同构成建筑物中垂直交通枢纽(见图 5-84)。

图 5-84　建筑物中垂直交通枢纽的设计

电梯部分包括机器间、滑轮间及电梯井三部分。在电梯井内安装乘客箱及平衡锤。机器间通常设在电梯井的上部,也可与电梯井并列设于底层,但滑轮间必须放在电梯井的上部。

自动扶梯是连接循环的电梯,借电动机带动,以缓慢的速度不断运行着,一般面向开敞的门厅、大厅布置,通行能力较大,适用于大型航空港、车站、百货公司、超市的营业厅及会客中心中。一方面可以减少人流上、下楼梯的拥挤和疲劳;另一方面在乘梯时,大厅内的一切可以一览无遗,感觉舒畅。现在这种自动扶梯在公共建筑中应用越来越普遍(见图 5-85)。

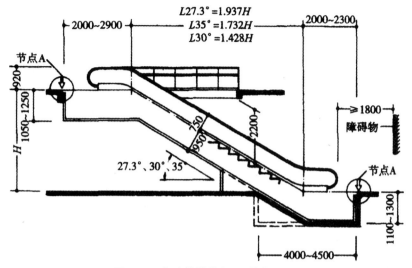

图 5-85　自动扶梯纵剖面(单位:mm)

第六章　建筑结构与材料分析

第一节　建筑结构分析

一、建筑结构的基本概念

建筑结构是指在一个建筑空间中用各种基本结构构件组合而成的有某种特征的机体,为建筑物的持久使用和美观需要服务,为人们的生命财产提供安全保障。因此,建筑结构是一个由构件组成的"整体",也是一个被建造的"实体",是一个与建筑设备、外界环境形成对立统一的有特征的"机体"。可见建筑结构是形成一定的空间及造型,并具有抵御自然界或人为施加于建筑物的各种作用,使建筑物得以安全使用的有机的整体骨架。

建筑物通常由楼板、屋顶、墙体或柱、基础、楼(电)梯、门窗等几部分组成。其中,板、梁、墙体、柱、基础为建筑物的基本结构构件(见图 6-1 和图 6-2),它们组成了建筑物的基本结构。[1]

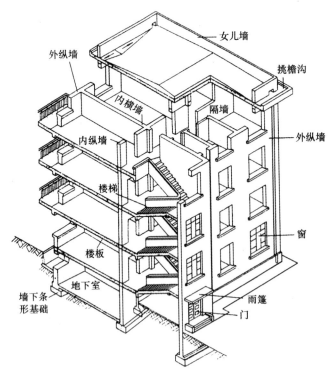

图 6-1　承重墙结构的结构构件

---

① 李必瑜．建筑构造．北京:中国建筑工业出版社,2005

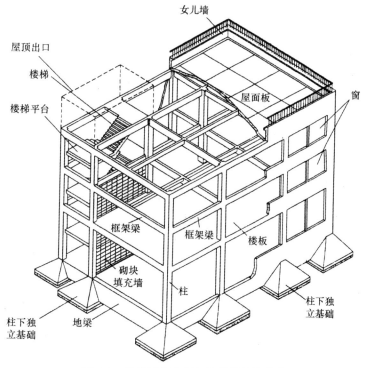

图 6-2　钢筋混凝土框架结构的结构构件

二、建筑结构的基本任务

在建筑物中,建筑结构的任务主要有如下三个方面。

(一)服务于人类对空间的应用和美观要求

建筑物是人类社会生活必要的物质条件,是社会生活的人为的物质环境,结构成为一个空间的组织者,如各类房间、门厅、楼梯、过道等。同时,建筑物也是历史、文化、艺术的产物,建筑物不仅要反映人类的物质需要,还要表现人类的精神需求,而各类建筑物都要用结构来实现。可见,建筑结构服务于人类对空间的应用和美观要求是其存在的根本目的。

(二)抵御自然界或人为施加于建筑物的各种荷载或作用

建筑物要承受自然界或人为施加的各种荷载或作用,建筑结构就是这些荷载或作用的支承者,它要确保建筑物在这些作用力施加下不破坏、不倒塌,并且要使建筑物持久地保持良好的使用状态。可见,建筑结构作为荷载或作用的支承者,是其存在的根本原因,也是其最核心的任务。

(三)利用建筑材料并充分发挥其作用

建筑结构的物质基础是建筑材料,结构是由各种材料组成的,如用钢材做成的结构称为钢结构,用钢筋和混凝土做成的结构称为钢筋混凝土结构,用砖(或砌块)和砂浆做成的结构称为砌体结构。

三、建筑结构的分类

(一)砌体结构

砌体结构主要是由两类基本构件共同组合而形成空间的,一类构件是墙柱;另一类构件是梁板。墙柱形成空间的垂直面,梁板形成空间的水平面。墙柱所承受的是垂直压力,梁板所承受的是弯剪力。凡是利用墙、柱来承担梁板荷重的一切结构形式都可以归纳于这种结构体系的范围。这种结构体系的特点是墙体本身既要起到围隔空间的作用,同时又要承担屋面的荷载。

砌体结构是最古老的一种建筑结构。我国古代的砖塔陵墓建筑可以说是最基本的砖砌体结构,因为它们仅仅作为纪念性的建筑,不需要大的空间,狭小的空间就可以满足要求。

我国砌体结构有着悠久的历史和辉煌的纪录。如在历史上有举世闻名的万里长城;建于北魏时期的河南登封嵩岳寺塔;建于隋大业年间的河北赵县安济桥。新中国成立后,我国在砌体结构方面有了长足的发展。我国许多中小型单层工业厂房和多层住宅、办公楼等建筑广泛采用砖墙、柱承重结构。住宅砌体结构如图6-3所示。

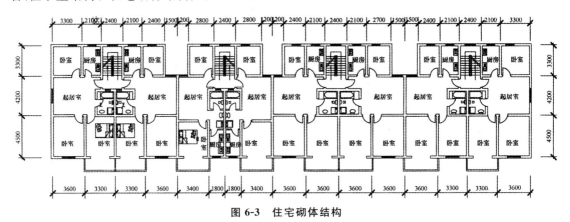

图 6-3 住宅砌体结构

(二)框架结构体系

框架结构的最大特点是承重的骨架与用来围护或分隔空间的隔墙明确地分开。它的优点主要表现为:①框架结构所用的钢筋混凝土有很好的抗压和抗弯能力,可以加大建筑的空间和高度;②减轻建筑物的重量;③较好的抗震能力;④较好的延性;⑤较好的整体性;⑥造型的可塑性;⑦采光通风方便性。

框架结构体系是一种古老的结构形式,早在原始社会就存在类似框架结构,如西安市半坡村原始社会大方形房屋。我国古代建筑的木构架也是一种框架结构。传统木构架构件用榫卯连接,加工制作十分精密严谨,从而使整个建筑具有良好的整体性和稳定性。近代钢筋混凝土结构的出现改变了木结构作为框架结构在大空间方面的局限性,钢筋混凝土强度高、防火性能好,既能抗压又能抗拉。由于它可以整体浇筑也可以预制,所有的构件都是刚节点。这改变了人们传统的台基、墙身、檐部三段论的模式来划分建筑的立面的审美观念。图6-4为活动中心框架结构示意图。

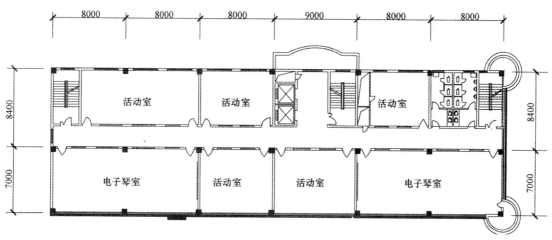

图 6-4　活动中心框架结构示意图(单位:mm)

(三)剪力墙结构

建筑不但要考虑竖向荷载还要考虑水平荷载,随着建筑高度的发展,建筑所承受的水平荷载越来越大,框架结构已无法满足要求,由此诞生了剪力墙结构(见图 6-5)。剪力墙结构中,墙成为建筑的竖向承重构件,同时又承担了风荷载或地震作用传来的水平荷载。虽然剪力墙结构体系有很好的承载能力,并且有很好的整体性和空间作用,但剪力墙的间距有一定限制,故不能开间太大,对需要大空间建筑就不太适用,其灵活性就差,一般适用于住宅、公寓和旅馆。

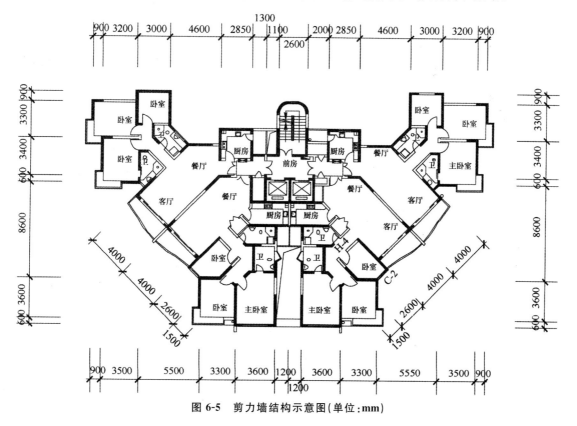

图 6-5　剪力墙结构示意图(单位:mm)

（四）框架—剪力墙结构

框架—剪力墙结构是剪力墙与框架结构的组合体系，适用于需要局部大空间的建筑，在局部大空间部分采用框架结构，同时采用剪力墙来提高建筑物的抗侧能力，从而满足高层建筑的要求。框架—剪力墙结构广泛应用于高层办公、高层旅馆建筑等公共建筑。

（五）框支—剪力墙结构

框支—剪力墙结构是有落地剪力墙或剪力墙筒体和大框支剪力墙组成的协同工作结构体系。一些高层建筑为了满足多功能、综合用途的需要，把竖向顶部楼层作为住宅、旅馆，中部楼层作为办公用房，下部楼层作为商店、餐馆、文化娱乐设施。不同用途的楼层需要大小不同的开间，从而采用不同的结构形式。例如，上部楼层采用剪力墙结构以满足住宅和旅馆的要求；中部办公用房则需要中小室内空间同时存在，则宜采用框架—剪力墙结构来满足其要求；底部作为商店等用房则需要有尽量大的空间，则宜加大柱网，尽量减少墙体。

（六）筒体结构

当高层建筑结构层较多、高度大时，由平面抗侧力结构所构成的框架，剪力墙和框架剪力墙已不能满足建筑和结构的要求，而开始采用具有空间受力性能的筒体结构。筒体结构的基本特征：水平力主要是由一个或多个空间受力的竖向筒体承受，筒体可以由剪力墙组成，也可以由密柱框筒构成。

筒体结构布置：以方形圆形平面为好；可用对称形的三角形或人字形；外框筒柱的柱距以不大于 3m 为好；矩形平面时，长宽比不宜大于 1.5；四角的柱子宜适当加大，一般截面加大 2～3 倍，可做成 L 形、八字形。

筒体结构的类型有：筒中筒结构（见图 6-6）、筒体—框架结构、框筒结构、多重筒结构、成束筒结构、多筒体结构。

筒中筒结构由中央剪力墙内筒和周边外框筒组成，框筒由密柱（柱距 3m）、高梁组成，如上海环球金融中心（见图 6-7）。

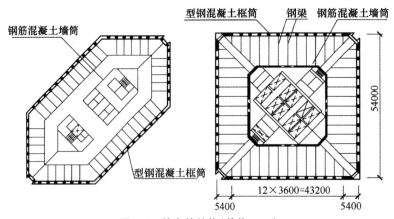

图 6-6　筒中筒结构（单位：mm）

图 6-7　上海环球金融中心

　　筒体—框架结构也称框架—核心筒结构,由中央剪力墙核心筒和周边外框架组成,如上海世界金融大厦(见图 6-8)。

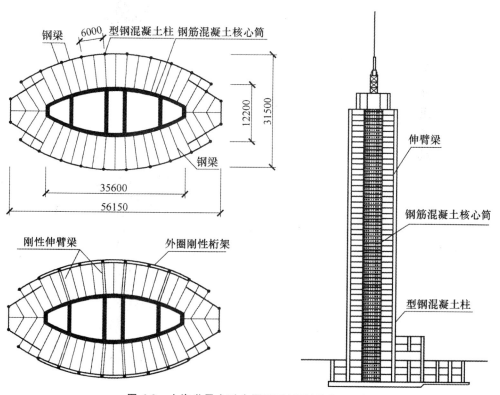

图 6-8　上海世界金融大厦平面剖面(单位:mm)

筒体结构只有在细高的时候才能近似于竖向悬臂箱型断面梁发挥其空间整体作用,一般情况下,高宽比宜大于4。筒体结构类型如图6-9所示。

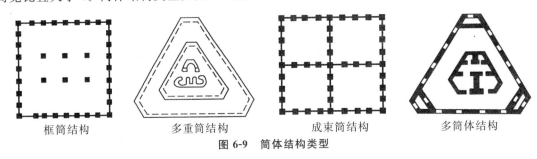

| 框筒结构 | 多重筒结构 | 成束筒结构 | 多筒体结构 |

图6-9 筒体结构类型

(七)大跨度结构

1. 桁架

桁架的优点是:桁架的设计制作安装均简便;桁架适应跨度范围很大,其应用范围非常广泛。缺点:结构空间大,其跨中高度较大,一般为跨度1/10,给建筑体型的设计带来沉重的包袱,单层建筑尤其难处理。

桁架应用很广,适用跨度范围(6~60m)非常大,根据受力特点可分为平面桁架、立体桁架(见图6-10)、空腹桁架。

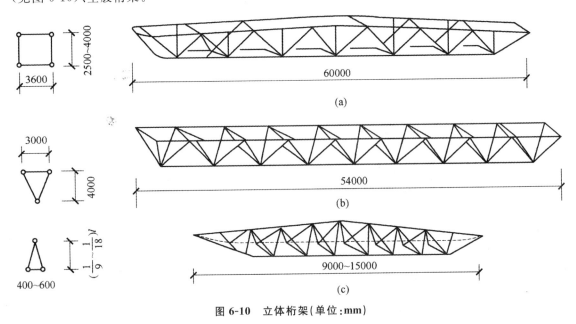

(a)

(b)

(c)

图6-10 立体桁架(单位:mm)

选择桁架形式时,除了要考虑桁架受力与经济合理外,还需要考虑下列问题:①建筑体型与美观;②屋面材料及其坡度;③制作与吊装。

2. 拱壳

在建筑中,拱主要用于屋盖,或门窗洞口,有时也用作楼盖、承托围墙或地下沟道顶盖。壳体具有三大功能,即强度大、刚度大和板架合一,这是由于壳能双向直接传力,具有极大空间刚度和屋面与承重合一的面系结构。壳的造型有:筒壳、球壳、双曲扁壳、鞍壳、扭壳等。图6-11为球网壳。

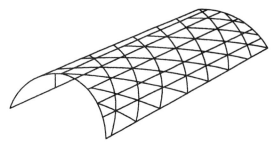

图 6-11　球网壳

壳体结构因其力学性能优越、经济合理、利于抗震、近于自然、曲线优美、形态多变深受建筑师们的赞赏,在工程上有广阔的发展前景。

拱壳结构广泛应用于天文馆、会堂、音乐厅、剧院、展览馆。

3. 网架

网架结构也是一种新型大跨度空间结构。它具有刚度大、变形小、应力分布较均匀、能大幅度地减轻结构自重和节省材料等优点。网架结构可以用木材、钢筋混凝土或钢材来做,并且可以采用多种多样的形式,使用灵活方便,适用于多种形式的建筑平面的要求。近年来国内外许多大跨度公共建筑或工业建筑均普遍地采用这种新型的大跨度空间结构来覆盖巨大的空间(见图 6-12)。

图 6-12　网架屋盖

网架的优越性表现在:

(1)经济。杆件截面小,钢材消耗量低。

(2)安全。高次超静定结构,可承受较大荷载,应力分布均匀。

(3)跨度大。网架结构受力合理、刚度大,能制作较大跨度的网架。

(4)有利于建筑造型和立面处理:可以做成方形、矩形、多边形、扇形、圆形等。

(八)吊挂悬索结构

悬挂结构用于建筑始于 19 世纪中叶,但发展迟缓,20 世纪中叶,出现了高强钢材,促进了悬索结构的大发展。悬索结构用于中、大跨结构,由于其结构方式采用拉力柔索,与传统外形迥异,造型新颖,形式多样,创造出各种建筑类型。悬挂结构按其形成方式不同,分为吊挂结构和悬索结构两类。

1. 吊挂结构

吊挂结构又称悬吊结构。在吊挂结构中,钢索仅作为吊挂其他结构构件用的支承拉索,然后把拉力传给墩台、塔桥、杆柱的芯筒上,故实为支承悬索与其他结构组合形成的混合结构。其传力方式仅有两种:一种是与悬索吊桥一样的悬吊方式;另一种是与斜拉桥一样的斜拉式(见图 6-13)。

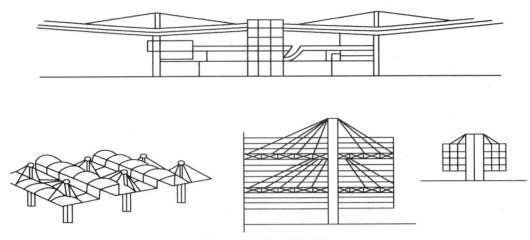

图 6-13　斜拉式吊挂结构

2. 悬索结构

　　吊挂结构中钢索并非屋盖的承重构件,而是吊挂屋盖承重构件的支承拉杆。钢索真正成为屋盖的主要承重结构的乃是悬索结构。吊挂结构的屋盖是板、梁、桁架、拱、网壳、网架等结构,根本没有钢索,而悬索结构的屋盖主要承重是钢索,并且用它来悬吊整个屋盖,而无需其他吊索或斜拉索,套用悬索吊桥的原理,将屋盖直接做在悬索上,而取消竖向吊索。图 6-14 为华盛顿杜勒斯机场。

图 6-14　华盛顿杜勒斯机场

（九）钢结构

　　钢结构通常由钢板和型钢等制成的柱、梁、桁架、板等构件组成,各部分之间用焊缝、螺栓或铆钉连接,是主要的建筑结构之一。

　　钢结构的应用范围为:

　　(1)大跨度结构。结构跨度越大,自重在全部荷载中所占比重也就越大,减轻结构自重可以获得明显的经济效果,钢结构强度高而重量轻,特别适合于大跨度结构,如大会堂、体育馆、飞机装配车间以及铁路、公路桥梁。

　　(2)重型工业厂房结构。

　　(3)受动力荷载影响的结构,如较大的锻压式产生动力作用的厂房,或对抗震性能要求高的结构。

(4)高层建筑和高耸结构(见图 6-15)。房屋层数多和高度大时,采用其他材料的结构,给设计和施工增加困难,因此,高层建筑的骨架宜采用钢结构,高耸结构包括塔架和桅杆结构。

图 6-15　南京地铁大厦

(十)组合结构

组合结构主受力结构系统一般具有承担建筑主要使用功能的作用,而附着在主体上的其他结构则具有承担视觉、文化、象征、生态及其他的特殊意义的作用。这种多结构系统或者是由于结构的力学性能上有互补的需要而组合在一起,或者由于建筑文化、象征、视觉表达的需要使它们并置。

如上海金茂大厦(见图 6-16),塔楼主结构采用核心筒——翼柱体系,主要由以下部分组成:①钢筋混凝土核心筒,筒内纵、横向墙体按井字形布置;②8 根型钢混凝土巨型翼柱,布置在建筑物四边且位于核心筒内墙轴线上;③8 根型钢巨型柱,布置在建筑物四角;④伸臂钢桁架,沿建筑高度设置在第 4~26 层、第 51~53 层、第 85~88 层,沿平面布置在核心筒内墙轴线上并与周边的巨翼柱相连。上海金茂大厦塔楼结构如图 6-17 所示。

图 6-16　上海金茂大厦

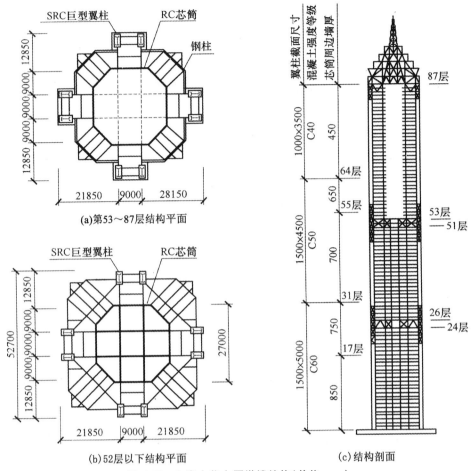

(a)第53～87层结构平面

(b)52层以下结构平面

(c)结构剖面

图 6-17 上海金茂大厦塔楼结构(单位:mm)

德国法兰克福银行大厦(见图 6-18),是钢结构和混凝土内核共同构筑的"绿色"建筑。4 层高的空中花园沿着建筑的三边交错排列,使每一层楼都能获得的绿色视野,并且避免了大面积的连续办公空间,每一间办公室都能开窗户,获得自然通风,这充分展现了钢结构对这些空间变化的灵活适应性。三对垂直的柱墙包围了角落的结构核,支撑着 8 层空腹梁,这些空腹梁又分别支撑着没有柱子的办公楼层,这部分正好发挥了混凝土结构最佳的力学性能和特点。

图 6-18 法兰克福银行大厦

斯普瑞克森与安德鲁合作设计的巴黎德方斯巨门（见图6-19），主体部分"门"造型是钢结构与钢筋混凝土结构形成的巨型结构，而中间的"云"形造型由轻巧的拉索结构和织物构成，是典型的主副结构体系的组合。

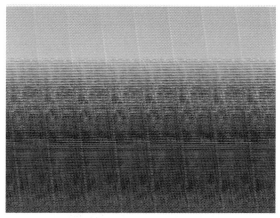

图 6-19　巴黎德方斯巨门

北京奥运会主会场（鸟巢，见图6-20），主体部分造型是钢结构，围护结构是膜结构。

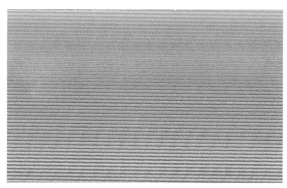

图 6-20　鸟巢

四、建筑结构的逻辑原则

（一）重力优势原理

结构选配必须遵循自然规律与科学法则。阿瑟·叔本华（Arthur Schopenhauer）认为建筑是负荷与支撑的艺术，是以重力为精神的艺术；受重力作用，物体要保持稳定就需要具备合理的重心，要保持平衡就需要各方向上力矩相等。因此重力统治性原则为建筑学提供了一个普遍的思考基础。

为保持稳定，通常上小下大、重心降低较有利，这就是金字塔造型的特点。对称均衡的选型不易倾倒；当重心与中心不在同一垂线上时，就会产生颠覆的力矩，因此非对称变化的体量原则上应保证不同方向的力矩总和为零。这些都是从简单的力学逻辑来判断何为满足重力法则的形态，为设计创作粗略设限了选型范围。

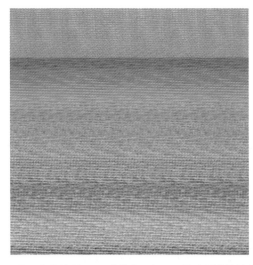

图 6-21　圣地亚哥·卡拉特拉瓦设计的"巴塞罗那聚光塔"塔符合自然平衡原则

（二）强调反常规与动势的不稳造型

虽然要遵循重力优势原理，但建筑的创造性往往要求突破甚至有悖于这些基本单一的自平衡造型，有意造成夸张某一方向受压或受拉的不稳定感受，在多重力量的冲突中寻找刺激，在复杂的构成要素中获得短暂的动态平衡。

柯布西耶提出底层架空的"新建筑"，在现代早已司空见惯，而在当时却标志着古典分段式稳定形态意义的瓦解，取而代之的是"头重脚轻"的不稳定视觉形象。莱特的流水别墅更是力图超越悬挑的限度。

多元化的当代建筑以更直接的方式炫耀活力，甚至追求危险的结构，企及表现欲望的巅峰。

在妹岛和世设计的日本茨城县公园咖啡亭（见图 6-22）中，将室内空间与半室外空间统一在一个 25mm 厚的钢板屋顶下，支撑屋顶的钢柱直径只有 60.5mm。初看建筑，似乎是典型的"密斯空间"，但仔细研究其平面，却发现在其 1200mm×1200mm 的网格点上有多处空缺。

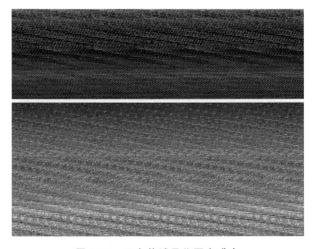

图 6-22　日本茨城县公园咖啡亭

五、建筑结构的形式美

(一)结构的真实性

20 世纪 50 年代下半叶,英国第三代建筑师史密斯夫妇(Allison and Peter Smithon)提出建筑的美应该以对结构和材料真实直率的反映作标准。他们的作品采用毛糙的混凝土、粗大沉重的梁、柱、板等构件,并将其毫不回避、疏于掩饰地直接"粗鲁"组合连接。这种不修边幅的裸露钢筋混凝土形式,正好适应了战后大量、快速、廉价重建的需求。丹下健三设计的日本仓敷县厅舍(见图 6-23)和广岛纪念馆等都有意采用巨大的混凝土梁,却也并非置比例虚实而不顾,创造出粗犷厚实的体块穿插艺术。

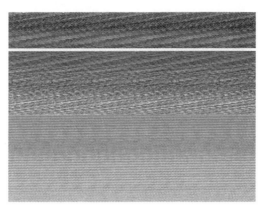

图 6-23　丹下健三设计的日本仓敷县厅舍

(二)构件律动产生节奏

构件规则反复的律动会产生有序的节奏,在一些主要受结构要素支配的空间中,这种关系尤为清晰。SOM 建筑师事务所设计的美国科罗拉多州空军士官学院教堂(见图 6-24),以三棱形网架及其侧面挂扣玻璃为单元,拼接重叠,产生连续向上的陡峭尖角造型,成为当时以先进结构技术主导形态的典范。

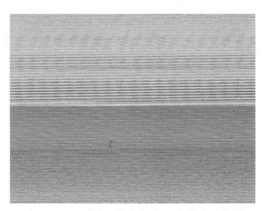

图 6-24　美国科罗拉多州空军士官学院教堂

在对高技术手段驾轻就熟的理查德·罗杰斯(Richard George Rogers)所设计的西班牙马德

里机场(见图6-25)中,明丽的黄色"Y"形钢柱支撑两根波浪形骨架形成一组结构单元,多组标准化单元"复制繁衍",并在内部覆盖层压竹片构成整体屋面,不仅昭示了工业制造的效率,也为建筑日后扩建提供了潜能。

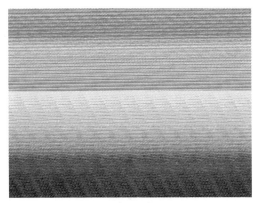

图6-25 西班牙马德里机场

（三）结构彰显力量美感

结构规律传达的不仅是科技理性,而且也彰显出与之对应的力量美感。NBBJ建筑师事务所设计的锐步集团全球总部(Reebok World Head Quarters,Boston,见图6-26)位于美国波士顿以南,背倚山脉、林木环绕。建筑总平面以弯曲的主"脊"串联三座包含办公与运动测试设施的单体构成,流线形态配合尖锐的角状空间,恰似充满爆发力的肌体驰骋在竞技场上。

图6-26 美国波士顿锐步集团全球总部尖锐动态的外观

六、建筑结构设计中的经济问题

众所周知,结构不但要安全,还要考虑经济性。结构的经济性,在很大程度上是与结构的安全性密切关联的,当然,也会受施工因素的影响。结构系统的不安全因素越多就越需要过多的投入,自然就越不经济。但归根结底,结构的安全性和经济性都取决于结构的正确性和合理性。由于建筑是一个复杂的综合性,要使所运用的结构达到理论上完美的境地也很困难,但通过创作构思,特别是结构构思中深入研究,总会找到合理的答案。总而言之,作为人类基本生活和生产资料的建筑,都要遵循适用、经济、美观基本要求,因此具有结构正确性和合理性的建筑,永远是人类普遍需求的建筑。

第二节 建筑材料分析

一、砖与瓦

（一）砖

在我国古代，尽管木结构以绝对优势成为主流体系，运用砖作为结构材料的方法也有一定渊源。明代以后就曾出现完全以砖券、砖拱结构建造的无梁殿。传统民居中，青灰色黏土砖不仅用于墙体，还用于地面铺设。通常将表面打磨平整（铺地砖还浸以生桐油），错位或人字形排列，直接外露平直的勾缝，称为磨砖对缝。图 6-27 为砖砌房屋。

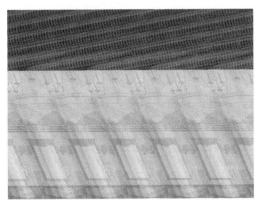

图 6-27　砖砌房屋

随着 20 世纪后半叶全国建设规模的逐渐扩大，砖混结构（见图 6-28）也一度成为主导。通常以砖横向叠砌为承重墙，在墙转角或十字、丁字交接之处配钢筋、设置构造柱，于墙顶部设置圈梁以束箍砌体，加强其整体性。

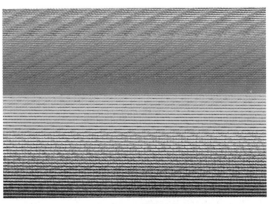

图 6-28　砖混结构

出于保护土壤资源的需要，黏土砖基本已被以粉煤灰、炉渣等为原料的大孔砖、多孔砖以及硅酸盐混凝土、轻集料混凝土砌块所替代；小型单排孔或多排孔空心砌块主要规格为 190mm×190mm×390mm。

（二）瓦

作为传统坡屋面铺设材料，瓦以其构造简单、利于排水等特点被广泛使用（见图 6-29）。常见的有机平瓦、小青瓦、石棉瓦、琉璃瓦、金属瓦垄等。通常在屋架檩条上铺望板，覆油毡防水，以顺水条压盖固定，然后在与之垂直的方向钉上挂瓦条，其间距与瓦的尺寸相配合，多为 280～330mm。

图 6-29　瓦屋

二、木材等有机材料

（一）中国古代木结构

木结构是中国古代地上建筑的主要结构方式，也是辉煌空间艺术的载体。历代运用广泛的有抬梁、穿斗和井干三种木构架形式；南方地区民居木构架通常不施粉饰，清漆素面，追求天然木纹的含蓄之美。

抬梁式（见图 6-30）是以木柱、梁、枋、檩等为框架，再在其顶部覆椽盖瓦、四壁建墙体与门窗，类似现代"框架结构"体系。

图 6-30　抬梁式

穿斗式(见图 6-31)与抬梁式所不同的是沿山墙方向的柱子较细长,直接支撑檩条,穿通梁而落地;山墙柱子间距较密,屋架榀榀分开。这种构架形式多用于南方地区的建筑。

图 6-31　各类穿斗式

井干式(见图 6-32)结构在商代以前就已经运用于陵墓当中,其特点是以原木层层摞叠建造墙体,并作为承重结构。直至今天,北方森林地区还依然使用这种构架形式建造民。

图 6-32　井干式

(二)木材等有机材料的物理性能与绿色建材指标

干燥后含水率很低的木材绝热性能好,同样厚度下,其隔热值比混凝土高 16 倍,比钢材高

400 倍,比铝材高 1600 倍;在冬天室外温度完全相同的条件下,木结构建筑室内温度比混凝土建筑温度要高 6℃。同时木材还具有能吸收部分水平波震荡冲击的弹性,因此能减少地震等自然灾害的威胁。

早稻田大学工作室的学生(Kota Kawasaki)设计的日本阿基拉·库素米贵宾房(见图 6-33)正因是弹性绑扎的木结构体系,这座建筑在地震中竟然神奇地幸免于难。

图 6-33　日本阿基拉·库素米贵宾房

当代学者重新审视木材、茅草等自然材料时,发现其除了质地温润、感知亲切等特征之外,还具备很多绿色建材指标与可持续发展精神。需要注意的是,对于不可无限再生的自然材料必须有节制地利用,应该结合林业政策与机制,杜绝"掠夺性"开采所带来的灾难性后果。

(三)木材等有机材料的建筑防火

长期以来木结构的耐候、防水及防火也成为困扰其复兴与发展的难题之一。我国建筑设计防火规范(GB 50016—2006)明确规定了木结构建筑中构件的燃烧性能与耐火极限,同时指出木结构建筑屋顶表层应采用不可燃材料;当其由不同高度的部分组成时,较低部分屋顶承重构件必须是难燃烧体,耐火极限不低于 1h;木结构建筑不应超过 3 层,不同层数建筑允许最大长度和防火分区面积不应超过表 6-1 的规定(当安装有自动喷水灭火系统时,最大长度与面积按表 6-1 规定增加 1 倍)。

表 6-1　木结构层数、最大长度和防火分区面积

层数	最大允许长度(m)	每层防火分区最大允许面积(m²)
1	100	1200
2	80	900
3	60	600

一些建筑师将自然材料经由适当加工处理后,再与混凝土、金属等结合,配合防火设施与构造,成功创造出自然生态建筑(如图 6-34)。

图 6-34　芬兰赫尔辛基瞭望塔

三、砌体石材与混凝土

(一)西方古典石材及混凝土结构体系

西方文明的发祥地古希腊以至整个欧洲,创造了以石梁柱结构为主的建筑型制。西方古典建筑充分利用石、混凝土的强度与耐久特性,以梁柱、拱券、穹窿结构体系创造出许多形式生动、空间高敞的宏伟建筑,至今也令人叹为观止。

(二)混凝土材料

真正可以承重的钢筋混凝土是法国人于 1848 年发明的。这种材料以其可塑性和粗朴的质地成为很多建筑师"固执"坚守的设计语言。

美国建筑师拉尔夫·艾伦(Ralph Allen)是一位忠实追求混凝土神韵的探索者。他偏爱"易于辨认的造型,如动物的曲线轮廓,飞鸟优雅的姿势,或悬浮的鲸鱼",而混凝土特性恰恰暗合了建筑师的这种雕塑欲望。在他几乎所有重要设计实践中,都采用混凝土作为结构和表面材料,却以不同工艺程序造成细微的肌理差别。有以勾缝分割的小型混凝土砌块;也有利用混凝土拓印功能、以带条形槽的模板压制成线状纹理表面的大型预制板(见图 6-35);有的完全保留拆模后的原始状态(见图 6-36);有的为避免过于黯淡粗糙,还可在表面喷射或粉刷一层色泽偏浅、较为细腻的混合砂浆。

图 6-35　美国奥兰治县法律图书馆

图 6-36　美国科斯塔梅耶图书馆

（三）砾石、卵石

天然砾石、卵石可铺设柔性软地面，利于渗水防尘。较大卵石因其自重和强度而具有承重性能，也可用于民居外墙或挡土墙的建造（见图 6-37）。它保温隔热性能较好，具有热惰性和一定保水性，冬暖夏凉，利于满足温湿度宜人的"自然空调"要求，是天然可持续循环利用的建材之一，在快速、低成本建设中仍然发挥重要作用。

图 6-37　越南石屋

四、石饰面片材与陶瓷墙面砖

天然石材除了块状砌体毛石或料石之外,还可加工为片状饰面材料。当围护墙体砌筑好之后,可采用贴面方法,将规格较小的石片材或陶瓷外墙砖以白水泥胶水浆粘贴在表面,外露勾缝,以保护内部结构,增强建筑耐久性、耐候性及保温隔热性能。室外装饰见图 6-38,室内装饰见图 6-39。

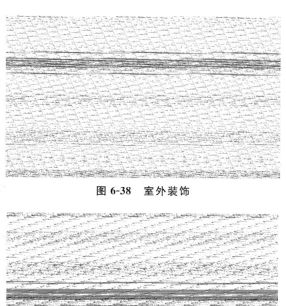

图 6-38　室外装饰

图 6-39　室内装饰

五、钢材与金属

钢结构轻质、高强,柔性变形性能好,施工快速便捷,对场地污染较小,因此成为极具前景的新兴建材。除了结构支撑,钢材还积极参与到建筑形象塑造当中。

钢结构虽然是非燃烧材料,但不耐火,极易导热。普通建筑用的裸露钢材,高温下强度骤减,全负荷时失去静态平稳的临界温度约为 500℃,耐火极限只有 15min 左右。因此采用钢结构,防火是前提。常见的防火处理方式有防火板包裹、防火喷涂、复合防火等。其中防火板包裹工序工艺较复杂,在用户二次装修时也容易被破坏,因此,大多建筑钢结构主体仍采用表面防火喷涂为主,然后再考虑外部饰面层。

受当代艺术取向的影响,一些建筑抛开不锈钢,反而利用金属部分锈蚀后的特殊质感来表现不修边幅的粗犷。Richard Levene 与 Femando Marquez Cecilla 身为欧洲最具影响力的建筑出版物 El Croquis 的编辑与出版人,着手设计了其位于西班牙马德里的总部办公楼(见图 6-40)。这座建筑以外观为锈蚀后的高强合金钢折板构成的动态体量牢牢抓住地面,支撑着上部两个巨大的由木材与玻璃覆盖的斜置方盒子式的"书橱"。

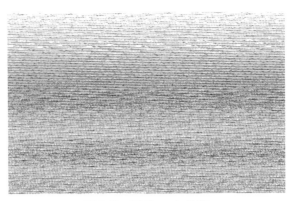

图 6-40　El Croquis 总部

六、轻质预制装配式板材

二战后,玻璃幕墙及预制混凝土外墙板等材料技术的发展为建筑工业化体系提供了条件,随着当代钢结构以及配套轻质装配式板材墙体构造技术的创新,新一轮建筑产业化进程的加速势在必行。

目前,为配合钢结构应运而生的各种新型防水保温板、玻璃纤维增强水泥板(GRC)、蒸压加气轻质混凝土板(ALC)、轻质砂加气混凝土板等预构件,这些板材大多使用模具(喷射)制作,一体成型。一般宽 600mm,长在 6m 以内(可 1~2 层统长拼铺),厚度 50~250mm 不等。因是预制产品,所以尺寸准确、表面平整光滑、安装方便,在抗震性、气密性、防水性、防火性等方面也具优势,同时还可回收再利用。

应用这类轻质装配式板材作外围护墙体时,建筑造型所依赖的模数体系有别于传统砖混或框架结构。

七、玻璃与幕墙

玻璃是一种古老的建筑材料。这种材料轻盈、脆弱、冷漠、浮华摇曳,与钢等其他材料一样代表了技术的理性力量。

(一)镜面反射玻璃及 Low-E 玻璃

作为现代建筑反映视觉多样性的手段之一,镜面反射玻璃既透光,又相当程度地使眼睛摆脱了固有透视,此一时彼一时地容纳相异的物象片段与场景,它们之间可能没有逻辑关联,却在同一时间点被包容到镜面当中。镜面反射玻璃的运用如图 6-41 所示。

图 6-41　镜面反射玻璃的运用

Low-E 玻璃是 20 世纪 60 年代欧洲制造商开始研发的低辐射镀膜镜面玻璃,它具有较高的透光性、热阻隔性和热舒适度,因而被大量应用在轻质自承重幕墙中。Low-E 玻璃的运用如图 6-42 所示。

图 6-42　Low-E 玻璃的运用

（二）中空玻璃与真空玻璃

玻璃是建筑物外墙中最薄、最容易传热的部位,如果玻璃之间夹隔空气层,则整体热阻会加大。中空玻璃通常在两片或两片以上的玻璃之间隔以铝合金框条,框和玻璃之间以丁基胶粘结密封;铝框内储放干燥剂,通过其表面缝隙吸湿,使玻璃间层空气长期保持干燥,所以保温隔热性能较好。当气体间层厚度小于 9mm 时,其热阻与厚度基本成线性正比;而当厚度大于 15mm 后,其热阻的增加已经变得很平缓。因此一般中空玻璃的厚度不会超过 12mm。如需进一步提高玻璃的保温隔热性能,则可增加空气层数、采用三玻结构,夹层空气还可用氩气、氪气等惰性气体替代。如果将中空玻璃间层抽成真空,则能起到更好的防结露、隔声效果。真空玻璃常用不会影响透光的微小支撑物匀布当中,以使两侧平板玻璃能够承受大气压和风荷载。中空玻璃的运用如图 6-43 所示。

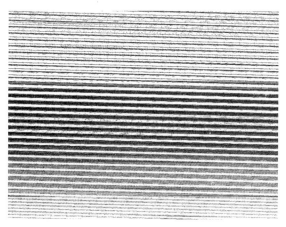

图 6-43　中空玻璃的运用

（三）透明玻璃及幕墙

镜面玻璃及幕墙具有较好的私密性,但由于定向反射特性也带来城市光、热污染以及交通危险系数的加大,透明玻璃及幕墙在这方面的隐患则相对较小,因而又被大量运用于建筑外墙、窗户甚至屋顶、地面等各个界面上(见图6-44)。

图 6-44 透明玻璃幕墙

玻璃幕墙通常采用三种构造体系与支撑方式,并直接影响到透明程度。一种是采用铁、铝合金、不锈钢等金属框架作为结构支撑,玻璃在框架外侧以胶粘剂相互粘接、并与框架固定。第二种是在玻璃墙面后以与之垂直的筋玻璃代替金属做骨架,并以胶粘剂结合为整体的筋玻璃构造方式。这种方式避免了金属支撑框架,使墙面完全由玻璃组成,空间更为透明开放。还有一种常用的点式支撑方式,是在玻璃四角钻小孔,插入带有自由旋转系统的人字交叉不锈钢驳接爪,并以驳接螺栓将玻璃锚固;驳接爪再与金属框架、空腹型钢或桁架、网架等焊接,有的还以钢索拉固,联系成为稳定整体。这种做法中结构与玻璃相对独立,能支撑任意倾斜或弧形弯曲的玻璃墙体,大大提高了幕墙造型的自由度。

(四)玻璃砖

玻璃砖由耐高温玻璃压制成型,通常由两个半坯结合在一起形成空腔,其内侧可压制成不同肌理花纹,也可镀彩色膜层。它具有质轻、采光性能强、隔音与不透视等物理特性,因此具有规律化肌理和含蓄的光影效果。另一方面,玻璃砖模数化的尺度实现了生产制作与现场装配的便捷性,也为快速洁净的干式施工法提供了可能。图6-45为上海玻璃博物馆。

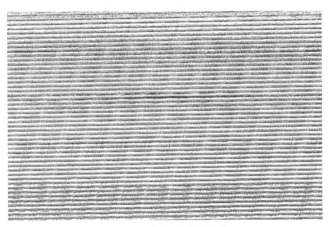

图 6-45 上海玻璃博物馆

（五）"双层皮"系统与遮阳技术

顾名思义，双层皮就是采用双层体系作围护结构，两层皮之间留有一定空间，依靠不同分隔与构造方式形成温度缓冲部位。

双层皮构造既可以是全透明的，也可以与半透明玻璃、甚至非透明围护构件相组合，形成多元化不同效用的形式。卒姆托设计的奥地利布雷根茨美术馆（Art Museum, Bregenz, 见图 6-46），表皮由等大长方形半透明玻璃板以金属支架及夹钳安装在钢结构上，并与内侧混凝土墙体固定。每条玻璃板都略成齿状倾斜，形成与混凝土间的空气层，产生对外渗透的均匀缝隙，既能调节进入展厅内部的光线，又能隔热通风。

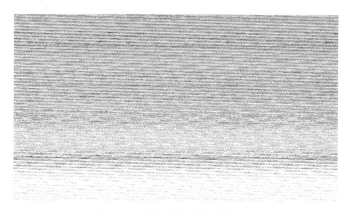

图 6-46　奥地利布雷根茨美术馆

双层皮构造相当于完全将建筑包裹了一层，因而能有效提高隔音性能，但进光总量则不如单层玻璃；同时因双层构造的厚度而加大了房间进深，使得建筑采光系数减少。基于此，可在空腔内设水平反光板等装置来调节改善进光（见图 6-47）。

图 6-47　双层皮幕墙水平反光板装置以调节进光

为避免夏季阳光直射带来室内过热、能耗增加以及眩光的问题，可采用设置遮阳以及合理的可调节开口等有效措施。与双层玻璃幕墙相配合的常有内置式和外置式两种遮阳。清华大学超低能耗示范楼就采用各种类型的遮阳相互配合，以满足不同区域的采光、视野与保温隔热需求（见图 6-48）。

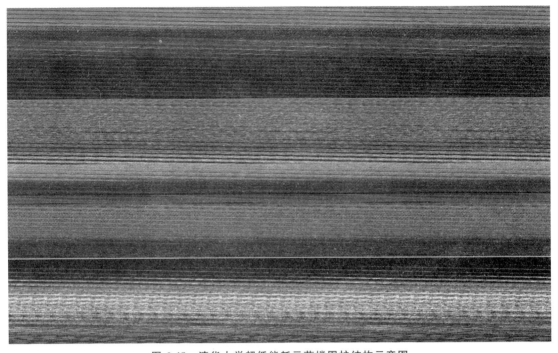

图 6-48　清华大学超低能耗示范楼围护结构示意图

八、复合墙体构造

除了使用单一材料建造墙体之外，还有一些采用多种材料优势互补，共同完成除承重、围护之外的建筑物理要求，并根据功能侧重选配合适的墙体构造。

如在寒冷地区，经常在砖、混凝土砌块当中夹膨胀珍珠岩等材料，有的还留有空气层和油毡铝箔热反射层，这种复合墙体构造既发挥了重质材料较好的承重及耐久、耐水、耐火性，又利用轻质微孔材料的绝热特征，使承重墙的保温隔热性能大大加强。寒冷地区复合保温墙体构造剖面图如图 6-49 所示。

图 6-49　寒冷地区复合保温墙体构造剖面图(单位:mm)

在节能领域,法国太阳能实验室主任特朗伯(Tromb)教授首先发明了以其名字命名的一种集热墙。这种墙体构造从外到内分别为:双层玻璃窗、可动绝热帘(百叶)以及外侧为深色涂层的混凝土墙三层。其冬季、夏季、白天与晚上的工作情况各不相同(见图 6-50):冬季白天将绝热帘(百叶)卷上去,从玻璃透射的太阳能可以通过混凝土墙深色表层更好地吸收并储藏其中;由于混凝土具有热惰性,热能正好在 6~12h 之后的夜间缓慢释放到房间内部,此时将绝热帘(百叶)放下,以免热量散失;夏季白天正好相反,将绝热帘(百叶)垂下以阻止阳光曝晒;夜晚则将玻璃和墙上的通风口打开,利用空气对流带走室内热量。

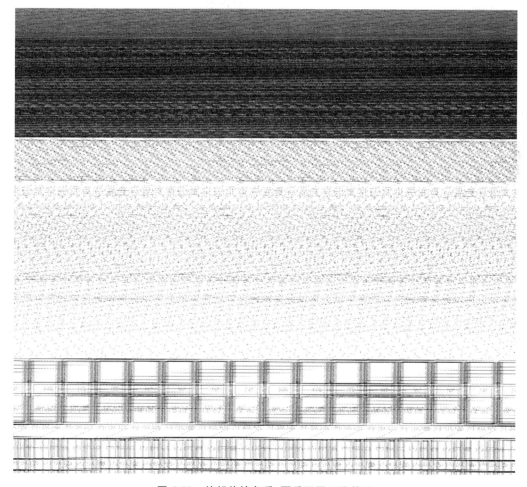

图 6-50　特朗伯墙冬季、夏季不同工作状况

与其原理类似、效率更高的是透明保热墙(见图 6-51)。这种墙体在黑色吸热表层与绝热帘(百叶)之间增加了一层 100mm 左右的透明保热层,它由类似有机玻璃一样的丙烯酸玻璃或碳酸酯制成的蜂窝状微毛细管构成。这层孔隙材料具有更好的保温隔热性能,同时也不影响透光,其背面以玻璃或透明塑料紧贴封闭,防止室内热量散失。

图 6-51　透明保热墙构造

九、高新建筑材料与智能技术

随着尖端工业技术的发展,当代建筑增加了对轻质工业材料如特氟龙、不锈钢、穿孔铝板、金属丝网等材料的运用;普通透明玻璃也发展到液晶显示玻璃、红外线反射薄膜等,既考虑透明性,也兼顾保温隔热要求,同时还配合激光和计算机调控照明技术,使其可从透明变为半透明和不透明,色彩也能发生变化。

赫尔佐格和德梅隆设计的德国慕尼黑 2006 世界杯安联体育场(见图 6-52),表面采用 2874个菱形 ETFE(乙烯四氟乙烯聚合物 Ethylene Tetra Fluoro Ethylene)薄膜结构单元构成,这种材料具有自清洁、防火、防水、隔热、耐划伤等性能,其内部永远保持 350Pa 的大气压,在夜间可通过先进照明技术形成红蓝白三色,分别对应于拜仁、慕尼黑以及德国国家队的队服颜色,并随主客比赛场次而变换色彩。

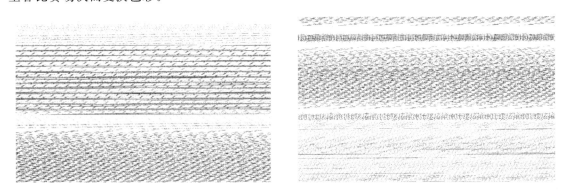

图 6-52　德国慕尼黑 2006 世界杯安联体育场

在北京"水立方"方案中,屋盖、外墙和隔墙的内外表面同样采用厚度仅 0.2am、透光性能好的 ETFE 薄膜充气气枕及配套气泵,并将其镶嵌于钢构框格中,见图 6-53。

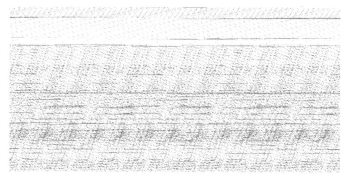

图 6-53　水立方

让·马尔卡·伊博斯米尔塔·维塔特设计的法国里尔美术馆扩建工程于 1997 年建成,简单几何形体的新馆玻璃表皮上印制了规则的镜面方点,镜像老馆建筑的形象,形成虚拟的符号信息,并随时间和外界气候条件而变化,实现了新老馆的互动联系,动摇了传统几何对位手法带来的严肃理性审美取向,见图 6-54。

图 6-54　法国里尔美术馆扩建工程映照着老美术馆

让·努维尔(Jean Nouvel)在 1987 年设计法国巴黎阿拉伯世界研究院(Institute of the Arab World,Paris)时,将 27000 个由铝制仿相机光圈形式构成的易变控光"快门"置入南面表皮的双层玻璃内,见图 6-55 和图 6-56。这些构件一方面具有穆斯林图案特征,注释阿拉伯传统文化;另一方面,光电单元与计算机相连,以气控方式调节阳光通过表皮的量。可见,智能技术已经以其敏锐的表述方式参与到建筑塑造中。

图 6-55　法国巴黎阿拉伯世界研究院

图 6-56　法国巴黎阿拉伯世界研究院表皮内仿相机光圈形式构成的易变控光"快门"

第七章 建筑构造设计方法

第一节 建筑构造设计的影响因素

任何建筑物建成投入使用后,都要经受着自然界各种因素和人为因素的影响,为了提高建筑物对外界各种影响的抵御能力,延长建筑物的使用寿命,以便更好地满足使用功能的要求,在进行建筑构造设计时,必须充分考虑各种因素的影响,选用符合设计要求的材料,提供合理的构造方案。影响建筑构造的因素较多,大致可归纳为以下几个方面。

一、外界因素

外界因素是指各种自然界的和人为的因素,包括以下四个方面。

(一)外力作用

作用在建筑物上的各种外力统称为荷载。荷载可分为恒荷载(如结构自重)和活荷载(如人群、家具、风雪及地震荷载)两类。荷载的大小是建筑结构设计的主要依据,也是结构选型及构造设计的重要基础,起着决定构件尺度、用料多少的重要作用。因此,设计时应将这些外力进行科学的组合和分析,并作为结构计算和进行细部构造设计的重要依据。

(二)自然气候的影响

我国各地区地理位置及环境不同,气候条件有许多差异。太阳的辐射热,自然界的风、雨、雪、霜、地下水等构成了影响建筑物的多种因素。故在进行构造设计时,应该针对建筑物所受影响的性质与程度,对各有关构件、配件及部位采取必要的防范措施,如防潮、防水、保温、隔热、设伸缩缝、设隔蒸汽层等,以防患于未然。

(三)工程地质与水文地质条件

地质情况、地下水、冰冻线以及地震等自然条件,不但会影响建筑的选址,还会影响建筑标准的选择。不注意这些问题不但会影响建筑的建筑质量,严重的还会造成建筑的崩塌。故在建筑构造设计中必须考虑相应的措施,以防止和减轻这些因素对建筑的危害。

(四)各种人为因素和其他因素的影响

人们在生产和生活活动中,往往遇到火灾、爆炸、机械振动、化学腐蚀、噪声等人为因素的影响,故在进行建筑构造设计时,必须针对这些影响因素,采取相应的防火、防爆、防振、防腐、隔声等构造措施,以防止建筑物遭受不应有的损失。另外,鼠、虫等也能对建筑物的某些构配件造成危害,必须引起重视。

二、建筑技术条件

由于建筑材料技术的日新月异,建筑结构技术的不断发展,建筑施工技术的不断进步,建筑构造技术也不断翻新、丰富多彩,如悬索、薄壳、网架等空间结构建筑,点式玻璃幕墙,彩色铝合金等新材料的吊顶,采光天窗中庭等现代建筑设施的大量涌现,由此可以看出,建筑构造没有一成不变的固定模式,因而在构造设计中要以构造原理为基础,在利用原有的、标准的、典型的建筑构造的同时,不断发展或创造新的构造方案。

三、建筑标准的影响

建筑标准一般指装修标准、设备标准、造价标准等方面。标准高的建筑,装修质量和档次要求高,构造做法考究;反之,建筑构造采用一般的简单做法。因此,建筑构造方式、选材、选型和细部做法与建筑标准有密切关系。一般情况下,大量性建筑多属一般标准建筑,构造方法往往为常规做法,而大型性的公共建筑,标准要求高,构造做法上对美观也更考究。

四、经济条件和艺术美观的影响

随着建筑技术的不断发展和人们生活水平的日益提高,人们对建筑的使用要求也越来越高。建筑标准的变化带来建筑的质量标准、建筑造价等也出现较大差别。对建筑构造的要求也将随着经济条件的改变而发生着大的变化,在材料选择和构造方式上既要降低建造过程中的材料、能源和劳动力消耗,又要降低使用过程中的维护和管理费用,以满足建筑物的使用要求。

同时,在建筑的构造方案的处理上要考虑其造型、尺度、质感、色彩等艺术和美观因素,追求建筑技术与艺术的完美结合。

五、保温隔热节能要求

建筑,特别是民用建筑,大多有保温隔热节能的要求,这就使得建筑构造在进行设计时将其考虑入内。不同的建筑构造有不同的设计要求,具体的以墙体、楼地层、楼梯为例来进行分析,对此我们将在后三节中进行分析。

六、空间使用功能要求

随用途不同,不同房间会有不同的使用要求,不同使用要求的房间,其空间形式也不同。构造的具体要求也会有所不同。如一般梯段长度按踏步数定,最长不应超过 18 级,最少不应小于 3 级。踏步的高与宽,则随建筑的性质而定,住宅中踏步宽不应小于 0.26m,踏步高不应大于 0.175m。有儿童经常使用的楼梯,如托儿所、幼儿园、中小学、少年宫等,梯井净宽大于 0.20m 时,必须采取安全措施。住宅梯井大于 0.11m 时,必须采取防止儿童攀滑的措施。

第二节　墙体构造

一、墙体概述

墙体是建筑物的承重和围护构件。因此对结构受力、空间限定、建筑节能起着重要的作用,墙体的布置与构造是建筑设计的重要内容。

(一)墙体的类型

1.按墙体所在位置分类

按墙体在平面上所处位置不同,可分为外墙和内墙。外墙位于建筑物外界四周,是房屋的外围护结构,能抵抗大气的侵袭,保证建筑物内部空间的舒适。内墙位于建筑内部,主要是分隔内部空间。任何一面墙,窗与窗之间和窗与门之间的称为窗间墙,窗台下面的墙称为窗下墙。

2. 按墙体受力状况分类

在混合结构建筑中,按墙体受力方式不同,分为承重墙和非承重墙。承重墙直接承受上部屋顶、楼板所传来的荷载。

非承重墙又可分为两种:一是自承重墙,不承受外来荷载,仅承受自身重量并将其传至基础;二是隔墙,起分隔房间的作用,不承受外来荷载,并把自身重量传给梁或楼板。框架结构中的墙称为框架填充墙。

隔墙用于分隔建筑内部空间,并把自重传给楼板或梁。框架结构中填充在柱子之间的墙称框架填充墙。在框架结构中,墙不承受外来荷载,其自重由框架承受,墙仅起分隔与围护作用。悬挂于骨架外部或楼板间的轻质外墙称为幕墙。外部的填充墙和幕墙不承受上部楼板层和屋顶的荷载,却承受风作用和地震荷载。

3. 按墙体构造方式分类

按墙体构造方式分类可以分为实体墙、空体墙和组合墙三种(见图 7-1)。实体墙由单一材料组成,如砖墙、砌块墙等。空体墙也是由单一材料组成,可由单一材料砌成内部空腔,也可用具有孔洞的材料建造墙,如空心砖墙、空心砌块墙等。组合墙由两种以上材料组合而成,如混凝土、加气混凝土复合板材墙。其中混凝土起承重作用,加气混凝土起保温隔热作用。

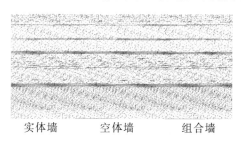

实体墙　　　　空体墙　　　　组合墙
图 7-1　按墙体构造方式分类

4. 按施工方法分类

按施工方法分类可以分为块材墙、板筑墙及板材墙三种。由砂浆等胶结材料将砖石块材等组砌而成的墙体称为叠砌式块材墙。装配式墙是在工厂预制成系列墙板,然后运到施工现场进行机械安装的墙体。装配式墙机械化程度高、施工速度快、工期短,是建筑工业化的方向。板筑墙是在现场支模板,然后在模板内夯筑或浇筑材料捣实而成的墙体。

5. 按墙体方向分类

按墙体方向分类可分为纵墙和横墙(见图 7-2)。沿建筑物短轴方向布置的墙称横墙,横向外墙一般称山墙。沿建筑物长轴方向布置的墙称纵墙,纵墙有内纵墙与外纵墙之分。在一片墙上,窗与窗或门与窗之间的墙称窗间墙,窗洞下部的墙称窗下墙。

图 7-2　按墙体方向分类

6. 按所用材料分类

按墙体所用材料不同,可分为砖墙、石墙、砌块墙和混凝土墙等。近年来,我国已提出限制和禁止使用实心黏土砖墙,砌块墙是今后建筑墙体发展的趋势。关于此种分类方法下的各类墙体,我们将在下文中详述,在此不再赘述。

(二)墙体的设计要求

1. 墙体的结构要求

以墙体承重为主的结构,常要求各层的承重墙上、下必须对齐;各层的门、窗洞孔也以上、下对齐为佳。此外,还需考虑以下两方面的要求。

(1)合理选择墙体结构布置方案。

(2)具有足够的强度和稳定性。

强度是指墙体承受荷载的能力,它与所采用的材料以及同一材料的强度等级有关。作为承重墙的墙体,必须具有足够的强度,以确保结构的安全。地震区还应考虑地震作用下的墙体承载力,多层砖混建筑一般以抵抗水平方向的地震作用为设计依据。

墙体的稳定性与墙的高度、长度和厚度有关。高而薄的墙稳定性差,矮而厚的墙稳定性好;长而薄的墙稳定性差,短而厚的墙稳定性好。抗震设防地区,为了增加建筑物的整体刚度和稳定性,在多层砖混结构房屋的墙体中,还需设置贯通的圈梁和钢筋混凝土构造柱,使之相互连接,形成空间骨架,加强墙体抗弯、抗剪能力。

2. 墙体的节能要求

为贯彻国家的节能政策,改善严寒和寒冷地区居住建筑采暖能耗挺、热工效率差的状况,必须通过建筑设计和构造措施来节约能耗。其中墙体节能设计是建筑节能的重要方面。

节能主要以保温与隔热为主。作为围护结构的外墙,对热工的要求十分重要。采暖建筑的外墙应有足够的保温能力,寒冷地区冬季室内温度高于室外,热量从高温传至低温,围护结构必须具有保温能力,以减少热量损失。同时还应防止在围护结构内表面和保温材料内部出现凝结水现象,降低保温效果。

而炎热地区夏季太阳辐射强烈,室外热量通过外墙传入室内,使室内温度升高,产生过热现象,影响人们的工作与生活,甚至损害人的健康,因此,炎热地区的外墙应具有足够的隔热能力。除考虑建筑朝向、通风外,可以选用热阻大、重量大的材料或选用光滑、平整、浅色的材料,以增加对太阳的反射能力。

3. 墙体的隔声要求

墙体作为房屋的围护结构必须具有足够的隔声能力,以避免噪声对室内环境的干扰。为保证建筑的室内使用要求,不同类型的建筑具有相应的噪声控制标准。

墙体主要隔离由空气直接传播的噪声。一般采取以下措施:

(1)加强墙体缝隙的填密处理。

(2)增加墙厚和墙体的密实性。

(3)采用有空气间层式多孔性材料的夹层墙。

(4)尽量利用垂直绿化降噪声。

4. 墙体的防火要求

火灾不仅会带给人们财产损失,严重的还会对人们生命产生危害,因此,选择的墙体材料和构造做法必须满足国家有关防火规范要求,根据建筑的火灾危害和建筑的耐火等级来选择适当的建造材料。

5. 墙体的防水与防潮要求

为保证墙体的坚固耐久性,卫生间、厨房、实验室等有水的房间及地下室的墙体应采取防潮或防水措施。它要求在进行建筑设计时,选择良好的防水材料以及恰当的构造做法,使室内有良好的卫生环境。

6. 墙体的工业化生产要求

在大量性民用建筑中,墙体工程量占着相当的比重,建筑工业化的关键是墙体改革,必须改变手工生产操作,提高机械化施工程度,提高工效,降低劳动强度,并应采取轻质高强的墙体材料,以减轻自重,降低成本。

(三)墙体的结构布置

建筑设计首先要确定结构布置方案,建筑结构布置分为墙承重和骨架承重两种。砖混结构即为墙承重方案,墙体不仅是分隔、围护构件,也是承重构件。墙体布置必须既满足建筑的功能与空间布局的要求,又应选择合理的墙体结构布置方案,砖混结构墙体结构布置方案分为横墙承重、纵墙承重、纵横墙承重、半框架承重等几种体系。

1. 横墙承重体系

承重墙体主要由垂直于建筑物长度方向的横墙组成。当建筑物内的房间使用面积不大,墙体位置比较固定时,楼板的两端搁置在横墙上,楼面荷载依次通过楼板、横墙、基础传递给地基。由于横墙数量多,具有整体性好、房屋空间刚度大等优点,有利于抵抗风力、地震力和调整地基不均匀沉降;缺点是建筑空间组合不够灵活。在横墙承重体系中,纵墙不承重,只起围护、分隔和联系作用,所以对在纵墙上开门、窗限制较少。适用于房间的使用面积不大、墙体位置比较固定的建筑,如住宅、宿舍、旅馆等。横墙承重体系见图7-3。

图 7-3 横墙承重体系

2. 纵墙承重体系

承重墙体主要由平行于建筑物长度方向的纵墙组成。当房间要求有较大空间,横墙位置在同层或上下层之间可能有变化时,通常把大梁或楼板搁置在内、外纵墙上,构成纵墙承重体系。楼面荷载依次通过楼板、梁、纵墙、基础传递给地基。在纵墙承重方案中,由于横墙数量少,房屋刚度差,应适当设置承重横墙,与楼板一起形成纵墙的侧向支撑,以保证房屋空间刚度及整体性的要求。纵墙承重方案的优点是空间划分较灵活,但限制了设在纵墙上的门、窗大小和位置。适用于对空间的使用上要求有较大空间以及划分较灵活的建筑,如教学楼中的教室、阅览室、实验室等。纵墙承重体系见图 7-4。

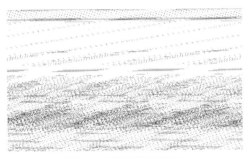

图 7-4 纵墙承重体系

3. 纵横墙承重体系

承重墙体由纵横两个方向的墙体混合组成。当房间的开间、进深变化较多时,结构方案可根据需要在一部分房屋中用横墙承重,另一部分中用纵墙承重,形成纵横墙混合承重方案。此方案的优点是空间刚度较好,建筑组合灵活,但墙体材料用量较多。适用于开间、进深变化较多的建筑,如住宅、医院、实验楼等。纵横墙承重体系见图 7-5。

图 7-5 纵横墙承重体系

4. 半框架承重体系

当建筑需要大空间时,采用内部框架承重,四周为墙承重,如商店、综合楼等。楼板自重及活荷载由梁、柱或墙共同承担。半框架承重方案的特点是空间划分灵活,空间刚度由框架保证,对抗震不利。半框架承重体系见图7-6。

图 7-6　半框架承重体系

二、砖墙的构造

砖墙是用砂浆将一块块砖按一定规律砌筑而成的砌体。其主要材料是砖与砂浆。砖墙具有一定的承载能力,且保温、隔热、隔声、防火、防冻性能较好;但由于砖墙自重大、施工速度慢、劳动强度大,并且黏土砖占用农田,因此砖墙将由轻质、高强、空心、大块的墙体材料形成的墙体替代。

(一)砖墙材料

1. 砖

2007 年建设部《关于进一步加强禁止使用实心黏土砖工作的通知》(建科[2007]74 号)指出,加快开发新型墙材,不断提高新墙材工程应用水平。各地要因地制宜,根据本地的资源情况,重点发展利用尾矿、粉煤灰、建筑渣土、煤矸石、江河湖泊淤泥、工业废渣等固体废弃物作为主要原料的新型墙材,尤其要注重开发淤泥节能砖等本土生产、利废与节能一体的新型自保温墙材。

砖按材料不同,有黏土砖、页岩砖、粉煤灰砖、灰砂砖、炉渣砖等;按形状分有实心砖、多孔砖和空心砖等。应用最普遍的是烧结普通砖、烧结多孔砖以及蒸压灰砂砖、蒸压粉煤灰砖等。

普通黏土砖以黏土为主要原料,经成型、干燥焙烧而成,有红砖和青砖之分。青砖比红砖强度高,耐久性好。

我国标准砖的规格为 240mm×115mm×53mm,砖的长∶宽∶厚为 4∶2∶1(包括 10mm 宽灰缝),标准砖砌筑墙体时是以砖宽度的倍数,即 115+10=125(mm) 为模数。这与我国现行《建筑模数协调统一标准》中的基本模数 $M=100$mm 不协调,因此在使用中,须注意标准砖的这一特征。

砖的强度以强度等级表示,即每平方毫米能承受多少牛顿的压力,单位是 N/mm²,其等级分别为 MU30、MU25、MU20、MU15、MU10、MU7.5 共 6 个级别。如 MU30 表示砖的极限抗压强度平均值为 30MPa,即每平方毫米可承受 30N 的压力。

图 7-7　标准规格的砖

2. 砂浆

砂浆是砌体的粘结材料,它将砖块胶结成为整体,并将砖块之间的空隙填平、密实,便于使上层砖块所承受的荷载能逐层均匀地传至下层砖块,以保证砌体的强度,能提高防寒、隔热和隔声的能力。砌筑砂浆要求有一定的强度,以保证墙体的承载能力,还应该有良好的和易性,以便于砌筑。

常用的砂浆有水泥砂浆、混合砂浆、石灰砂浆和黏土砂浆。

(1)水泥砂浆,由水泥、砂加水拌和而成,属水硬性材料,强度高,但可塑性和保水性较差,适应砌筑湿环境下的砌体,如地下室、砖基础等。

(2)石灰砂浆,由石灰膏、砂加水拌和而成。由于石灰膏为塑性掺和料,所以石灰砂浆的可塑性很好,但它的强度较低,且属于气硬性材料,遇水强度即降低,所以适宜砌筑次要的民用建筑的地上砌体。

(3)混合砂浆系由水泥、石灰膏、砂加水拌合而成,这种砂浆强度较高,和易性和保水性较好,常用于砌筑地面以上的砌体。

砂浆的强度等级是用龄期为 28d 的标准试块的抗压强度划分的,单位为 N/mm^2,分为 M15、M10、M7.5、M5、M2.5 五个级别。

(二)砖墙的尺度

砖墙的尺度包括厚度和墙段尺寸等。厚度和墙段尺寸的确定应以满足结构和功能设计要求为依据,还要符合砖的规格。

实砌黏土砖墙的厚度是以标准黏土砖的规格 53mm×115mm×240mm(厚×宽×长)为基数的。灰缝一般按 10mm 进行组合时,砖厚加灰缝,砖宽加灰缝,与砖长之间成 1:2:4 为其基本特征。即 4 个砖厚+3 个灰缝=2 个砖宽+1 个灰缝=1 砖长。用标准砖砌筑墙体,常见的墙体厚度及名称如表 7-1 所示。

表 7-1　砖墙的厚度

墙厚名称	习惯称号	实际尺寸(mm)	墙厚名称	习惯称号	实际尺寸(mm)
半砖墙	12 墙	115	一砖半墙	37 墙	365
3/4 砖墙	18 墙	178	二砖墙	49 墙	490
一砖墙	24 墙	240	二砖半墙	62 墙	615

（三）砖墙的组砌方式

砖墙的砌式是指砖在砌体中的排列方式。以标准砖为例,砖墙可根据砖块尺寸和数量采用不同的排列,借砂浆形成的灰缝,组合成各种不同的墙体。

如果墙体表面或内部的垂直缝处于一条线上,即形成通缝,在荷载作用下,使墙体的强度和稳定性显著降低。当墙面为清水砖墙时,组砌还应考虑墙面美观,预先设计好图案。

砖墙的组砌名称与错缝如图 7-8 所示。

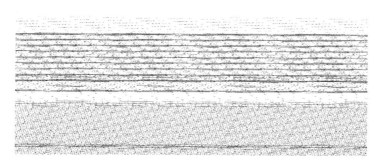

图 7-8　砖墙的组砌名称与错缝

为了保证墙体的强度,砖砌体的砖缝必须横平竖直,错缝搭接,避免通缝。同时砖缝砂浆必须饱满,厚薄均匀。常用的错缝方法是将顶砖和顺砖上下皮交错砌筑。每排列一层砖称为一皮。常见的砖墙砌式有全顺式(120 墙)、一顺一丁式、三顺一丁式、多顺一丁式、每皮丁顺相间式(240 墙,也叫十字式)、两平一侧式(180 墙)等,见图 7-9。

图 7-9　砖墙的组砌方式

（四）砖墙的细部构造

1. 墙脚构造

墙体在室内地面以下,基础以上部分的称为墙脚,内外墙都有墙脚,墙脚包括勒脚、防潮层及散水与明沟。墙脚位置如图 7-10 所示。

(1)勒脚(见图 7-11)。勒脚是外墙墙身接近室外地面的部分,为防止雨水和机械力等影响,所以要求墙脚坚固耐久和防潮。勒脚采用石材,如条石等。一般采用以下几种构造做法。

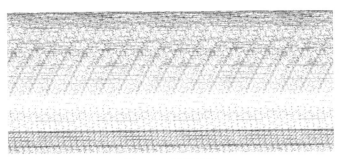

图 7-10　墙脚位置

①抹灰：可采用 20 厚 1：3 水泥砂浆抹面，1：2 水泥白石子浆水刷石或斩假石抹面。此法多用于一般建筑。

②贴面：可采用天然石材或人工石材，如花岗石、水磨石板等。其耐久性、装饰效果好，用于高标准建筑。

③石砌勒脚：采用条石、毛石等坚固的材料进行砌筑，同时可以取得特殊的艺术效果，在天然石材丰富的地区应用较多。

图 7-11　勒脚

（2）防潮层。防潮层是为了防止地面以下土壤中的水分进入砖墙而设置的材料层。墙身防潮层的位置，如图 7-12 所示。

图 7-12　墙身防潮层的位置

①水平防潮层。水平防潮层是沿建筑物内外墙体设在勒脚处水平灰缝内的防潮层，以隔绝地下潮气等对墙身的影响。

水平防潮层位置(见图7-13)按底层房间垫层采用透水材料与不透水材料加以确定。当垫层采用不透水材料时,其位置应设置在距室外地面150mm以上,以防止地表水反溅;同时在地坪的垫层厚度之间的砖缝处,即标高为-0.06m处,使其更有效地起到防潮作用。当垫层采用透水材料时,其位置应设置在地面以上。

图7-13 水平防潮层的设置位置

墙身水平防潮层的构造做法常用的有以下三种。

第一,防水砂浆防潮层。采用1:2水泥砂浆加水泥用量3%~5%防水剂,厚度为20~25mm或用防水砂浆砌三皮砖作防潮层。此种做法构造简单,但砂浆开裂或不饱满时影响防潮效果。

第二,细石混凝土防潮层。采用60mm厚的细石混凝土带,内配3根$\phi6$钢筋,其防潮性能好。

第三,油毡防潮层。先抹20mm厚水泥砂浆找平层,上铺一毡二油。此种做法防水效果好,但有油毡隔离,削弱了砖墙的整体性,不应在刚度要求高或地震区采用。

如果墙脚采用不透水的材料(如条石或混凝土等),或设有钢筋混凝土圈梁时,可以不设防潮层。

②垂直防潮层(见图7-14)。当首层相邻室内地坪出现高差或室内地坪低于室外地面时,为了避免高地坪房间(或室外地面)填土中的潮气侵入墙身,应在迎潮气一侧两道水平防潮层之间的墙面上设垂直防潮层。其做法是先用水泥砂浆找平,再涂防水涂料或采用防水砂浆抹灰防潮。

(3)散水与明沟。为保护墙基不受雨水和室外积水的侵蚀,常在外墙四周设置散水与明沟,将雨水迅速排走。散水是外墙四周向外倾斜的排水坡面,明沟是在外墙四周设置的排水沟。

散水的做法(见图7-15)通常是在素土夯实上铺三合土、混凝土等材料,厚度60~70mm。散水应设不小于3%的排水坡。散水宽度一般0.6~1.0m。散水与外墙交接处应设分格缝,分格缝用弹性材料嵌缝,防止外墙下沉时将散水拉裂。散水整体面层纵向距离每隔6~12m做一道伸缩缝。

图 7-14 垂直防潮层

图 7-15 散水的做法(单位:mm)

明沟做法(见图 7-16)可用砖砌、石砌、混凝土现浇,沟底应做纵坡,坡度为 $0.5\% \sim 1\%$,宽度为 $220 \sim 350$mm。

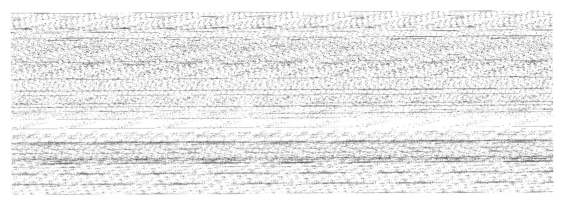

图 7-16 明沟的做法(单位:mm)

2. 门窗洞口构造

(1)门窗过梁。当墙体上开设门窗洞口时,为了承受洞口上部砌体传来的各种荷载,并把这些荷载传给洞口两侧的墙体,而在门窗洞口上设窗过梁。过梁的形式有砖拱过梁、钢筋砖越梁和钢筋混凝土过梁三种。

砖拱过梁(见图 7-17)分为平拱和弧拱。由竖砌的砖作拱圈,一般将砂浆灰缝做成上宽下窄,上宽不大于 20mm,下宽不小于 5mm。砖不低于 MU7.5,砂浆不能低于 M2.5,砖砌平拱过梁净跨宜小于 1.2m,不应超过 1.8m,中部起拱高约为 1/50L。

钢筋砖过梁用砖不低于 MU7.5,砌筑砂浆不低于 M2.5。一般在洞口上方先木模,砖平砌,下设 3~4 根 $\phi 6$ 钢筋,要求伸入两端墙内不少于 240mm,梁高砌 5~7 皮砖或 >L/4,钢筋砖过梁净跨宜为 1.5~2m。

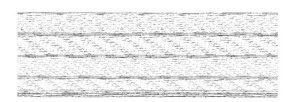

图 7-17　钢筋砖过梁(单位:mm)

钢筋混凝土过梁(见图 7-18)有现浇和预制两种,梁高及配筋由计算确定。为了施工方便,梁高应与砖的皮数相适应,以方便墙体连续砌筑,故常见梁高为 60mm、120mm、180mm、240mm,即 60mm 的整倍数。梁宽一般同墙厚,梁两端支承在墙上的长度不少于 240mm,以保证足够的承压面积。

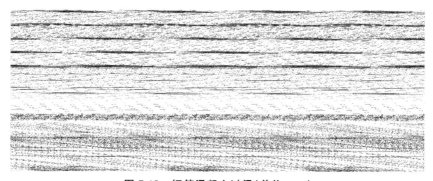

图 7-18　钢筋混凝土过梁(单位:mm)

过梁断面形式有矩形和 L 形。为简化构造,节约材料,可将过梁与圈梁、悬挑雨篷、窗楣板或遮阳板等结合起来设计。如在南方炎热多雨地区,常从过梁上挑出 300~500mm 宽的窗楣板,既保护窗户不淋雨,又可遮挡部分直射太阳光。

(2)窗台。为避免沿窗面流下的雨水渗入墙身,在窗下聚积并沿窗下槛渗入室内,同为避免雨水污染外墙面,常于窗下靠室外一侧设置泄水构件,即窗台。由于窗台也是建筑立面处理的重点部位,因此其构造应满足排水和装饰的双重功能。

窗台按构造形式有悬挑窗台和不悬挑窗台两种。悬挑窗台用砖砌或预制钢筋混凝土板,应向外出挑 60mm,窗台长度每边应比窗洞宽出不小于 120mm,表面用水泥砂浆等作抹灰或贴面处理,并做一定的排水坡度。在外沿下部抹出滴水槽或滴水线,引导上部雨水能垂直下落而不致影响窗下墙面。

此外,应注意抹灰与窗下槛处的交接处理,防止水沿窗下槛处向室内渗透。

窗台构造做法如图 7-19 所示。

图 7-19　窗台构造做法(单位:mm)

3. 墙身加固的构造

(1)壁柱和门垛(见图 7-20)。当墙体的窗间墙上出现集中荷载,而墙厚又不足以承担其荷载;或当墙体的长度和高度超过一定限度并影响到墙体稳定性时,常在墙身局部适当位置增设凸出墙面的壁柱以提高墙体刚度。壁柱凸出墙面的尺寸一般为 120mm×370mm、240mm×370mm、240mm×490mm 或根据结构计算确定。

当在较薄的墙体上开设门洞时,为便于门框的安置和保证墙体的稳定,须在门靠墙转角处或丁字接头墙体的一边设置门垛,门垛凸出墙面不少于 120mm,宽度同墙厚。

图 7-20　壁柱和门垛(单位:mm)

(2)圈梁(见图 7-21)。圈梁是沿外墙四周及部分内墙设置在楼板处的连续闭合的梁,可提高建筑物的空间刚度及整体性,增加墙体的稳定性,减少由于地基不均匀沉降而引起的墙身开裂。对于抗震设防地区,利用圈梁加固墙身更加必要。圈梁有钢筋砖圈梁和钢筋混凝土圈梁两种。

钢筋砖圈梁就是将前述的钢筋砖过梁沿外墙和部分内墙一周连通砌筑而成。钢筋混凝土圈梁的高度不小于 120mm,宽度与墙厚相同。

当圈梁被门窗洞口截断时,应在洞口上部增设相同截面的附加圈梁,其配筋和混凝土强度等级均不变。

(3)构造柱(见图 7-22)。钢筋混凝土构造柱是从构造角度考虑设置的,是防止房屋倒塌的一种有效措施。构造柱必须与圈梁及墙体紧密相连,从而加强建筑物的整体刚度,提高墙体抗变形的能力。

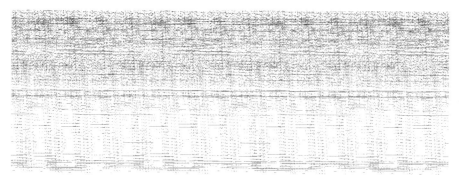

图 7-21　圈梁的构造

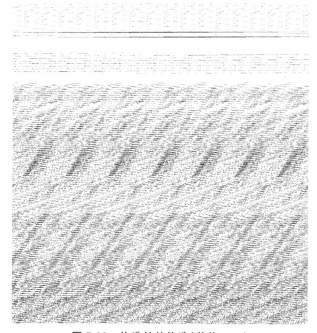

图 7-22　构造柱的构造(单位:mm)

4. 防火墙构造

防火墙的作用在于截断火灾区域,防止火灾蔓延。作为防火墙,其耐火极限应不小于 4.0h。防火墙的最大间距应根据建筑物的耐火等级而定,当耐火等级为 1 级、2 级时,其间距为 150m,3级时为 100m;4 级时为 75m。防火墙的构造见图 7-23。

防火墙应截断燃烧体或难燃烧体的屋顶,并高出非燃烧体屋顶 0.4m;高出难燃烧体屋面 0.5m。

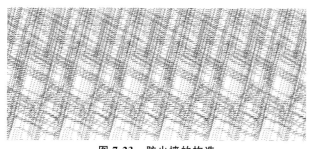

图 7-23　防火墙的构造

三、砌块墙的构造

砌块墙是利用预制块材所砌筑的墙体。砌块可以采用素混凝土或利用工业废料和地方材料制成实心、空心或多孔的块材。砌块具有自重轻,且制作方便,施工简单,运输较灵活,效率高。同时还可以充分利用工业废料,减少对耕地的破坏和节约能源。因此在大量的民用建筑中,应大力发展砌块墙体。砌块建筑如图 7-24 所示。

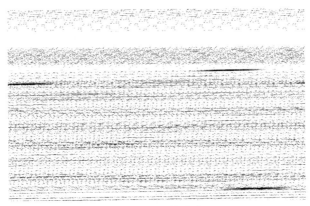

图 7-24　砌块建筑

(一)砌块的材料、规格与类型

目前广泛采用的材料有混凝土、加气混凝土、各种工业废料、粉煤灰、煤矸石、石渣等。

我国各地生产的砌块,主要分为大、中、小三种。目前,以中、小型砌块和空心砌块居多,但规格类型尚不统一。空心砌块的形式如图 7-25 所示。

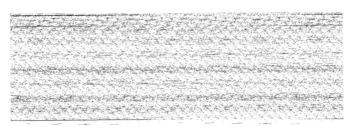

图 7-25　空心砌块的形式

目前,我国各地采用的混凝土小型空心砌块,主要采用单排通孔形,宽度分 190mm 和 90mm 两个系列。190mm 系列共有两组,一组主砌块尺寸(长×宽×高)为 390mm×190mm×190mm,辅助块尺寸为 290mm×190mm×190mm、190mm×190mm×190mm 和 90mm×190mm×190mm。另一组主砌块(长×宽×高)为 390mm×190mm×90mm,辅助块尺寸为 290mm×190mm×90mm、190mm×190mm×90mm 和 90mm×190mm×90mm。90mm 系列也分两组,一组主砌块(长×宽×高)为 390mm×90mm×190mm,辅助块尺寸为 290mm×90mm×190mm、190mm×90mm×190mm 和 90mm×90mm×190mm。另一组主砌块(长×宽×高)为 390mm×90mm×90mm,辅助块尺寸为 290mm×90mm×90mm、190mm×90mm×90mm 和 90mm×90mm×90mm。此外还有配套用过梁砌块及芯柱开口块等。

常见中型实心砌块的尺寸(厚×长×高)为 240mm×280mm×380mm、240mm×430mm×380mm、240mm×580mm×380mm,240mm×880mm×380mm,空心砌块尺寸(厚×长×高)为

180mm×630mm×845mm、180mm×1280mm×845mm、180mm×2130mm×845mm。

（二）砌块墙的组砌

为使砌块墙合理组合并搭接牢固，必须根据建筑的初步设计，作砌块的试排工作。即按建筑物的平面尺寸层高，对墙体进行合理的分块和搭接，以便正确选定砌块的规格、尺寸。

砌块墙面的划分原则为：

（1）砌块排列应力求整齐划一，有规律性。既考虑建筑物的立面要求，又考虑建筑施工的方便。

（2）大面积的墙面要错缝搭接、避免通缝，以提高墙体的整体性。

（3）内、外墙的交接处应咬砌，使其结合紧密，排列有致。

（4）尽量使用主块，使其占总数的 70% 以上，尽可能少镶砖。

（5）使用空心砌块时，上下皮砌块应尽量将孔对齐，以便穿钢筋灌注混凝土形成构造柱。

墙面砌块的排列方式应根据施工方式和施工机械的起重能力确定。

（三）砌块墙的构造

砌块墙多为松散材料或多孔材料制成，因此，比砖墙更需要从构造上增强其墙体的整体性与稳定性，提高建筑物的整体刚度和抗震能力。

1. 混凝土小型空心砌块墙的构造

（1）门窗固定构造。门窗固定有预灌预埋式和预灌后埋式两种，前者在砌筑前，先在砌块中浇筑混凝土，并同时埋入木砖或金属连接件；后者是当门窗需设混凝土芯柱时，应先灌混凝土芯柱，再钻孔埋设涂胶圆木或金属连接件。

混凝土小型空心砌块墙在丁字转角、垂直转角和十字墙交接处，均需进行排列组合，加强砌块建筑的整体性。砌块组合见图 7-26。

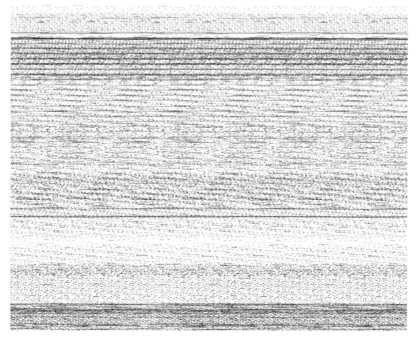

图 7-26　砌块组合

（2）圈梁与构造柱。为加强砌块建筑的整体性，多层砌块建筑应设置圈梁。当圈梁与过梁位置接近时，往往圈梁、过梁一并考虑。圈梁有现浇和预制两种形式。现浇圈梁整体性和抗震能力强，有利于对墙身的加固，但施工支模较麻烦。故工程中采用 U 形预制砌块来代替模板，然后在凹槽内配置钢筋，并现浇混凝土，效果很好。砌块现浇圈梁见图 7-27。

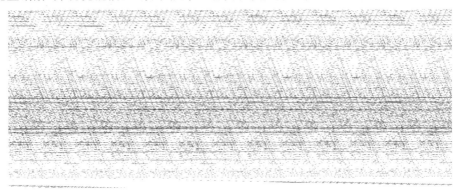

图 7-27 砌块现浇圈梁（单位：mm）

为加强砌块建筑的整体刚度，多层砌块建筑应于外墙转角和必要的内、外墙交接处设置构造柱。构造柱多利用空心砌块将其上下孔洞对齐，在孔中配置 $\phi 10 \sim 12mm$ 钢筋，并用 C20 细石混凝土分层浇灌。为增强砌块建筑的抗震能力，构造柱与圈梁、基础须有较好的连接。

2. 框架填充砌块墙的拉结构造

框架填充砌块墙为减少施工现场切锯工作量，应进行排块设计，砌块上下皮错缝，搭接长度不宜小于块长 1/3。框架填充排块立面见图 7-28，框架填充外墙拉结构造见图 9-29。

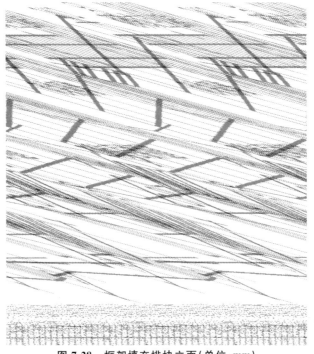

图 7-28 框架填充排块立面（单位：mm）

　　为了保证墙体整体性,砌块墙与框架柱、梁要有可靠的连接。此外,北方地区建筑外墙为了保温,需要设外保温材料,砌块墙还应注意与不同材料交接的构造和防裂处理。

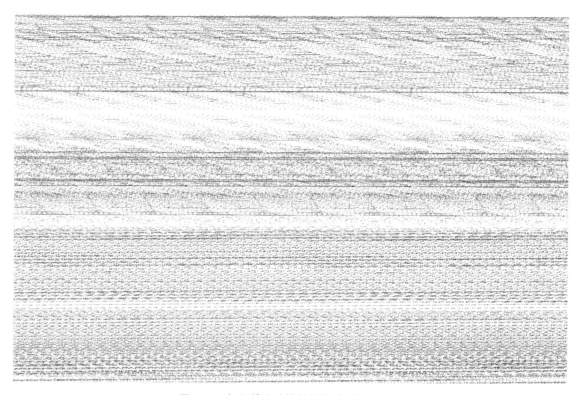

图 7-29　框架填充外墙拉结构造(单位:mm)

四、骨架墙的构造

　　骨架墙系指填充或悬挂于框架或排架柱间,并由框架或排架承受其荷载的墙体。它在多层、高层民用建筑和工业建筑中应用较多。

　　(一)框架外墙板的类型

　　按所使用的材料,外墙板可分为三类,即单一材料墙板、复合材料墙板和玻璃幕墙。单一材料墙板用轻质保温材料制作,如加气混凝土、陶粒混凝土等。复合板材料墙通常由 3 层组成,即内外壁和夹层。外壁选用耐久性和防水性均较好的材料,如石棉水泥板、钢丝网水泥、轻骨料混凝土等。内壁应选用防火性能好,又便于装修的材料,如石膏板、塑料板等。夹层宜选用容积密度小、保温隔热性能好、价廉的材料,如矿棉、玻璃棉、膨胀珍珠岩、膨胀蛭石、加气混凝土、泡沫混凝土、泡沫塑料等。

　　(二)外墙板的布置方式

　　外墙板可以布置在框架外侧,或框架之间,或安装在附加墙架上(见图 7-30)。轻型墙板通常需安装在附加墙架上,以使外墙具有足够的刚度,保证在风力和地震力的作用下不会变形。

图 7-30　外墙板的布置方式

（三）外墙板与框架的连接

外墙板可以采用上挂或下承两种方式支承于框架柱、梁或楼板上。根据不同的板材类型和板材的布置方式,可采取焊接法、螺栓联结法、插筋锚固法等将外墙板固定在框架上。无论采用何种方法,均应注意以下构造要点:外墙板与框架连接应安全可靠;不要出现"冷桥"现象,防止产生结露;构造简单,施工方便。

五、复合墙体的构造

复合墙体指由两种以上材料组合而成的墙体。复合墙体包括主体结构和辅助结构两部分,其中主体结构用于承重、自承重或空间限定,辅助结构用于满足特殊的功能要求,如保温、隔热、隔声、防火以及防潮、防腐蚀等要求。复合墙体具有综合性强、使用效率高等特点,对改善墙体性能、改善室内空间环境以及建筑节能等具有重要的意义。复合墙体是对传统的单一材料墙体的突破,随着科学技术的不断提高和新材料的不断开发,复合墙体的形式与材料会不断更新。

为了提高外墙的保温隔热效果,建筑外墙常采用砖、混凝土等和轻质高效保温材料结合而成的复合节能墙体。复合墙体按保温材料设置位置不同,分为外墙内保温、夹芯保温墙体和外保温三种。

外墙内保温是将保温材料置于外墙体内侧,有主体结构和保温结构两部分。主体结构一般为砖砌体、混凝土墙或其他承重墙体;保温结构由保温板和空气层组成。由多孔轻质材料构成的轻质墙体或多孔轻质保温材料内保温墙体,传热系数小,保温性好,但由于轻质,热稳定性差,隔热性较差。在圈梁、楼板、构造柱处热桥不可避免,影响保温效果,内保温复合外墙的构造。内保温见图 7-31。

外保温复合外墙的做法是在主体结构的外侧贴保温层,然后再做面层,其构造。外保温复合外墙的特点是保护主体结构,减少热应力的影响,主体结构表面的温度差可以大幅度降低。这种墙体还有利于室内水蒸气通过墙体向外散发,以避免水蒸气在墙体内凝结而使之受潮。此外还可以防止热桥的产生。外保温见图 7-32。

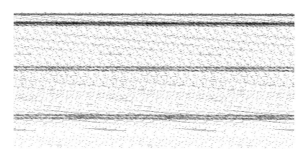

图 7-31　内保温(单位:mm)

图 7-32　外保温(单位:mm)

我国生产的保温材料夹芯复合外墙有钢筋混凝土岩棉复合外墙板、薄壁混凝土岩棉复合外墙板、三维板、舒乐舍板等类型。

六、隔墙的构造

隔墙是分隔建筑物内部空间的非承重构件,本身重量由楼板或梁来承担。设计要求隔墙自重轻,厚度薄,有隔声和防火性能,便于拆卸,浴室、厕所的隔墙能防潮、防水。常用隔墙有块材隔墙、轻骨架隔墙和板材隔墙三大类。

(一)块材隔墙

块材隔墙是用普通黏土砖、空心砖、加气混凝土等块材砌筑而成,常采用普通砖隔墙和砌块隔墙两种。

1. 普通砖隔墙

普通砖隔墙一般采用 1/2 砖(120mm)隔墙。1/2 砖墙用普通黏土砖采用全顺式砌筑而成,砌筑砂浆强度等级不低于 M5,砌筑较大面积墙体时,长度超过 6m 应设砖壁柱,高度超过 5m 时应在门过梁处设通长钢筋混凝土带。为了保证砖隔墙不承重,在砖墙砌到楼板底或梁底时,将立砖斜砌一皮,或将空隙塞木楔打紧,然后用砂浆填缝。普通砖隔墙构造见图 7-33。

2. 砌块隔墙

为减轻隔墙自重,可采用轻质砌块,墙厚一般为 90～120mm。加固措施同 1/2 砖隔墙的做法。砌块不够整块时宜用普通黏土砖填补。因砌块孔隙率大、吸水量大,故在砌筑时先在墙下部实砌 3～5 皮实心黏土砖再砌砌块。砌块隔墙构造见图 7-34。

图 7-33　普通砖隔墙构造(单位:mm)

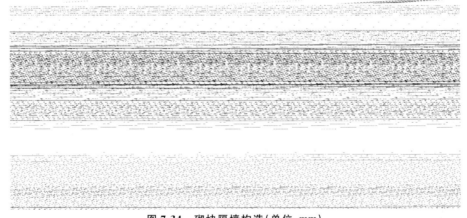

图 7-34　砌块隔墙构造(单位:mm)

(二)轻骨架隔墙

轻骨架隔墙由骨架和面板层两部分组成,骨架有木骨架和金属骨架之分,面板有板条抹灰、钢丝网板条抹灰、胶合板、纤维板、石膏板等。由于先立墙筋(骨架),再做面层,故又称为立筋式隔墙。

1.板条抹灰隔墙

板条抹灰隔墙是由上槛、下槛、墙筋斜撑或横档组成木骨架,其上钉以板条再抹灰而成,见图7-35。

图 7-35　板条抹灰隔墙构造

2. 立筋面板隔墙

　　立筋面板隔墙是指面板用胶合板、纤维板或其他轻质薄板,骨架为木质或金属组合而成。金属骨架构造见图 7-36。

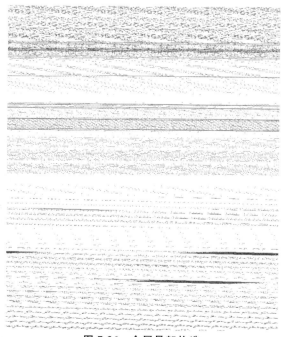

图 7-36　金属骨架构造

(1)骨架:墙筋间距视面板规格而定。金属骨架一般采用薄型钢板、铝合金薄板或拉眼钢板网加工而成,并保证板与板的接缝在墙筋和横档上。

(2)饰面层:常用类型有胶合板、硬质纤维板、石膏板等。

采用金属骨架时,可先钻孔,用螺栓固定,或采用膨胀铆钉将板材固定在墙筋上。立筋面板隔墙为干作业,自重轻,可直接支撑在楼板上,施工方便,灵活多变,故得到广泛应用,但隔声效果较差。

3. 板材隔墙

板材隔墙是指各种轻质板材的高度相当于房间净高,不依赖骨架,可直接装配而成,目前多采用条板,如炭化石灰板、加气混凝土条板、多孔石膏条板、纸蜂窝板、水泥刨花板、复合板等。板材隔墙构造见图 7-37。

图 7-37　板材隔墙构造

第三节　楼地层构造

一、楼地层概述

楼层是多层建筑中水平方向分隔上下空间的结构构件。它除了承受并传递垂直荷载和水平荷载外,还应具有一定的隔声、防火、防水等能力。同时,建筑物中的各种水平设备管线,也将在楼板层内敷设。

为满足楼板层的使用要求,建筑物的楼板层通常由以下几部分构成(见图 7-38)。

(1)面层。面层是楼板层与人和家具设备直接接触的部分,它起着保护楼板、分布荷载和耐磨等方面的作用,同时也对室内装饰有重要影响。

(2)结构层。结构层是楼板层的承重部分,包括板和梁,主要功能在于承受楼板层的荷载,并将荷载传给墙或柱,同时还对墙身起水平支撑作用,抵抗部分水平荷载,增加建筑物的整体刚度。

（3）附加层。附加层又称功能层,主要用以设置满足隔声、防水、隔热、保温、绝缘等作用的部分。

（4）楼板顶棚层。楼板顶棚层是楼板层下表面的构造层,也是室内空间上部的装修层,又称天花、天棚或平顶,其主要功能是保护楼板、装饰室内,以及保证室内使用条件。

图 7-38　楼地层的基本组成

楼地层在设计时有以下要求。

（1）具有足够的强度和刚度。强度要求是指楼板层应保证在自重和活荷载作用下安全可靠,不发生任何破坏。刚度要求是指楼板层在一定荷载作用下不发生过大变形,以保证正常使用状况。结构规范规定楼板的允许挠度不大于跨度的 $1/250$,可用板的最小厚度($1/40L\sim1/35L$)来保证其刚度。

（2）具有一定的隔声能力。楼板主要是隔绝固体传声,如人的脚步声、拖动家具、敲击楼板等都属于固体传声。防止固体传声可采取以下措施:在楼板表面铺设地毯、橡胶、塑料毡等柔性材料;在楼板与面层之间加弹性垫层以降低楼板的振动,即"浮筑式楼板";在楼板下加设吊顶,使固体噪声不直接传入下层空间。

（3）具有一定的防火能力。保证在火灾发生时,在一定时间内不至于因楼板塌陷而给生命和财产带来损失。

（4）具有防潮、防水能力。对有水的房间,都应该进行防潮防水处理。

（5）满足各种管线的设置。

（6）满足建筑经济的要求。

二、钢筋混凝土楼板的构造

钢筋混凝土楼板具有强度高、刚度好,既耐久又防火,还具有良好的可塑性,便于机械化施工等特点,是目前我国工业与民用建筑中楼板的基本形式。近年来,由于压型钢板在建筑上的应用,于是出现了以压型钢板为底模的钢衬板楼板。

钢筋混凝土楼板按其施工方法不同,可分为现浇式、装配式和装配整体式三种。

(一)现浇钢筋混凝土楼板

现浇钢筋混凝土楼板整体性好,特别适用于有抗震设防要求的多层房屋和对整体性要求较高的其他建筑,对有管道穿过的房间、平面形状不规整的房间、尺度不符合模数要求的房间和防水要求较高的房间,都适合采用现浇钢筋混凝土楼板。

1. 平板式楼板

楼板根据受力特点和支承情况,分为单向板和双向板。为满足施工要求和经济要求,对各种板式楼板的最小厚度和最大厚度,一般规定如下:

单向板(板的长边与短边之比>2)屋面板板厚60~80mm;民用建筑楼板厚70~100mm,工业建筑楼板厚80~180mm。

双向板(板的长边与短边之比≤2)板厚为80~160mm。

此外,板的支撑长度规定:当板支撑在砖石墙体上,其支撑长度不小于120mm或板厚;当板支撑在钢筋混凝土梁上时,其支撑长度不小于60mm;当板支撑在钢梁或钢屋架上时,其支撑长度不小于50mm。

2. 肋梁楼板

(1)单向肋梁楼板(见图7-39)。单向肋梁楼板由板、次梁和主梁组成。其荷载传递路线为板→次梁→主梁→柱(或墙)。主梁的经济跨度为5~8m,主梁高度为主梁跨度的1/14~1/8,主梁宽度为主梁高度的1/3~1/2;次梁的经济跨度为4~6m,次梁高度为次梁跨度的1/18~1/12,次梁宽度为次梁高度的1/3~1/2,次梁跨度即为主梁间距;板的厚度确定同板式楼板,由于板的混凝土用量约占整个肋梁楼板混凝土用量的50%~70%,因此板宜取薄些,通常板跨不大于3m;其经济跨度为1.7~2.5m。

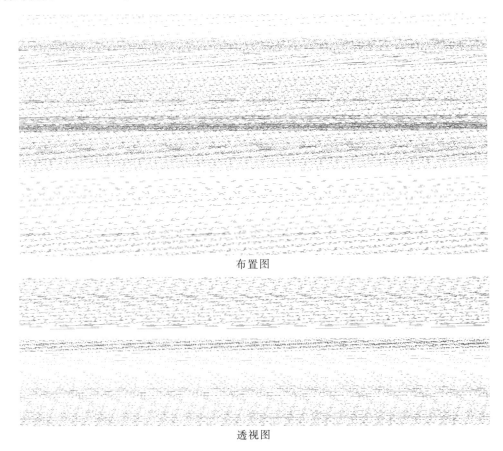

布置图

透视图

图7-39　单向肋梁楼板(单位:mm)

(2)双向板肋梁楼板(井式楼板,见图7-40)。双向板肋梁楼板常无主次梁之分,由板和梁组成,荷载传递路线为板→梁→柱(或墙)。当双向板肋梁楼板的板跨相同,且两个方向的梁截面也相同时,就形成了井式楼板。井式楼板适用于长宽比不大于1.5的矩形平面,井式楼板中板的跨度在3.5～6m之间,梁的跨度可达20～30m,梁截面高度不小于梁跨的1/15,宽度为梁高的1/4～1/2,且不少于120mm。井式楼板可与墙体正交放置或斜交放置。由于井式楼板可以用于较大的无柱空间,而且楼板底部的井格整齐划一,很有韵律,稍加处理就可形成艺术效果很好的顶棚。

图7-40　井式楼板透视图

3. 无梁楼板

无梁楼板为等厚的平板,直接支承在柱上,分为有柱帽和无柱帽两种。当楼面荷载比较小时,可采用无柱帽楼板;当楼面荷载较大时,必须在柱顶加设柱帽。无梁楼板的柱可设计成方形、矩形、多边形和圆形;柱帽可根据室内空间要求和柱截面形式进行设计;板的最小厚度不小于150mm且不小于板跨的1/35～1/32。无梁楼板的柱网一般布置为正方形或矩形,间跨一般不超过6m。

4. 压型钢板组合楼板

压型钢板组合楼板(见图7-41)是利用截面为凹凸相间的压型钢板做衬板,与现浇混凝土面层浇筑在一起支承在钢梁上,成为整体性很强的一种楼板。

图7-41　压型钢板组合楼板

(二)装配式钢筋混凝土楼板

装配式钢筋混凝土楼板指在构件预制加工厂或施工现场外预先制作,然后运到工地现场进行安装的钢筋混凝土楼板。预制板的长度一般与房屋的开间或进深一致,为3m的倍数;板的宽度一般为1m的倍数;板的截面尺寸须经结构计算确定。

1. 板的结构布置方式

板的结构布置方式应根据房间的平面尺寸及房间的使用要求进行结构布置,可采用墙承重系统和框架承重系统。当预制板直接搁置在墙上时称为板式结构布置;当预制板搁置在梁上时称为梁板式结构布置。

2. 板的搁置要求

支承于梁上时其搁置长度应不小于 80mm；支承于内墙上时其搁置长度应不小于 100mm；支承于外墙上时其搁置长度应不小于 120mm。铺板前，先在墙或梁上用 10~20mm 厚 M5 水泥砂浆找平（即坐浆），然后再铺板，使板与墙或梁有较好的连接，同时也使墙体受力均匀。

当采用梁板式结构时，板在梁上的搁置方式一般有两种，一种是板直接搁置在梁顶上；另一种是板搁置在花篮梁或十字梁上，如图 7-42 所示。

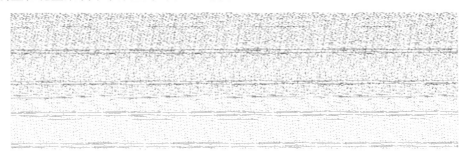

图 7-42　板在梁上的搁置方式

3. 板缝处理

预制板板缝起着连接相邻两块板协同工作的作用，使楼板成为一个整体。在具体布置楼板时，往往出现缝隙。

当缝隙小于 60mm 时，可调节板缝（使其≤30mm，灌 C20 细石混凝土），当缝隙在 60~120mm 之间时，可在灌缝的混凝土中加配 2φ6 通长钢筋；当缝隙在 120~200mm 之间时，设现浇钢筋混凝土板带，且将板带设在墙边或有穿管的部位；当缝隙大于 200mm 时，调整板的规格。板缝处理见图 7-43。

图 7-43　板缝处理(单位：mm)

4. 装配式钢筋混凝土楼板的抗震构造

装配式钢筋混凝土楼板的抗震构造具体表现为圈梁应紧贴预制楼板板底设置，外墙则应设缺口圈梁（L 形梁），将预制板箍在圈梁内。当板的跨度大于 4.8m，并与外墙平行时，靠外墙的预制板边应设拉结筋与圈梁拉接。

（三）装配整体式钢筋混凝土楼板

装配整体式楼板，是楼板中预制部分构件，然后在现场安装，再以整体浇筑的办法连接而成的楼板。

1. 密肋楼板

现浇（或预制）密肋小梁间安放预制空心砌块并现浇面板而制成的楼板结构。它们有整体性强和模板利用率高等特点。密肋楼板见图 7-44。

图 7-44　密肋楼板（单位：mm）

2. 叠合楼板

预制薄板（预应力）与现浇混凝土面层叠合而成的装配整体式楼板，又称预制薄板叠合楼板（见图 7-45）。这种楼板以预制混凝土薄板为永久模板而承受施工荷载，板面现浇混凝土叠合层。

叠合楼板跨度一般为 4～6m，最大可达 9m，通常以 5.4m 以内较为经济。预应力薄板厚 50～70mm，板宽 1.1～1.8m。为了保证预制薄板与叠合层有较好的连接，薄板上表面需做处理，常见的有两种：一种是在上表面做刻槽处理，刻槽直径 50mm，深 20mm，间距 150mm；另一种是在薄板表面露出较规则的三角形的结合钢筋。

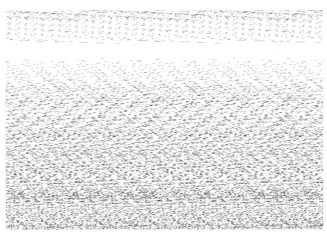

图 7-45　叠合楼板

三、顶棚的构造

顶棚又称为吊顶、天花或天棚，是指在室内空间上部，通过采用不同材料及各种形式组合，形成具有功能与美学目的的建筑装修部分。

（一）直接式顶棚构造

直接式顶棚是指建筑楼板底面经粉刷、粘贴，添加一些装饰线脚（木质、石膏、塑料和金属等），具有不占据净空高度、造价低、效果较好等特点，适用于家庭、宾馆标准房、学校等。不能用于板底有管网的房间。

直接式顶棚常采用线脚方法装饰，常用的线脚有木制线脚、金属线脚、塑料线脚、石膏线脚。

（二）吊顶棚构造

吊顶棚是通过吊筋、大小龙骨所形成的构架及丰富的面层组合而成，是一种广泛采用的顶棚形式，适用于各种场合。因此，吊顶棚主要由吊筋、龙骨和面层三部分组成。

1. 石膏罩面板顶棚（见图 7-46）

石膏板具有防火、质轻、隔声、隔热、施工方便、可钉可锯等特点。其板规格为 1200mm×3000mm，厚为 12～15mm。不上人顶棚多用 $\phi6$ 钢筋作吊筋，再用各种吊件将次龙骨吊在主龙骨之上，然后再将石膏板用自攻螺栓固定在次龙骨下，次龙骨间距要按板材尺寸规格来确定。

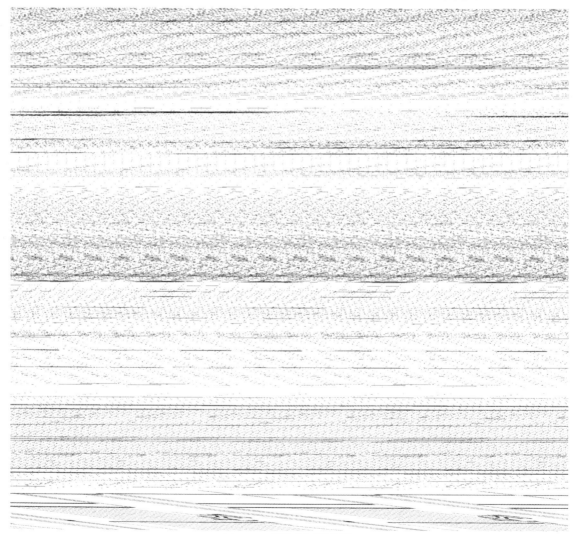

图 7-46　石膏罩面板顶棚

2. 矿棉板吊顶棚（见图 7-47）

矿棉板系矿物棉（矿渣棉、岩棉）为原料制成的，表现出的风格和石膏板相近，吸声性能较好，防潮性能较差，用途和石膏板相近。

图 7-47　矿棉板吊顶棚

3. 金属板顶棚(见图7-48)

金属板顶棚是目前办公、餐饮、娱乐等建筑顶棚装修的常见形式,可分为铝板吊顶、装配式铝板吊顶、压型穿孔铝板吊顶。

图 7-48　金属板顶棚(单位:m)

金属板有长条板和方板,强度高、防火、防潮。其表面光洁、表现力极强,若银白色则光彩照人,若古铜色则深沉有力,极易造就强烈的现代气息的商业气氛。

第四节　楼梯构造

一、楼梯概述

楼梯是房屋建筑中上、下层之间的垂直交通设施。平时楼梯只供竖向交通,遇到紧急情况时,供房屋内人员的安全疏散。楼梯在数量、位置、形式、宽度、坡度和防火性能等方面应满足使用方便和安全疏散的要求。尽管许多建筑日常的竖向交通主要依靠电梯、自动扶梯等设备,但楼梯作为安全通道是建筑不可缺少的构件。

(一)楼梯的尺度

1. 楼梯的坡度与踏步尺寸

(1)楼梯的坡度。楼梯坡度是指楼梯段沿水平面倾斜的角度。楼梯的坡度小,踏步就平缓,行走就较舒适。反之,行走就较吃力。但楼梯的坡度越小,它的水平投影面积就越大,即楼梯占地面积越大。因此,应当兼顾使用性和经济性二者的要求,根据具体情况合理地进行选择。对人流集中、交通量大的建筑,楼梯的坡度应小些。对使用人数较少、交通量较小的建筑,楼梯的坡度可以略大些。

楼梯的允许坡度范围在 $23°\sim45°$ 之间。正常情况下应当把楼梯坡度控制在 $38°$ 以内,一般认为 $30°$ 左右是楼梯的适宜坡度。楼梯坡度大于 $45°$ 时,称为爬梯。楼梯坡度在 $10°\sim23°$ 时,称为台阶,$10°$ 以下为坡道(见图 7-49)。

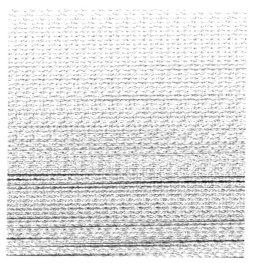

图 7-49　楼梯、爬梯、坡道的坡度

(2)踏步尺寸。由于踏步是楼梯中与人体直接接触的部位,因此其尺度是否合适就显得十分重要。一般认为踏面的宽度应大于成年男子脚的长度,使人们在上下楼梯时脚可以全部在踏面上,以保证行走时的舒适。踢面的高度取决于踏面的宽度,因为二者之和宜与人的自然跨步长度相近,过大或过小,行走均会感到不方便。踏步尺寸高度与宽度的比决定楼梯坡度(见图 7-50)。

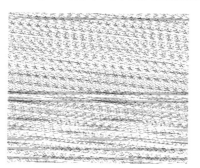

图 7-50　楼梯坡度与踏步尺寸

计算踏步宽度和高度可以利用下面的经验公式:

$$2h+b=600\text{mm}$$

式中　h——踏步高度;

　　　b——踏步宽度。

600mm 为妇女及儿童的跨步长度。

踏步尺寸一般根据建筑的使用性质及楼梯的通行量综合确定。由于楼梯的踏步宽度受到楼梯间进深的限制,可以在踏步的细部进行适当变化来增加踏面的尺寸(见图 7-51),如采取加做踏步檐或使梯面倾斜。踏步檐的挑出尺寸一般不大于 20mm,挑出尺寸过大,踏步檐容易损坏,而且会给行走带来不便。

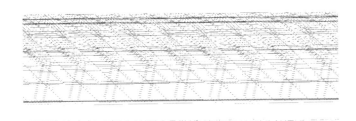

图 7-51　增加踏步宽度的方法(单位:mm)

2. 楼梯段及平台宽度

(1)梯段的宽度

梯段的宽度是根据通行人数的多少(设计人流股数)和建筑的防火及疏散要求确定的。现行《建筑设计防火规范》规定了学校、商店、办公楼、候车室等民用建筑楼梯的总宽度。上述建筑楼梯的总宽度应通过计算确定,以每100人拥有的楼梯宽度作为计算标准,俗称百人指标。我国现行《民用建筑设计通则》规定楼梯梯段宽度除应符合防火规范的规定外,供日常主要交通用的梯段宽度应根据建筑物使用特征,按每股人流 0.55+(0~0.15)m 的人流股数确定,并不应少于两股人流,0~0.15m 为人流在行进中的摆幅,公共建筑人流众多的场所应取上限值。

非主要通行用的楼梯,应满足单人携带物品通过的需要,梯段的净宽一般不应小于900mm。疏散宽度指标不应小于表 7-2 的规定。

表 7-2　一般建筑楼梯的宽度指标　　　　　　　　　　　　　单位:m

耐火等级 宽度指标 层数	一、二级	三级	四级
一、二层	0.65	0.75	1.00
三层	0.75	1.00	
≥四层	1.00	1.25	

高层建筑作为主要通行用的楼梯,其楼梯段的宽度指标高于一般建筑。现行《高层民用建筑设计防火规范》规定,高层建筑每层疏散楼梯总宽度应按其通过人数每100人不小于1.00m计算。各层人数不相等时,楼梯的总宽度可分段计算,下层疏散楼梯总宽度按其上层人数最多的一层计算。疏散楼梯的最小净宽不应小于表 7-3 的规定。

表 7-3　高层建筑疏散楼梯的最小净宽度　　　　　　　　　　单位:m

高层建筑	疏散楼梯的最小净宽度
医院病房楼	1.30
居住建筑	1.10
其他建筑	1.20

(2)平台宽度。为了搬运家具设备的方便和通行的顺畅,现行《民用建筑设计通则》规定楼梯

平台净宽不应小于梯段净宽,并不得小于1.2m,当有搬运大型物件需要时应适当加宽。楼梯段和平台的尺寸关系见图7-52。

图7-52 楼梯段和平台的尺寸关系

开敞式楼梯间的楼层平台同走廊连在一起,此时平台净宽可以小于上述规定,为了使楼梯间处的交通不至于过分拥挤,把梯段起步点自走廊边线后退一段距离作为缓冲空间(见图7-53)。

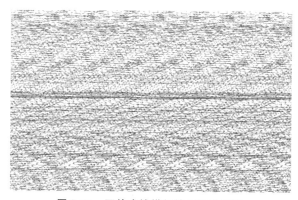

图7-53 开敞式楼梯间楼层平台宽度

(二)楼梯净空高度

楼梯的净空高度对楼梯的正常使用影响很大,它包括楼梯段的净高和平台过道的净高两部分。梯段净高与人体尺度、楼梯的坡度有关。楼梯段的净高是指梯段空间的最小高度,即下层梯段踏步前缘至上方梯段下表面间的垂直距离,平台过道处的净高指平台过道地面至上部结构最低点的垂直距离。现行《民用建筑设计通则》规定,梯段的净高不应小于2.2m,楼梯平台上部及下部过道处的净高不应小于2m。起止踏步前缘与顶部突出物内缘线的水平距离不应小于0.3m。

当在平行双跑楼梯底层中间平台下设置通道时,为了使平台下的净高满足不小于2m的要求,主要采用如下几个办法:

(1)在建筑室内外高差较大的前提条件下,降低平台下过道处地面标高。

(2)增加第一梯段的踏步数(不改变楼梯坡度),使第一个休息平台标高提高。

(3)将上述两种方法相结合。

梯段与平台部位净高要求见图7-54。

底层平台下作入口时净高的几种处理方式见图7-55。

图 7-54　梯段与平台部位净高要求(单位:mm)

图 7-55　底层平台下作入口时净高的几种处理方式(单位:mm)

(三)栏杆与扶手的高度

楼梯的栏杆和扶手是与人体尺度关系密切的建筑构件,栏杆的高度要满足使用及安全的要求(见图 7-56)。栏杆高度是指踏步前缘至上方扶手中心线的垂直距离。现行《民用建筑设计通则》规定,一般室内楼梯栏杆高度不应小于 0.9m。如果楼梯井一侧水平栏杆的长度超过 0.5m时,其扶手高度不应小于 1.05m。室外楼梯栏杆高度:当临空高度在 24m 以下时,其高度不应低于 1.05m;当临空高度在 24m 以上时,其高度不应低于 1.1m。幼儿园建筑,楼梯除设成人扶手外还应设幼儿扶手,其高度不应大于 0.6m。

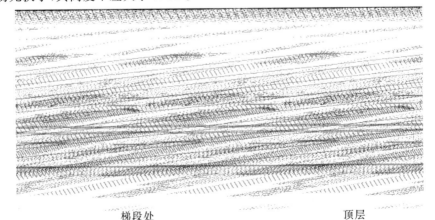

梯段处　　　　　　　　　　　　顶层

图 7-56　栏杆与扶手的高度(单位:mm)

楼梯栏杆是梯段的安全设施。楼梯应至少在梯段临空一侧设置扶手,梯段净宽达三股人流时,应在楼梯的两侧设置扶手,四股人流时,应在楼梯段上加设中间扶手。

二、钢筋混凝土楼梯的构造

钢筋混凝土楼梯按施工方式可分为现浇式和预制装配式两类。

现浇楼梯按梯段的传力特点,有板式梯段和梁板式梯段之分。

板式梯段是指楼梯段作为一块整板,斜搁在楼梯的平台梁上,见图 7-57。平台梁之间的距离便是这块板的跨度。

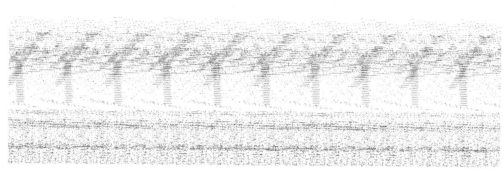

图 7-57　现浇钢筋混凝土板式梯段

当梯段较宽或楼梯负载较大时,采用板式梯段往往不经济,须增加梯段斜梁(简称梯梁)以承受板的荷载,并将荷载传给平台梁,这种梯段称梁板式梯段。

梁板式梯段在结构布置上有双梁布置和单梁布置之分。梯梁在板下部的称正梁式梯段,将梯梁反向上面称反梁式梯段,见图 7-58。

图 7-58　现浇钢筋混凝土梁板式梯段

在梁板式结构中,单梁式楼梯是近年来公共建筑中采用较多的一种结构形式,见图 7-59。这种楼梯的每个梯段由一根梯梁支承踏步。梯梁布置有两种方式:一种是单梁悬臂式楼梯;另一种是单梁挑板式楼梯。单梁楼梯受力复杂,梯梁不仅受弯,而且受扭。但这种楼梯外形轻巧、美观,常为建筑空间造型所采用。

图 7-59 单梁楼梯(单位:mm)

三、室外台阶与坡道的构造

台阶构造与地坪构造相似,由面层和结构层构成(见图 7-60)。结构层材料应采用抗冻、抗水性能好且质地坚实的材料,常见的台阶基础有就地砌造、勒脚挑出和桥式三种。台阶踏步有砖砌踏步、混凝土踏步、钢筋混凝土踏步和石踏步四种。

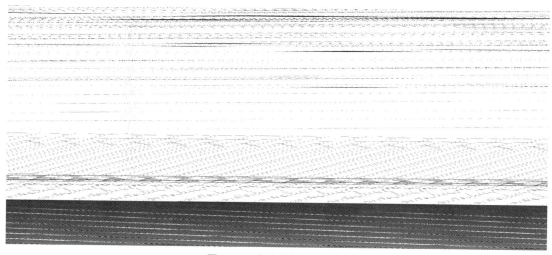

图 7-60　台阶的构造示意图

坡道材料常见的有混凝土或石块等,面层也以水泥砂浆居多,对经常处于潮湿、坡度较陡或采用水磨石作面层的,在其表面必须做防滑处理。坡道构造见图 7-61。

图 7-61　坡道构造

四、电梯与自动扶梯的构造

(一)电梯

在高层建筑中,依靠电梯和楼梯来保持正常的垂直运输与交通,同时高层建筑还需设置消防电梯,电梯还是最重要的垂直运输设备。一些公共建筑,如商店、宾馆、医院等,虽然层数不多,但为了经常运送沉重物品或特殊需要,也多设置电梯。现行《民用建筑设计通则》规定,以电梯为主要垂直交通的公共高层建筑和 12 层以上的高层住宅,每栋楼设置电梯的台数不应少于 2 台。设置电梯的建筑仍需按防火疏散要求设置疏散楼梯。

1. 电梯的组成

电梯作为垂直运输设备,主要由起重设备(电动机、传动滑车轮、控制器、选层器等)和轿厢两大部分组成,见图 7-62。

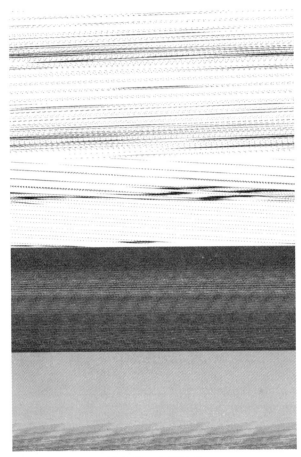

图 7-62　电梯组成

由于电梯的组成与运行特点,要求建筑中设置电梯井道和电梯机房。不同厂家生产的电梯有不同系列,按不同的额定重量、井道尺寸、额定速度等又分为若干型号,采用时按国家标准图集只需确定类型、型号,即可得到有关技术数据,及有关留洞、埋件、载重钢梁、底坑等构造做法。

2. 电梯井道

电梯井道(见图 7-63)是电梯运行的通道,电梯井道内除安装轿厢外,还有导轨、平衡锤及缓冲器等。

(1)井道尺寸。电梯井道的平面形状和尺寸取决于轿厢的大小及设备安装、检修所需尺寸,也与电梯的类型、载重量及电梯的运行速度有关。井道的高度包括电梯的提升高度(底层地面至顶层楼面的距离)、井道顶层高度(考虑轿厢的安装、检修和缓;中要求,一般不小于 4500mm)和井道底坑深度;地坑内设置缓冲器,减缓电梯轿厢停靠时产生的冲力,地坑深度一般不小于 1400mm。

(2)井道的防火与通风井道。井道的防火与通风井道是穿通建筑各层的垂直通道,为防止火灾事故时火焰和烟气蔓延,井道的四壁必须具有足够的防火能力,一般多采用钢筋混凝土井壁,也可用砖砌井壁。为使井道内空气流通和火警时迅速排除烟气,应在井道的顶部和中部适当位置以及底坑处设置不小于 300mm×600mm 的通风口。

3. 电梯机房

电梯机房(见图 7-63)是用来布置电梯起重设备的空间,一般多位于电梯井道的顶部,也可设在建筑物的底层或地下室内。机房的平面尺寸根据电梯的起重设备尺寸及安装、维修等需要确定。电梯机房开间与进深的一侧至少比井道尺寸大 600mm,净高一般不小于 3000mm。通向机房的通道和楼梯宽度不得小于 1200mm,楼梯坡度不宜大于 45°。为减轻设备运行时产生的振动和噪声,机房的楼板应采取适当的隔振和隔声措施,一般在机房机座下设置弹性垫层。

当建筑高度受限或设置机房有困难时,还可以设无机房电梯。

图 7-63　电梯井道与机房(单位:mm)

(二)自动扶梯

自动扶梯是建筑物层间连续运输效率最高的载客设备,多用于有大量连续人流的建筑物,如机场、车站、大型商场、展览馆等。一般自动扶梯均可正、逆向运行,停机不运转时,可作为临时楼梯使用。自动扶梯的竖向布置形式有平行排列、交叉排列、连续排列等方式。平面中可单台布置或双台并列布置。自动扶梯的平面示意图见图 7-64。

图 7-64　自动扶梯的平面示意图

自动扶梯的机械装置悬在楼板下,楼层下作装饰外壳处理,底层则需做地坑。自动扶梯的坡度一般不宜超过 30°,当提升高度不超过 6m,额定速度不超过 0.5m/s 时,倾角允许增至 35°;倾斜式自动人行道的倾斜角不应超过 12°。宽度根据建筑物使用性质及人流量决定,一般为 600~1000mm。

自动扶梯的基本尺寸见图 7-65。

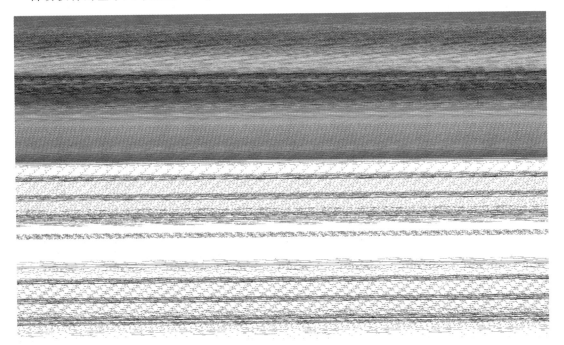

图 7-65　自动扶梯的基本尺寸(单位:mm)

第八章 建筑设计与建筑技术

第一节 建筑设计与建筑结构技术

要研究结构与建筑的关系,我们需要了解建筑物所能承受的荷载,及在荷载作用下建筑物产生的变形和为抵抗这些变形所采用的各种结构形式。不同的结构形式使得建筑物呈现出形态各异的特征。[①]

一、建筑荷载

与自然界所有物体一样,建筑承受了各种力,最常见的是地心引力——重力。建筑的屋顶、墙柱、梁板和楼梯等的自重,称为恒荷载;建筑中的人、家具和设备等对楼板的作用,称为活荷载。这些荷载的作用力方向都朝向地心,在这些力的作用下,建筑有可能发生沉降甚至倾斜(见图8-1和图8-2)。

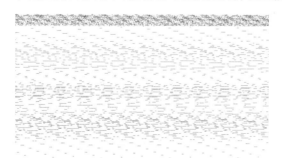

图 8-1 建筑的沉降

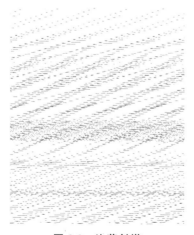

图 8-2 比萨斜塔

---

① 关于各类建筑结构,可参见本书第七章内容。

另外,导致建筑发生沉降甚至可能倾斜的因素还有寒冷地区的积雪、热带地区的台风、地震及火山活动区的地震力等。风力、地震力多是沿水平方向作用给建筑的(见图8-3)。

图8-3 建筑在水平作用力下

二、建筑的变形与位移

荷载作用下的建筑变形和位移通常有弯曲、扭曲、沉降、倾覆、裂缝等(见图8-4)。

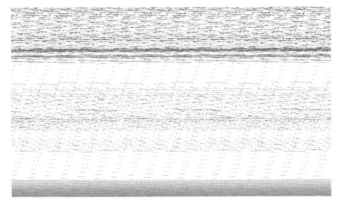

图8-4 建筑变形

很多时候,这些变形或位移并没有被人们发现,如建筑的沉降。特别值得关注的是,建筑构件在力的作用下的变形,最主要的就是弯曲(见图8-5)。

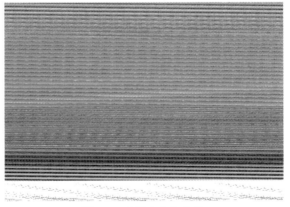

图8-5 建筑弯曲和失稳

某些材料,如钢筋混凝土的梁板是允许出现肉眼难以发现的微裂缝的。当裂缝开展到一定程度,即使构件没有垮塌,但是由于它已经不具备需要的抗弯能力了,所以宣告破坏。构件在力的作用下会变形,还会产生位移,如高楼在大风的作用下会出现摇摆,越高处位移越大。我们设法去抵抗或减弱这些位移,需要构件具有一定的刚度(见图 8-6)。

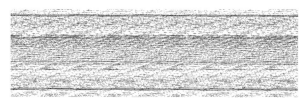

图 8-6 构件的刚度

构件的某些部位通过增加约束而使受力位移得以控制。从简单的独木桥发展到桁架桥(见图 8-7),又由桁架桥启发了桁架式建筑的产生,人们对力学的认识逐步深入,对材料和结构类型的选择运用也越来越科学。

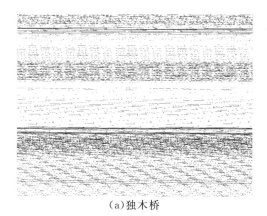

(a)独木桥

(b)桁架桥

图 8-7 桥的变迁

三、建筑结构的选型

一幢完美的建筑,它不仅要符合功能要求、体现造型的艺术美,而且要体现结构的合理性,也就是说,只有建筑和结构的有机结合,才是一幢完美无缺的建筑。建筑结构在选型时需要注意以下几个方面。

（一）满足建筑功能的要求

这是选择结构形式的基本前提。功能是建筑物的主要目的,结构形式和建筑的平面空间设计都是达到满足使用功能这个目的的手段和方法。具体说,就是结构形式应满足使用功能对建筑空间大小、层数高低的要求,同时注意空间利用的合理性。

1. 满足使用功能对建筑空间大小、层数高低的要求

一般大量性公共建筑如学校、办公楼、医院的使用功能要求建筑物的层数不高、空间不大、荷重较轻,通常采用混合结构就可以满足这些要求。中、小型影剧院、会堂等要求比较高大的空间,采用单层大跨度的混合结构也可以满足要求。某些大型的旅馆、医院、办公楼、宾馆要求有较高的层数,由于层数的增加,建筑所受风力(水平荷载)也就愈大,这是一般只考虑承受垂直荷载的混合结构所不能适应的,就必须采用高层框架及抗剪墙的结构形式。大型的影剧院和会堂、体育馆等要求空间跨度很大,一般单层大跨度的混合结构有时就较难满足这样的要求,就需要采用网架、悬索、薄壳和大跨度屋盖。

2. 注意空间利用的合理性

在选择结构形式满足建筑功能要求的同时,也要注意空间利用合理性,并非所有能满足功能要求的结构形式都是可取的。例如,设有跳水台的游泳馆要求 10m 跳水台,上部净空不小于5m,这个高度要求仅限于跳水台部位,在跳水台两侧高度就可以降低。因此从空间利用角度出发,选择拱形屋顶(如联方网架、双曲拱壳)或悬索屋顶就比采用平板网架等平屋面合理,如湖南省游泳馆就采用了钢丝网水泥折板拱结构(见图 8-8)。空间利用合理,也有利于减少设备的冷热负荷,不过拱形结构对音响处理是不利的。

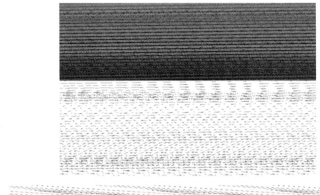

图 8-8　湖南省游泳馆(钢丝网折板拱)

（二）技术的经济与合理

任何结构形式本身都有一个合理性、经济性问题。如薄壳结构的受力情况是合理的,材料的

利用效能高,自重轻,也是经济的,但这种合理性和经济性只有在结构形式得到合理运用时才能体现。因为每种结构形式本身都有一个适用的范围,并不是到处可以搬用的。如抗剪墙的技术经济指标比框架要经济,但在 10 层以下建筑中运用抗剪墙结构,也就不一定经济。

同时还必须根据当时当地材料供应以及施工条件、技术水平的具体情况对结构形式作出合理的选择才能体现其经济性。在缺少木材的地区,混合结构采用钢筋混凝土平屋顶就比采用木屋架来得合理、经济,相反在木材供应丰富的地区,采用木屋架就比钢筋混凝土平屋顶合理、经济。

(三)便于施工

如何把一个作品从图纸变为现实,如上海东方明珠电视塔(见图 8-9),塔身建造完成后,其顶上的天线如何安装,这比设计一个天线要难得多。

图 8-9　上海东方明珠塔

又如上海万人体育馆(见图 8-10),其屋顶为圆形三向网架,如何进行安装,其施工方法在设计方案阶段已经做了考虑。如果方案确定后,施工无法实现,其方案也是不切实际的。

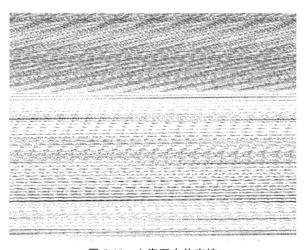

图 8-10　上海万人体育馆

（四）考虑建筑造型的要求

结构形式与建筑造型的关系是密切的,如框架结构的建筑造型就比混合结构自由灵活得多。一般大量性公共建筑的造型要求不高,选择结构形式多从功能要求以及结构本身的经济性、合理性考虑。大型公共建筑的造型要求比较高,结构应当采取相应措施,给建筑提供方便。

大跨度屋盖结构如网架、悬索、薄壳等对建筑造型的影响很大。这些新结构形式的外观通常具有简洁大方、轻快明朗的风格,适宜于内容比较活泼的公共建筑类型,不适宜于庄严、肃穆的政治性、纪念性建筑。但是,建筑造型属于上层建筑范畴,是意识形态的东西,任何形式所显示的风格不是一成不变的,而且人们的审美观是随着社会的发展而变化的。所以,在建筑造型上没有固定的模式。但它的存在是需要的,在选择结构形式时,考虑某些大型性特殊性公共建筑的造型要求也是必须的。

此外,还要注意美观。一个好的结构体系,不仅是一幢建筑的骨骼,更是美的象征。

第二节　建筑设计与建筑设备技术

人们在一座建筑中的日常生活和工作总是离不开水、空气和电的,我们把提供这些必需物的设备称为建筑设备,如给水排水,采暖通风与空调以及电力电气等系统。由于有了这些设备,从而保证了健康舒适的室内环境。

一、采暖设备

（一）采暖设备与建筑设计的要求

我国北方地区大部分公共建筑都需要采暖;南方地区一般不考虑采暖,但标准较高的宾馆、写字楼以及聚集人流较多的厅堂类建筑也要求采暖和空气调节。供暖设备见图 8-11。

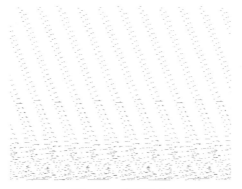

图 8-11　供暖设备

这些暖通、空调都需要一套相应的设备,包括锅炉房、冷冻机房、空气调节机房以及风道、管道、地沟散热器、送风口、回风口等,它们都占有一定建筑空间,因此与建筑设计、结构设计都有密切关系。

（1）建筑平面布局要考虑设备的位置,如采暖用的锅炉房、水泵房,空调用的空气调节机房、冷冻机房等。在高层建筑中,由于用水设备的水压力限制,除底层及顶层外,有时还需在中间层布置设备层。

（2）建筑空间布局中要预留各种风道、管道、地沟的位置。集中式空调系统由于风道大，与建筑空间布局的矛盾较多。结构上也要考虑各种设备管道穿通墙面、楼板对结构安全度的影响。

（3）空调房间内各种散热器、设备机组以及送风口、回风口的布置需要考虑使用效果以及与建筑细部处理的密切结合。

（4）建筑和结构要采取措施降低各种设备机械用房及风管所产生的噪声对建筑使用的影响。

所以，建筑设备的设计与建筑及结构设计密切配合进行，否则将会影响建筑的平面和空间处理，影响建筑功能或者导致设备不能正常运转使用。

（二）采暖设备的分类

采暖系统由散热器、阀门和管道组成。按照热媒种类不同，采暖系统可以分为热水采暖、蒸汽采暖、地板辐射热采暖、热风器采暖及带型辐射板采暖等。其中热水采暖是以热水为热源，由于散热器表面温度不甚高，给人舒适感，热水冷却较慢，室温稳定，无爆冷暴热的现象，所以工业建筑、居住建筑、托幼建筑等用热水采暖的较多。蒸汽采暖是以蒸汽为热源的，由于散热器表面温度较高，热得快、冷得快，用于短时间或间歇采暖的公共建筑，如学校、剧院和会堂等。如图8-12所示为热水蒸汽采暖方式。

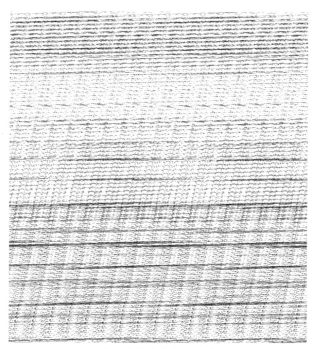

图 8-12 热水蒸汽采暖方式

我国北方地区在寒冷季节需要采用集中供暖方式，使用产生热水或蒸汽的锅炉供暖。南方地区的冬季，有的采用局部供暖的方式，如热风管道。

（三）采暖设备的能耗

上述供暖方式通常要消耗相当的能源，如煤、油、气、电等。近年来，随着人们环保、生态意识的增强，利用绿色能源如太阳能、地热等为室内供暖的居多。天然能源利用见图8-13所示。

图 8-13　天然能源利用

二、空气调节设备

空气调节简称空调,目前,多数民用建筑均用人工方法改善室内的温度、湿度、洁净度和气流速度。按通风方式的不同,空调系统可以分为集中空调和局部空调;按通风机制的不同,分为自然通风、机械通风。

(一)局部空调

局部空调较简单,如家用空调就属于局部空调,如图 8-14 所示。

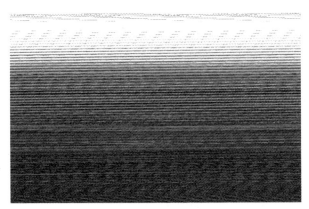

图 8-14　局部空调

（二）集中空调

集中空调又称中央空调，是将各种空气处理设备和风机集中布置在专用房间内，通过风管同时向多处送风，适于风量大而集中的大空间建筑和大型公共建筑。

集中式空调系统的空调机房集中、设备固定、管理方便、服务面积大、使用寿命长，运行费用低，只要采取有效的消声隔震措施，风道的噪声较低。它的缺点是空调机房面积大、风道粗，要占较大的建筑空间，往往会影响到建筑的层高。尤其是在高层建筑中，面积和层高都很紧凑，风道与建筑抢空间、争墙面的矛盾较突出。这种系统的施工安装现场工作量大，管道保温投资大，风量不易分配调整，当空调房间使用效率不高时，运行费用大，同一系统不能满足各个房间不同的空调要求，所以不适宜于宾馆一类建筑，比较适用于要求风量大，服务面积广的厅堂类建筑。

（三）高速诱导系统及风机盘管系统

高速诱导系统及风机盘管系统，一般由风口、空调机、风管、冷水管、制冷机、热媒等组成，见图 8-15 和图 8-16 所示。该系统造价高、耗能大、污染排放较多。

图 8-15 高速诱导系统原理及结构简图

图 8-16 风机盘管的构成与装置

三、通风设备

通风系统是为解决空气中有湿气、余热、粉尘和有害气体等问题，通过风口、管道、风机等设备，排出室内不良空气，输入室外新鲜空气，如住宅中设置的新风系统。空气是有压力的，风向总是从压力大（正压）向压力小（负压）的方向流动。因此，有效的办法是让室内的不良空气处于负压空间,避免其流向清洁区。此外,在建筑设计中通风系统往往与消防的排烟系统综合考虑,即平时作为通风换气系统,火灾时转换成为排烟系统。通风设备见图8-17。

图 8-17   通风设备

四、给水排水设备

随着社会科技不断地发展,人类取水不再通过收集雨水或山泉,而只要打开自来水龙头就可以得到。然而,这些自来水仍然源于对江河、雨水、地下水的收集、积蓄、净化,并由市政管道引入建筑。给水系统见图8-18。

（一）给水设备

室内给水系统由管道、阀门和用水设备等组成,除了生活用水,还有消防用水以及工业建筑的工业用水。室内管道的供给来自市政管网,多数的生活用水是经过净化的,并具有一定的水压。对较高的建筑,市政水压不足以供给,所以这样的建筑需设置水泵、水池和水箱等,并通过如稳压、减压等技术来保证所需的供水。

消防给水系统是建筑物的防火灭火的主要设备,不同的建筑类型、建筑高度、使用对象有不同的建筑物防火等级和分类,对消防给水的要求也不同。

一般室内消防给水是在各层适当位置布置消防水箱,以保证消防水枪能射在建筑任何角落,有特殊要求的建筑和部位还应采取其他消防措施。

给水方式有上行下给式、下行上给式。

多层建筑一般是市政管道直接给水,高层建筑是水箱供水、水泵供水或水箱和水泵联合供水。生活给水、消防给水各自独立,生活给水又分成饮

图 8-18   给水系统

用水、非饮用水两个单独系统。每 10 层设一个给水系统、水箱设在设备层中。

（二）排水设备

室内排水需要排除的有生活污水和雨水。其系统的组成与给水系统相同,室内管道收集的污水、雨水排入市政雨污管网。和给水系统不同的是,排水管道的水压是依靠自身重力产生的,所以排水管道要有一定的坡度,否则会产生堵和漏等问题。室内排水系统见图 8-19。

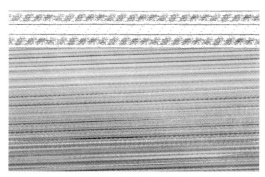

图 8-19　室内排水系统

屋面雨水的排水方式包括有组织排水（分为内排水和外排水）及无组织排水两种,高层和大进深的公共建筑采用内排水。其中雨水管间距为 12～24m,屋面进深大于 10m 时,做双坡排水,屋面进深不大于 10m 做单坡排水,排水坡度为 2‰～3‰。

排水系统一般采取分流制,也可采用合流制,如雨污分流、油污分流等。有时一部分的排水还可以经过处理后循环使用,如经中水处理后,可以用来灌溉、洗车等。

五、人工照明设备

在公共建筑的空间组合中,人工照明的设计与安装,应满足以下的要求:保证舒适而又科学的照度,适宜的亮度分布,防止眩光的产生,选择优美的灯具形式和创造一定的灯光环境的艺术效果。由于各类公共建筑的使用性质不同,对照度要求也是不一样的。人工照明是室内最需要的,室内的照明要依赖于电。电包括强电系统（电力、电气等）、弱电系统（通信、网络、有线电视等）。

（一）电力电气系统

室内的电力电气系统包含配线、配电、插座、开关、灯具和一切用电设备。我国民用建筑室内采用 220V、380V 两种,以满足不同电流负载的用电设备。一般民用建筑室内线路多为暗敷,即电线穿套管理设于墙体、楼板内。在一定的使用区间,如住宅的一户内,设置一个配电箱,并加载短路保护、过载保护等。

灯具设计是室内的重点之一,在具体的建筑光环境设计中应考虑的具体内容及要求有:保证一定的照度（会堂 200Lx、体育馆 200～250Lx）;适宜的亮度分布;防止眩光[①]的产生;选择优美、高效、节能的灯具形式和创造一定的灯光艺术效果。

发光体角度与眩光的关系,主要指当光源与人眼处在 0°～30°范围时,眩光最为强烈。一般白炽灯、碘钨灯等处理不好,易产生眩光。防止眩光的措施是:加大灯具保护角;控制光源不外

---

① 眩光主要是指人眼在遇到过强的光线时,整个视野会受到影响,眼睛不能完全发挥机能。

露;提高光源悬挂的高度;选用间接照明或漫射照明。不恰当的阳光采光口、不合理的光亮度和不合宜的强光方向均会在室内形成眩光现象。发光体角度与眩光的关系见图8-20。

图 8-20　发光体角度与眩光的关系

室内供电来自市政电网,某些重要建筑往往设置自备电源和应急电源,即通过发电机组进行室内供电,满足临时使用。

建筑的防雷系统也属于电力设计的范畴。建筑防雷是通过设置避雷针、引下线和接地极等方式来实现(见图8-21)。

图 8-21　高层建筑顶部的避雷针

(二)弱电系统

建筑弱电系统一般包括通信、网络、有线电视等,有些还设有安全监控、消防报警、背景广播、智能化系统。随着对建筑节能的日趋关注,楼宇智能化的管理技术也受到了越来越多的关注,如照明节能智能化、电梯智能化、空调智能化等。建筑智能化弱电系统方案如图8-22所示。

图 8-22　建筑智能化弱电系统方案

第三节　建筑设计与建筑施工技术

一、施工条件与建筑设计的关系

施工条件包括机械设备、材料来源和加工水平、吊装能力、施工方法及技术经验等多方面的因素。它是建筑设计得以实现的物质技术基础。脱离当地施工条件的设计往往无法实现,或者会提高建造费用,或者会影响建筑物的施工质量。

根据经济性的方针,建筑设计应该优先考虑采用廉价的地方材料,以节约钢材、水泥和木材、降低造价、加快施工进度,同时对形成建筑的地方风格有好处。对于某些高档材料如大理石、硬木、有色金属等应根据建筑物的性质与标准,谨慎选用。在运用这些材料时,应掌握重点使用的原则,不可滥用。

建筑设计和结构形式的选择应考虑施工单位的起重设备和吊装能力。由于吊装能力的限制,往往使屋架或其他建筑构件的采用受到重量及高度的限制,影响建筑物的跨度、层高与层数。

各种不同的施工方法由于方法本身的局限,都对建筑物的平面布局及立面造型有一定的要求,从而影响到建筑设计。施工技术经验往往影响某些新的结构形式的选用。缺乏施工经验,是影响结构形式选择的因素之一,当积累了经验后,又能促使某些结构形式的推广和应用。应该提倡与鼓励采用符合建筑功能要求的新的结构形式、新的施工技术,从实践中不断取得经验,促进施工技术的发展。

二、施工方法对建筑设计的影响

施工方法有现浇施工、滑模施工、大模板施工、预制装配式施工和升板法施工等,它们对建筑设计都有一定的要求,需要建筑设计在不影响功能和结构坚固的前提下给予配合。

（一）现浇施工

所有钢筋混凝土结构都可以采用现浇施工方法。它的优点是结构的整体性好。它对建筑设计的限制较少，平面及立面处理比较灵活，也便于设备管道的布置与安装。但是要耗费大量木模，施工期长，又费劳力，不符合建筑工业化的发展方向。近年来，新的施工方法不断涌现，这种施工方法正逐步被其他方法所代替。但是它较经济，仍然被广泛应用。图 8-23 为现浇箱梁施工现场。

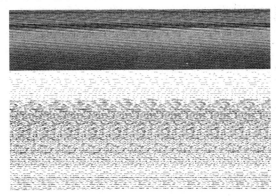

图 8-23　现浇箱梁施工现场

（二）滑模施工

滑模施工是现浇钢筋混凝土工程的一种工业化施工方法。它利用一套提升设备，使模板随着灌注混凝土不断向上滑升，逐步完成整个工程的钢筋混凝土灌筑工作。它能完成具有垂直面的构件如梁、柱、墙等的施工，也可以完成楼板、阳台、挑檐等水平构件的施工。这种施工方法对于多层及高层钢筋混凝土结构的建筑是适宜的，层数愈高，其经济性愈显著。

同时，滑模施工还可以节约大量模板和脚手架，缩短工期、降低施工费用、有利于安全施工。按这种方法施工的结构，整体性不如现浇，但比预制装配式的要好，建筑的垂直偏差可以控制在 1/1000 以内。

由于这种施工方法的模板是连续滑升的，要求建筑的平面方整、简单、结构平面布置尽可能对称，以免施工荷载不匀造成结构倾斜。要求上、下层结构构件断面的变化尽量少，各层梁底标高尽量相同，各种设备管线力求集中布置，减少预埋件数量，以免造成施工复杂化，致使相应降低这种施工方法的经济效果。这些要求对建筑设计都是有一定限制的。图 8-24 为面板浇筑滑模施工现场。图 8-25 为空心薄壁墩滑模施工现场。

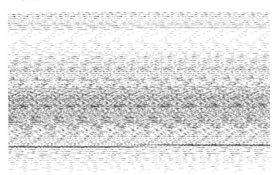

图 8-24　面板浇筑滑模施工现场

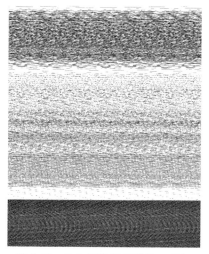

图 8-25　空心薄壁墩滑模施工现场

（三）大模板施工

这是现浇混凝土结构与预制相结合的快速施工方法。一般是内外墙采用大模板现浇,楼板采用预制。由于内外墙都是现浇的混凝土墙体、建筑物的整体刚度和抗震性好。墙体薄,可以提高建筑的有效使用面积。墙面平整,简化了装修工序,施工速度快。模板工具化,可以重复使用,节省了大量木材。还可以利用各种废料作轻质混凝土隔墙、减轻建筑物自重。

大模板施工的缺点是一次耗钢量和投资都较大。这种施工方法的设备简单,技术经济指标较好,很有发展前途。它要求建筑平面开间、进深以及层高尽量规格化、定型化,以减少大模板的规格。所以适宜于宾馆、办公楼一类有相同开间和进深的公共建筑,特别适用于建造大量的、标准的板墙建筑。建筑的立面可以根据情况,设置阳台、窗套或改进外墙面的划分与色彩,以求变化。

（四）预制装配式施工

为了节约木材,加快施工进度,节约劳力,一般多层框架可以采用预制装配式的施工方法。这种施工方法对建筑设计的要求是柱网、开间、层高及平面尺寸应尽量规格化,以减少预制构件的类型。对平面布局有一定限制。结构的整体性比现浇的差,梁、柱、板节点的构造比较复杂,耗钢量大,同时需要有大型的起重提升设备。图 8-26 为预制装配式施工现场。

图 8-26　预制装配式施工现场

（五）升板法施工

升板法施工是先安装建筑物的柱子，其次灌浇混凝土地平，并以地面为台座，就地依此迭捣各层数板和屋面板，然后利用柱子作为提升骨架，依次将各层楼板和屋面板提升到设计位置，并加以固定。图 8-27 为升板法施工的屋梁。

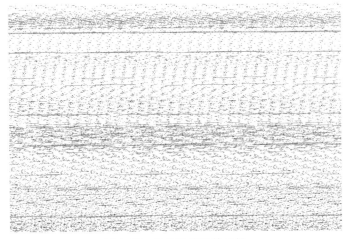

图 8-27 升板法施工的屋梁

现场预制楼板一般分三种方式，一种是平板式，构造简单，施工方便，能节约建筑净空，但竖向刚度差，抗弯能力弱，一般在垂直荷载较轻，柱网尺寸较小（6m 左右）时采用；第二种是格梁式，材料消耗少，但施工复杂，只宜于用柱网尺寸较大，集中负载较大，有大开孔的结构；第三种是密肋式，它兼有以上二者的优点，为了省模板，肋间可填以轻质材料，既作模板又能使底部成为平板形式。这种施工方法，柱网布置灵活，省模板，施工安全，所占施工场地较小。由于提升楼板的原因，每层楼板的厚度较大，设计荷载也大，除了像图书馆书库等少数建筑外，一般公共建筑采用升板法施工并不经济，应用不如滑模广泛。

第九章 建筑装饰设计方法

第一节 建筑装饰设计原理

一、建筑装饰设计的定义与特点

(一)建筑装饰设计的定义与辨析

1. 建筑装饰设计的定义

建筑装饰设计是根据建筑物的使用性质、所处环境和相应标准,运用现代物质技术手段和建筑美学原理,创造出功能合理、舒适美观、精神与物质并重的建筑环境而采取的理性创造活动。

其中,明确地将"创造满足人们物质和精神生活需要的空间环境"作为设计的目的,这正体现出建筑装饰设计是以人为中心,一切为人创造出美好的生活、生产活动的建筑空间环境。建筑装饰设计是将科学、艺术和生活结合而成的一个完美整体的创造活动。

2. 建筑装饰设计的辨析

不能把建筑装饰设计简单等同于建筑装潢或建筑装修。装潢是指器物或商品外表的修饰,建筑装潢着重从视觉艺术的角度来研究建筑室内外界面的表面处理,如界面的造型处理、界面装饰材料的质感和色彩等,其中也涉及家具、陈设的选配问题。建筑装修主要是指建筑工程完成之后对地面、墙面、顶棚、门窗、隔墙等的修饰作业,其更侧重于构造做法、施工工艺等工程技术方面的问题。而建筑装饰设计不仅包括视觉艺术和工程技术两方面的问题,还包括空间组织设计,声、光、热等物理环境设计,环境氛围及意境的创造,文化内涵的体现等方面的内容。

(二)建筑装饰设计的特点

建筑装饰设计作为一门专门的学科,尽管与其他学科,如建筑学等有着或这或那的相近之处,但是作为一门独立的学科,它有自身的特点。

1. 多功能综合需求

建筑装饰设计除了考虑实用因素外,更多的功能要求是多方面的。不同性质的活动和行为必然产生相应的功能要求,从而需要不同形式、物理条件的环境。设计要满足各种不同的功能要求,而特定的环境对功能需求程度又不尽相同,因此,建筑装饰设计要考虑多方面的功能需求。

2. 多学科相互交叉

建筑装饰设计是一门综合性学科,它是功能、艺术、技术的统一体,是自然、社会、人文、艺术多学科的融合。除了涉及建筑学、景观环境学、人体工程学之外,它还涉及建筑结构学、工程技术学、经济学、社会学、文化、行为心理学等众多学科内容。

建筑装饰艺术的多学科不是部分与部分相加的简单组合关系,而是一个物体对象上的多方面的反映和表现,是一种交叉与融合的关系。它要求一个设计师应该具备多方面的知识和能力,才能适应设计工作的要求。

3. 多要素相互制约

建筑装饰艺术的实现需要各要素的支撑,每一个要素又会提出具体的要求,指定一个范围,对设计进行某种制约。例如设计项目的实现必然是需要经济来支撑的,经济的原则是花最少的钱达到最好的效果。所以设计是在一定投资范围内进行的。又如建筑装饰设计最终要靠施工技术来完成,技术上不能实现的设计就成了空中楼阁。

(三)建筑装饰设计的要求

建筑装饰设计有以下几个方面的要求:

(1)安全可靠。装饰构件自身的强度、刚度和稳定性符合规范要求;装饰构件与主体结构连接牢固安全;不破坏主体结构安全;经久耐久。

(2)满足施工、维修方面的要求。

(3)符合防火规范的要求。

(4)满足经济的要求。

二、建筑装饰设计的分类与内容

(一)建筑装饰设计的分类

1. 按建筑物的性质及用途分类

按建筑物的性质及用途可将建筑装饰设计分为居住建筑装饰设计、公共建筑装饰设计、工业建筑装饰设计、农业建筑装饰设计,如图 9-1 所示。

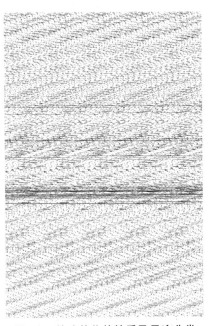

图 9-1 按建筑物的性质及用途分类

按建筑物的性质及用途还可将建筑装饰划分为三个等级,见表 9-1。

表 9-1 建筑装饰等级的划分

建筑装饰等级	建筑物的性质及用途
一	高级宾馆,别墅,纪念性建筑,大型博览、观演、交通、体育建筑,一级行政机关办公楼,市级商场
二	普通博览、观演、交通、体育建筑,广播通信建筑、商业建筑,旅馆建筑,局级以上行政办公楼
三	中学、小学、托儿所建筑,生活服务性建筑,普通行政办公楼,普通居住建筑

2. 按装饰部位及施工方法分类

按装饰部位及施工方法可将建筑装饰分为抹灰工程、门窗工程、饰面工程、吊顶与隔墙工程、地面工程、涂饰工程、幕墙工程、裱糊工程等。

按照装饰的部位还可将建筑装饰设计分为室内装饰设计和建筑外部装饰设计两大类,见图 9-2 和图 9-3。

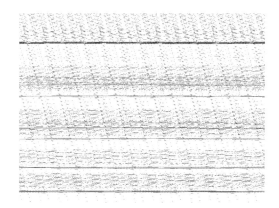

图 9-2 室内装饰设计

图 9-3 建筑外部装饰设计

3. 按装饰对象分类

按装饰对象可将建筑装饰分为公装及家装,家装又可根据装饰的对象分为软装饰、硬装饰两大类(见图 9-4)。

所谓软装饰是指除了室内装潢中固定的、不能移动的装饰物(地板、顶棚、墙面以及门窗等)

之外,其他可以移动的、易于更换的饰物均属于软装饰(窗帘、沙发、靠垫、壁挂、地毯、床上用品、灯具以及装饰工艺品、居室植物等)。它是相对于建筑本身的硬结构空间提出来的,是建筑视觉空间的延伸和发展。

硬装饰主要指传统家装中的吊顶、饰面、涂料裱糊、卫生设备安装、铺设管线等。

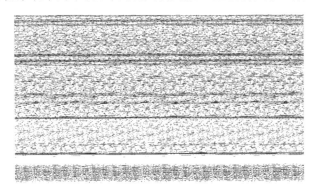

图 9-4 家装的软装饰与硬装饰

(二)建筑装饰设计的内容

1. 功能分区与空间组织

在设计过程中,依据建筑的使用功能、人们的行为模式和活动规律等进行功能分析,合理布置、调整功能区,并通过分隔、渗透、衔接、过渡等设计手法进行空间的组织,使功能更趋合理、交通路线流畅、空间利用率提高、空间效果完善。图 9-5 为老年活动中心功能分区示意图。

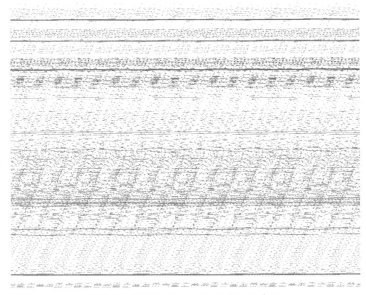

图 9-5 老年活动中心功能分区示意图

2. 空间内含物选配

在设计过程中,依据建筑空间的功能、意境和气氛创造的需求进行家具、陈设以及绿化、小品等内含物的选型与配置(见图9-6)。这里的空间内含物不仅包括室内空间中的家具、器具、艺术品、生活用品等,也包括室外空间中室外家具、建筑小品、雕塑、绿化等。

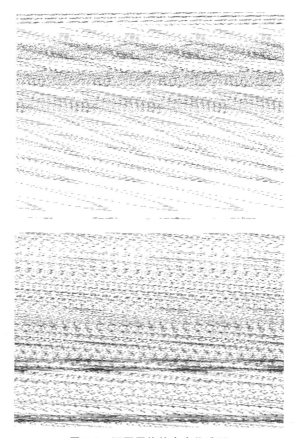

图 9-6　不同风格的内含物选配

3. 物理环境设计

在设计过程中,对空间的光环境、声环境、热环境等方面按空间的使用功能要求进行规划设计,并充分考虑室内水、电、音响、弱电、空调(或通风)等设备的安装位置,使其布局合理,并尽量改善通风采光条件,提高其保温隔热、隔声能力,降低噪音,控制室内环境温湿度,改善室内外小气候,以达到使用空间的物理环境指标。

4. 界面装饰与环境氛围创造

在设计过程中,通过地面、侧界面(墙面或柱面)、顶棚等界面的装饰造型设计,材料及构造做法的选择,充分利用界面材料和内含物的色彩及肌理特性,结合不同照明方式所带来的光影效果,创造良好的视觉艺术效果和适宜的环境气氛。

三、建筑装饰设计的要素与依据

(一)建筑装饰设计的要素

建筑装饰设计的要素主要有空间、光影、色彩、陈设、技术等,它们既相对独立,又互相联系。

1. 空间要素

空间是建筑装饰设计的主导要素。空间由点、线、面、体等基本要素构成,通过界面进行构筑和限定,从而表现出一定的空间形态、容积、尺度、比例和相互关系。在装饰设计中,通过对室内外空间进行组织、调整和再创造,使其功能更完善,使用更方便,环境更适宜。

2. 光影要素

光照包括天然采光和人工照明两部分,人工照明是对天然采光的有效补充。光是人们通过视觉感知外界的前提条件,而且,光照所带来的丰富的光影、光色、亮度及灯具造型的变化,更能有效地烘托环境气氛,成为现代建筑装饰设计中一个重要因素。图 9-7 为香港大快活餐厅室内利用人工照明营造出生动的光影效果。

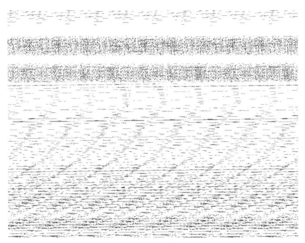

图 9-7　香港大快活餐厅照明环境

3. 色彩要素

色彩是在装饰设计中最为生动、最为活跃的因素。它最具视觉冲击力,人们通过视觉感受而产生生理和心理方面的感知效应,进而形成丰富的联想、深刻的寓意和象征。如中国北方的皇家建筑装饰以红黄色彩为主,强调其恢弘气势,而中国南方的建筑以黑白色调为主,追求"天人合一"。

建筑中色彩效果的形成主要依赖不同材料的颜色,如涂料、油漆、砖瓦、石材等。不同的材料在建筑中使用的位置、施工的方法以及处理的手段都有所区别,都是影响色彩装饰形态的重要因素,因此对色彩装饰进行分类将以材料特征为主要依据。

4. 图像要素

图像是人类建立在对自然界的模仿和想象的基础上创造的一种表达和传达的方式。在建筑中,一些重要的结构信息、空间信息、社会文化观念、思想和意识形态的表达和传达,都是建立在纹样、图案、图形,以及它们所构成的画面之中。在传统装饰概念中,属于图像装饰范畴的主要内容是纹样和图案(见图 9-8 和图 9-9)。

图 9-8　中国古典建筑纹样

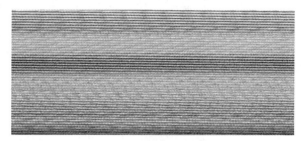

图 9-9　欧式建筑纹样

5. 陈设要素

在建筑空间中,陈设品用量大、内容丰富,与人的活动息息相关,甚至经常"亲密"接触,如家具、灯具、电器、玩具、生活器具、艺术品、工艺品等。陈设品造型多变、风格突出、装饰性极强,易引起视觉关注,在烘托环境气氛、强化设计风格等方面起到举足轻重的作用。如图 9-10 所示,平津战役纪念馆内的雕塑及四周浮雕带,一下子把人带入战火纷飞的年代,对英雄们的崇敬之情油然而生。

图 9-10　平津战役纪念馆雕塑

6. 技术要素

日新月异的装饰材料及相应的构造方法与施工工艺,不断发展的采暖、通风、温湿调节、消防、通信、视听、吸声降噪、节能等技术措施与设备,为改善空间物理环境、创造安全、舒适、健康的空间环境提供技术保障,成为建筑装饰的设计要素之一。

(二)建筑装饰设计的依据

1. 人体尺度以及人的行为活动所需要的空间范围

做设计首先要掌握人体的尺度和动作域所需的尺寸和空间范围,我们确定室内的诸门扇的高度、宽度,家具的尺度,过道的宽度等都要以此为依据。

常用人体尺寸见图 9-11。

依据人体尺寸确定的用餐空间见图 9-12。

图 9-11 常用人体尺寸

图 9-12　依据人体尺寸确定的用餐空间(单位:mm)

其次,做设计要考虑到在不同性质的空间内人的心理感受,顾及满足人们心理感受需求的最佳空间范围。人际距离见图 9-13。

2. 设备、设施的尺寸及其使用所需的空间范围

在室内装饰设计中,家具、灯具、设备(指设置于室内的空调器、热水器、散热器和排风机等)、陈设、绿化和小品等的空间尺寸是组织和分隔室内空间的依据条件。同时这些设备、设施和建筑接口除应满足室内使用合理外还要考虑造型美观的要求,这也是室内装饰设计的依据之一。

3. 结构、构件及设施管线等的尺寸和制约条件

建筑空间结构构成、构件及设施管线等的尺寸和制约条件,这项设计依据包含建筑结构体系柱网开间、楼板厚度、梁底标高和风管断面尺寸等,在室内装饰设计中所有这些都应该统一考虑。

4. 建筑装饰构造与施工技术

要想使设计变成现实,就必须通过一定的物质技术手段来完成。如必须采用可供选用的建筑装饰材料,并考虑定货周期等问题,对各界面的材料(在可供选择的范围内)应采用可靠的装饰构造以及现实可行的施工工艺。这些依据条件必须在设计开始时就考虑,以保证设计的实施。

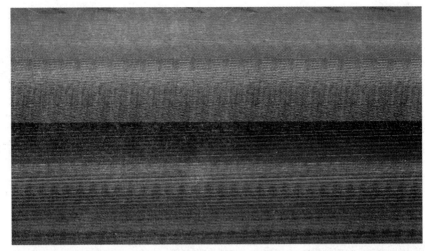

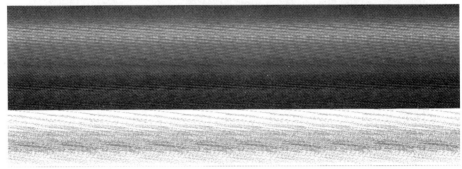

图 9-13　人际距离①(单位:m)

5.投资限额、建设标准和施工期限

通常,经济和时间因素是现代设计和工程施工需要考虑的重要前提。定货周期等时间因素的限制直接影响到工程的造价。而甲方提出的单方造价、投资限额与建设标准也是建筑装饰设计的必要依据因素。另外,不同的工期要求,也会导致不同的安装工艺和界面处理手法。

此外,通常的规范、各地定额等也都是建筑装饰设计的依据文件,原有建筑物的建筑总体布局和建筑设计总体构思也可以是建筑装饰设计的重要依据。

四、建筑装饰设计的重要性与作用

(一)建筑装饰设计的重要性

(1)建筑装饰是装饰建筑物、美化建筑环境的主要手段之一,它对建筑的精神功能的实现有着重要的作用。

①　人际距离是心理学中的概念,是个人空间被解释为人际关系中的距离部分。根据豪尔的研究,人际距离主要分为密切距离、个体距离、社交距离、公众距离。密切距离的范围在 150~600mm 之间,只有感情相近的人才能彼此进入;个体距离范围在 600~1200mm 之间,是个体与他人在一般日常活动中保持的距离;社交距离范围在 1200~3600mm 之间,是在较为正式的场合及活动中人与人之间保持的距离;公众距离范围在 3600mm 以外,是人们在公众场所如街道、会场、商业场所等与他人保持的距离。

（2）建筑装饰为人们生活、工作提供了理想的内部空间环境,进一步完善了建筑功能,使建筑的功能性和艺术性得以完美结合。

（3）装饰水平的高低直接影响建筑总体质量。

（二）建筑装饰设计的作用

（1）保护建筑主体,提高建筑的耐久性。

（2）强化建筑空间性质,完善其使用功能。

（3）改变建筑的空间环境。

（4）满足人们审美和舒适要求。

五、建筑装饰设计的发展趋势

随着社会的发展和科学技术的进步,建筑装饰设计表现出以下几个发展趋势:

（1）独立性与交叉性增强。建筑装饰设计作为独立学科,其相对独立性日益增强;同时,其与多学科交叉、结合的趋势也日益明显。

（2）多层次、多元化增强。受当今社会意识形态、文化、生活方式的多元化发展的影响,建筑装饰设计更具有多层次、多风格的发展趋势。

（3）规范化增强。艺术与技术结合得更加紧密,设计、施工、材料、设施、设备之间的协调和配套关系加强,且愈趋规范化。

（4）动态化增强。为适应现代社会生活,建筑装饰工程往往需要周期性更新,且更新周期较短,甚至改变建筑的使用性质。因此,未来装饰工程中,将对设计、构造、施工方面优先采用标准化构件、拆装方便的构造做法和装配式施工、干作业施工等提出更多、更高的要求。

（5）可持续性增强。保护人类共同的家园,走可持续发展的道路,是当今世界共同的主题。建筑装饰设计应优先采用绿色环保的装饰材料,改善物理环境,降低能耗,为减少污染、节约能源作出贡献。

第二节　室内装饰设计

一、室内装饰概述

（一）室内装饰的含义

室内装饰设计是为了满足人们的社会活动和生活需要,合理、完美地组织和塑造具有美感而又舒适、方便的室内环境的一种综合性艺术。它是环境艺术的一个门类,融合了现代科学技术与文化艺术,与建筑设计、装饰艺术、人体工程学、心理学、美学有着密切关系。

（二）室内装饰的分类

就其研究的范围和对象而言,室内装饰又分为家庭室内装饰、宾馆室内装饰、商店室内装饰、公共设施室内装饰等。

室内装饰包括两类,一类依附于建筑实体,如空间造型、绿化、装饰、壁画、灯光照明及各种建筑设施的艺术处理等,统称为室内装修;另一类依托于建筑实体,如家具、灯具、装饰织物、家用电器、日用器皿、卫生洁具、炊具、文具和各种陈设品,统称为室内陈设。后者具有相对独立性,可以移动或更换。

（三）室内装饰的分类

室内装饰可以改善空间，即通过装修对室内空间进行美化和修饰，创造符合美学规律的室内空间；还可以创造一定的氛围，即通过室内家具、陈设品的选择与设计，创造一种理想的室内气氛，使人赏心悦目、怡情悦性。

（四）现代室内装饰理念的两大潮流

现代室内装饰更加强调以人为本的设计，设计理念上大致可以分为两大潮流。一种是从使用功能上对室内环境进行设计，如科学通风、采光、色彩选择等，以提高室内空间的舒适性和实用性；另一种是创造个性化的室内环境，强调个人风格和独特的审美情调。此外，一个国家的经济发展水平、文化传统、风俗习惯，以及民族的审美趣味，也会在室内装饰中留下印记。

二、室内装饰设计的风格与流派

室内设计的风格和流派属室内环境中的艺术造型和精神功能范畴，往往和建筑以至家具的风格、流派紧密结合，有时也以相应时期的绘画、造型艺术，甚至文学、音乐等的风格和流派为其渊源和相互影响。

（一）室内装饰的风格

风格即风度品格，体现创作中的艺术特色及个性。室内设计的风格表现于形式而又不等同于形式，有着更深层的艺术、文化、社会内涵。室内设计的风格主要可分为：传统风格、现代风格、后现代风格、自然风格以及混合型风格。

1. 传统风格

传统风格的室内设计是在室内布置、线形、色调以及家具、陈设的造型等方面，吸取传统装饰"形""神"的特征（见图 9-14）。传统风格常给人们以历史延续和地域文化的感受，它使室内环境突出了民族文化渊源的形象特征。

图 9-14 传统风格的室内装饰

2. 现代风格

现代风格的室内设计起源于 1919 年成立的包豪斯学派。该学派处于当时的历史背景，强调突破旧传统，创造新建筑，重视功能和空间组织，注意发挥结构本身的形式美。其造型简洁，反对多余装饰,崇尚合理的构成工艺,尊重材料的性能,讲究材料自身的质地和色彩的配置效果,发展了非传统的以功能布局为依据的不对称的构图手法(见图 9-15)。

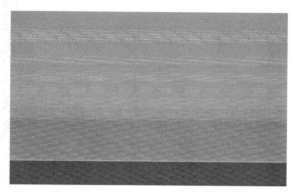

图 9-15　现代风格的室内装饰

3. 后现代风格

20 世纪 50 年代美国在所谓现代主义衰落的情况下,逐渐形成后现代主义的文化思潮。受 20 世纪 60 年代兴起的大众艺术的影响,后现代风格是对现代风格中纯理性主义倾向的批判。后现代风格强调建筑及室内装潢应具有历史的延续性,但又不拘泥于传统的逻辑思维方式(见图 9-16)。

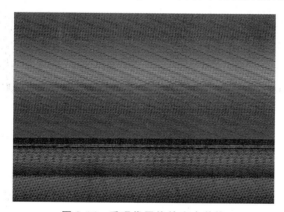

图 9-16　后现代风格的室内装饰

4. 自然风格

20 世纪开始的装饰热潮带给人们众多全新的装饰观念。诸如小花园、文化石装饰墙和雨花石等装饰手法,纷纷出现在现实的装饰设计之中,亲近自然也就成了人们所追求的目标之一,也有人把 20 世纪 70 年代反对千篇一律的国际风格者,如砖墙瓦顶的英国希灵顿市政中心以及耶鲁大学教员俱乐部,室内采用木板和清水砖砌墙壁、传统地方窗造型及坡屋顶等,称为"乡土风格"或"地方风格",也称"灰色派"。

5. 混合型风格

近年来,建筑设计和室内设计在总体上呈现多元化、兼容并蓄的状况。室内布置中也有既趋于现代实用,又吸取传统的特征,在装潢与陈设中融古今中西于一体。混合型风格虽然在设计中不拘一格,运用多种体例,但设计中仍然是匠心独具,深入推敲形体、色彩、材质等方面的总体构图和视觉效果。

还有更为精细的室内装饰风格类型,如古典风格、朴素风格、精致风格、轻快风格、柔和风格、优雅风格、都市风格、清新风格、中式风格等。

(二)室内装饰的流派

室内装饰设计流派通常是指室内设计的艺术派别。从所表现的艺术特点分析,现代室内设计形成并存在多种流派。

1. 高技派

高技派或称重技派,突出当代工业技术成就,并在建筑形体和室内环境设计中加以炫耀,崇尚"机械美",在室内暴露梁板、网架等结构构件以及风管、线缆等各种设备和管道,强调工艺技术与时代感。高技派典型的实例为法国巴黎蓬皮杜国家艺术与文化中心和香港中国银行。

2. 光亮派

光亮派也称银色派,在室内设计中夸耀新型材料及现代加工工艺的精密细致及光亮效果,往往在室内大量采用镜面及平曲面玻璃、不锈钢、磨光的花岗石和大理石等作为装饰面材。在室内环境的照明方面,常使用折射、反射等各类新型光源和灯具,以在金属和镜面材料的烘托下形成光彩照人、绚丽夺目的室内环境。

3. 白色派

白色派的室内装饰朴实无华,室内各界面乃至家具等常以白色为基调,简洁明快,如美国建筑师 R·迈耶设计的史密斯住宅即属此例。白色派的室内装饰设计并不仅仅停留在简化装饰、选用白色等表面处理上,而是具有更为深层的构思内涵。设计师在室内环境设计时是综合考虑了室内活动着的人,以及透过门窗可见的变化着的室外景物。从这种意义上讲,室内环境只是一种活动场所的"背景",因而在装饰造型和用色上不作过多渲染。

4. 新洛可可派

洛可可派原为 18 世纪盛行于欧洲宫廷的一种建筑装饰风格,以精细轻巧和烦琐的雕饰为特征。新洛可可派仰承了洛可可繁复的装饰特点,但装饰造型的"载体"和加工技术却运用现代新型装饰材料和现代工艺手段,从而具有华丽而略显浪漫、传统中仍不失时代气息的装饰效果和氛围。

5. 超现实派

超现实派追求所谓超越现实的艺术效果,在室内布置中常采用异常的空间组织,曲面或具有流动弧形线型的界面,浓重的色彩,变幻莫测的光影,造型奇特的家具与设备,有时还以现代绘画或雕塑来烘托超现实的室内环境气氛。超现实派的室内环境,较为适应具有视觉形象特殊要求的某些展示或娱乐的室内空间。

6. 解构主义派

解构主义是 20 世纪 60 年代,以法国哲学家 J·德里达为代表所提出的哲学观念,是对 20 世纪前期欧美盛行的结构主义和理论思想传统的质疑与批判。建筑和室内设计中的解构主义派对传统古典、构图规律等均采取否定的态度,强调不受历史文化和传统理性的约束,是一种貌似结构构成解体,突破传统形式构图,用材粗放的流派。

7. 装饰艺术派

装饰艺术派起源于 20 世纪 20 年代法国巴黎召开的一次装饰艺术与现代工业国际博览会,

后传至美国等各地。装饰艺术派善于运用多层次的几何线型及图案,重点装饰于建筑内外门窗线脚、檐口及建筑腰线、顶角线等部位。

8.风格派

风格派起始于20世纪20年代的荷兰,是以画家P·蒙德里安等为代表的艺术流派,强调"纯造型的表现","要从传统及个性崇拜的约束下解放艺术"。风格派认为"把生活环境抽象化,这对人们的生活就是一种真实"。他们对室内装饰和家具经常采用几何形体以及红、黄、青三原色,间或以黑、灰、白等色彩相配置。风格派的室内装饰在色彩及造型方面都具有极为鲜明的特征与个性。建筑与室内常以几何方块为基础,对建筑室内外空间采用内部空间与外部空间穿插统一构成为一体的手法,并以屋顶、墙面的凹凸和强烈的色彩对块体进行强调。

三、室内装饰设计的形式原则

室内设计是在以人为本的前提下,满足其功能实用,运用形式语言来表现题材、主题、情感和意境,形式语言与形式美则可通过以下方式表现出来。

(一)对比

对比是艺术设计的基本定型技巧,把两种不同的事物、形体、色彩等作对照称为对比。如方圆、新旧、大小、黑白、深浅、粗细等。把两个明显对立的元素放在同一空间中,经过设计,使其既对立又协调,既矛盾又统一,在强烈反差中获得鲜明对比,求得互补和满足的效果。

(二)和谐

和谐包含谐调之意。它是在满足功能要求的前提下,使各种室内物体的形、色、光、质等组合得到协调,成为一个非常和谐统一的整体。和谐还可分为环境及造型的和谐、材料质感的和谐、色调的和谐、风格样式的和谐等。和谐能使人们在视觉上、心理上获得宁静、平和的满足。

(三)对称

对称是形式美的传统技法,是人类最早掌握的形式美法则。对称又分为绝对对称和相对对称。上下、左右对称,同形、同色、同质对称为绝对对称。而在室内设计中采用的是相对对称。对称给人感受秩序、庄重、整齐即和谐之美。

(四)均衡

均衡是依中轴线、中心点不等形而等量的形体、构件、色彩相配置。均衡和对称形式相比较,有活泼、生动、和谐、优美的韵味。

(五)层次

一幅装饰构图要分清层次,使画面具有深度、广度而更加丰富。缺少层次则感到平庸,室内设计同样要追求空间层次感。如色彩从冷到暖,明度从亮到暗,纹理从复杂到简单,造型从大到小、从方到圆,构图从聚到散,质地从单一到多样等,都可以看成富有层次的变化。层次变化可以取得极其丰富的视觉效果。

(六)呼应

呼应如同形影相伴,在室内设计中,顶棚与地面、桌面及其他部位,采用呼应的手法,形体的处理,会起到对应的作用。呼应属于均衡的形式美,是各种艺术常用的手法。呼应也有"相应对称""相对对称"之说,一般运用形象对应、虚实气势等手法求得呼应的艺术效果。

(七)延续

延续是指连续伸延。人们常用"形象"一词指一切物体的外表形状,如果将一个形象有规律地向上或向下,向左向右连续下去就是延续。这种延续手法运用在空间之中,使空间获得扩张感或导向作用,甚至可以加深人们对环境中重点景物的印象。

(八)简洁

简洁或称简练。指室内环境中没有华丽的修饰和多余的附加物,以少而精的原则,把室内装饰减少到最小程度,认为"少就是多,简洁就是丰富"。简洁是室内设计中特别值得提倡的手法之一,也是近年来十分流行的趋势。

(九)独特

独特也称特异。独特是突破原有规律,标新立异引人注目。在大自然中,"万绿丛中一点红,荒漠中的绿地",都是独特的体现。独特是在陪衬中产生出来的,是相互比较而存在的。在室内设计中特别推崇有突破的想象力,以创造个性和特色。

(十)色调

色彩是构成造型艺术设计的重要因素之一。不同颜色能引起人视觉上不同的色彩感受。如红、橙、黄温暖感很热烈,被称作暖色系;青、蓝、绿具有寒冷、沉静的感觉,被称作冷色系。在室内设计中可选用各类色调构成。色调有很多种,一般可归纳为"同一色调,同类色调、邻近色调,对比色调"等,在使用时可根据环境不同灵活运用。

四、室内装饰设计的方法

(一)室内空间组织

1. 室内空间特性

室外是无限的,室内是有限的,室内围护空间无论大小都有规定性。相对说来,生活在有限的空间中,对人的视距、视角、方位等方面有一定限制。室内外光线在性质上、照度上也很不一样。室内除部分受直射阳光照射外,大部分是受反射光和漫射光照射,没有强的明暗对比,光线比室外要弱。

室内是与人最接近的空间环境,人在室内活动,室内空间周围存在的一切与人息息相关。人对室内物体触摸频繁,对材料在视觉上和质感上比室外有更强的敏感性。由室内空间采光、照明、色彩、装修、家具、陈设等多因素综合,造成室内空间形象在人的心理上产生比室外空间更强的承受力和感受力,从而影响到人的生理、精神状态。

2. 室内空间功能

空间的功能包括物质功能和精神功能。物质功能指使用上的要求,如空间的面积、大小、形状,适合的家具、设备布置,使用方便,节约空间,交通组织、疏散、消防、安全等措施,以及科学地创造良好的采光、照明、通风、隔声、隔热等的物理环境。

精神功能是在满足物质功能的基础上,从人的文化、心理需求出发,充分考虑业主个体的爱好、愿望、意志、审美情趣、民族文化、民族象征、民族风格等,通过空间形式的处理和空间形象的塑造,使人们获得精神上的满足和美的享受。

3. 空间类型

(1)固定空间和可变空间(或灵活空间)。固定空间常是一种经过深思熟虑的使用不变、功能明确、位置固定的空间,可以用固定不变的界面围隔而成。如住宅中的厨房、卫生间,有些永久性的纪念堂等。

可变空间与此相反,为了能适合不同使用功能的需要而改变其空间形式,常采用灵活可变的分隔方式,如折叠门、可开可闭的隔断,以及影剧院中的升降舞台、活动墙面、天棚等。

(2)静态空间和动态空间。静态空间一般说来形式比较稳定,常采用对称式和垂直水平界面处理。空间比较封闭,构成单一,视觉常被引导在一个方位或落在一个点上,空间常表现得非常清晰明确。

动态空间,或称为流动空间,往往具有空间开敞性和视觉导向性的特点,界面(特别是曲面)组织具有连续性和节奏性,空间构成形式富有变化性和多样性,常使视线从这一点转向那一点。

(3)开敞空间和封闭空间。在空间感上,开敞空间是流动的、渗透的。它可提供更多的室内外景观和扩大视野。封闭空间是静止的、凝滞的,有利于隔绝外来的各种干扰。

在使用上,开敞空间灵活性较大,便于经常改变室内布置;而封闭空间提供了更多的墙面,容易布置家具,但空间变化受到限制。

在心理效果上,开敞空间常表现为开朗、活跃;封闭空间常表现为严肃、安静或沉闷,但富于安全感。

在对景观关系上和空间性格上,开敞空间是收纳性的、开放性的;而封闭空间是拒绝性的。因此,开敞空间表现为更带公共性和社会性,而封闭空间更带私密性和个体性。

(4)空间的肯定性和模糊性。界面清晰、范围明确而具有领域感的空间,称肯定空间。一般私密性较强的封闭型空间常属于此类。

在建筑中凡属似是而非、模棱两可,而无可名状的空间,通常称为模糊空间。空间的模糊性富于含蓄性和耐人寻味,常为设计师所宠爱,多用于空间的联系、过渡、引导等。

(5)虚拟空间和虚幻空间。虚拟空间是指在界定的空间内,通过界面的局部变化而再次限定的空间,如局部升高或降低地坪、天棚,或以不同材质、色彩的平面变化来限定空间等。

虚幻空间是指室内镜面反映的虚像,把人们的视线带到镜面背后的虚幻空间去,于是产生空间扩大的视觉效果。

4. 空间的过渡和引导

过渡空间作为前后空间、内外空间的媒介、桥梁、衔接体和转换点,在功能和艺术创作上有其独特的地位和作用。过渡的形式是多种多样的,有一定的目的性和规律性,如从公共性至私密性的过渡,常和开放性至封闭性过渡相对应,和室内外空间的转换相联系。如公共性—半公共性—半私密性—私密性;开敞性—半开敞性—半封闭性—封闭性;室外—半室外—半室内—室内。过渡空间也常起到功能分区的作用,如动区和静区、净区和污区等的过渡地带。

(二)室内界面设计

室内界面,即围合成室内空间的底面(楼、地面)、侧面(墙面、隔断)和顶面(吊顶、天棚)。从室内设计的整体观念出发,我们必须把空间与界面、"虚无"与"实体"有机地结合在一起来分析和对待。在具体的设计进程中,不同阶段也可以各具重点。

1. 界面的要求和功能特点

室内设计时,对底面、侧面、顶面等各类界面既有共同的要求,在使用功能方面又各有其特点。

各类界面的共同要求:

(1)耐久性及使用期限。

(2)防火性能(现代室内装饰应尽量采用不燃及难燃材料,避免采用燃烧时释放大量浓烟及有毒气体的材料)。

(3)无毒(指散发气体及触摸时的有害物质低于核定剂量)。

(4)无害的核定放射剂量(如某些地区所产的天然石材,具有一定的放射性)。

(5)易于制作安装和施工,便于更新。

(6)必要的隔热保暖、隔声吸声性能。

(7)装饰及美观要求。

(8)相应的经济要求。

各类界面的功能特点:

(1)底面(楼、地面)要耐磨、防滑、易清洁、防静电等。

(2)侧面(墙面、隔断)遮挡视线,满足较高的隔声、吸声、保暖、隔热要求。

(3)顶面(平顶、天棚)要求质轻,光反射率高,满足较高的隔声、吸声、保暖、隔热要求。

2. 界面装饰材料的选用

室内装饰材料的选用是界面设计中涉及设计成果的实质性重要环节,它最为直接地影响到室内设计整体的实用性、经济性,环境气氛和美观与否。设计者应熟悉材料质地、性能特点,了解材料的价格和施工操作工艺要求,善于和精于运用当今先进的物质技术手段,为实现设计构思创造坚实的基础。

(1)适应室内使用空间的功能性质。对于不同功能性质的室内空间,需要由相应类别的界面装饰材料来烘托室内的环境氛围,例如文教、办公建筑的宁静、严肃气氛,娱乐场所的欢乐、愉悦气氛。

(2)适合建筑装饰的相应部位。不同的建筑部位,相应地对装饰材料的物理、化学性能、观感等要求也不同。如建筑外装饰材料,要求有较好的耐风化、防腐蚀的耐久性能。由于大理石中主要成分为碳酸钙,常与城市大气中的酸性物化合而受侵蚀,因此外装饰一般不宜使用大理石。

(3)符合更新、时尚的发展需要。现代室内设计具有动态发展的特点,设计装修后的室内环境通常并非"一劳永逸",而是需要更新,讲究时尚。原有的装饰材料需要由无污染、质地和性能更好、更为新颖美观的装饰材料来取代。界面装饰材料的选用还应注意做到"精心设计、巧于用材、优材精用、一般材质新用"。

3. 界面常用装饰材料

(1)木材。木材具有质轻、强度高、韧性好、热工性能佳,且手感、触感好等特点。纹理和色泽优美愉悦,易于着色和油漆,便于加工、连接和安装,但需注意应予防火、防腐和防蛀处理,表面应选用不致散发有害气体的涂层。

(2)石材。石材浑实厚重,压强高,耐久、耐磨性能好,纹理和色泽极为美观,且各品种的石材特色鲜明。其表面根据装饰效果需要,可作凿毛、烧毛、哑光、磨光镜面等多种处理。运用现代加工工艺,可使石材成为具有单向或双向曲面、饰以花色线脚等的异形材质。天然石材作装饰用材时,宜注意材料的色差,如施工工艺不当,湿作业时常留有明显的水渍或色斑,影响美观。

现代工业和后工业社会,"回归自然"是室内装饰的发展趋势之一,因此室内界面装饰常适量地选用天然材料。即使是现代风格的室内装饰也常选配一定量的天然材料,因为天然材料具有优美的纹理和材质,它们和人们的感受易于沟通。

4. 界面设计的要求

(1)满足使用功能要求。室内设计要以创造良好的室内环境为宗旨,把满足人们在室内进行生产、学习、工作、休息的要求放在首位。在室内设计中注意使用功能,概括地说就是要使内部环境布局科学化与舒适化。为此,除了要妥善处理空间的尺度、比例与组合外,还要考虑人们的活动规律,合理配备家具设备,选择适宜的色彩,解决好通风、采光、采暖、照明、通信、视听装置、消防、卫生等问题。

(2)满足艺术性要求。随着我国经济的迅速发展,越来越多的人对建筑室内更加重视,对室内设计的要求也越来越高。这就要求室内设计者在室内设计的艺术性方面多下工夫。

室内界面的艺术性设计是室内空间艺术性设计的重要组成部分之一。界面的造型应该使人们在室内界面围成的环境中得到一种美的享受,从而使身心愉悦,心理健康,精神上得到最大的满足。

(3)满足经济性要求。在当今室内设计中有诸多影响设计个性化体现的要素,而商业化与经济性则是关键的一对矛盾。处理得好两者协调一致,个性化特征能够很好地体现,处理不好往往是商业化泛滥。

室内设计的经济性要求室内装饰以勤俭节约为本,不要走入花钱越多越好的误区。室内界面在室内整体设计中所占分量很大,界面设计的经济性可以直接影响室内装修的整体造价,所以要在界面设计中充分考虑实用、经济的影响,使设计不要留下遗憾。

(4)满足整体性要求。在做室内界面设计时要注意各个界面的整体性的要求,使各个界面的设计能够有机联系,完整统一,并直接影响室内整体风格的形成。

首先,界面的整体性设计要从形体设计上开始。各个界面上的形体变化要在尺度、色彩上统一、协调。协调不代表各个界面不需要对比,有时利用对比也可以使室内各界面总体协调,而且还能达到风格上的高度统一。

其次,界面的整体性还要注意界面上的陈设品设计与选择。选择风格一致的陈设品可以为界面设计的整体性带来一定的影响,陈设品的风格选择不应排斥各种风格的陈设品,如不同材质、色彩、尺度的陈设品,通过设计者的艺术选择,都能在整体统一的风格中找到自己的位置,并使室内整体设计风格高度统一,而且又有细部的设计统一。

5. 界面设计的处理手法

室内界面处理,铺设或贴置装饰材料是做"加法";有些结构体系建筑的室内装饰也可以做"减法",如明露的结构构件,利用模板纹理的混凝土构件或清水砖面等。某些体育建筑、展览建筑、交通建筑的墙面,是由显示结构的构件构成,那些人们不直接接触的墙面可采用不加装饰、具有模板纹理的混凝土面或清水砖面等。

6. 各界面的设计

(1)顶棚装饰设计。空间的顶界面最能反映空间的形状及关系。通过对空间顶界面的处理,可以使空间关系明确,达到建立秩序,克服凌乱散漫,分清主从,突出重点和中心的目的。

顶棚是室内空间的顶界面,是室内空间设计中的遮盖部件。它作为室内空间的一部分,其使用功能和艺术形态越来越受到人们的重视,对室内空间形象的创造有着重要的意义(见图9-17)。

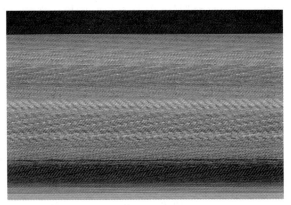

图 9-17　顶棚设计

吊顶装饰材料分为三部分:①吊顶龙骨,包括轻钢龙骨、铝合金龙骨、木龙骨等;②吊挂配件,包括吊杆、吊挂件、挂插件等;③吊顶罩面板,包括硬质纤维板、石膏装饰板、矿棉装饰吸声板、塑料扣板、铝合金板等。

在吊顶上方和楼板下方之间的空间中往往安设各种管线和设备,在装饰设计时要注意和其他工种的紧密联系。

(2)侧界面装饰设计。

侧界面是室内外环境构成的重要部分,不论用"加法"或"减法"进行处理,都是陈设艺术及景观展现的背景和舞台,对控制空间序列,创造空间形象具有十分重要的作用。

①墙面处理。在墙面的处理中,应根据室内空间的特点,处理好门窗的关系。通过墙面的处理体现出空间的节奏感、韵律感和尺度感。

常用的墙面材料有:喷塑、木质护壁板、壁纸、墙面贴丝绒、包不锈钢薄板或黄铜装饰薄板、壁毯、石膏装饰制品及木雕装饰品等。

墙面的设计形式有:壁龛式(凹壁式)墙面、壁画装饰墙面、主题性墙面、绿化墙面四种。

壁龛式(凹壁式)是在墙面上每隔一定距离设计成凹入式的壁龛,使墙面有规律地凹凸变化(见图9-18)。这种墙面一般在室内空间或面积较大时采用,或在两柱中间结合柱面装饰设壁龛。壁龛也可做成具有古典风格的门窗洞的造型,别有一番情趣。

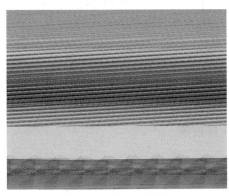

图 9-18　壁龛式墙面

　　壁画装饰墙面是在面积较大的墙面上挂上风格一致、大小不一、聚散有致的壁画,像夜空的繁星一样使墙面熠熠生辉(见图9-19)。或在墙上悬挂或绘制大型壁画,来表现一定的主题,使空间充满壁画所表现的艺术魅力。

图 9-19　壁画装饰墙面

　　主题性墙面一般用于住宅客厅中的电视背景墙、办公空间入口或接待厅的公司标志墙或其他主题墙面(见图9-20)。设计时要首先分析人流路线,主题墙面要选在人们注视时间较长的墙面上。

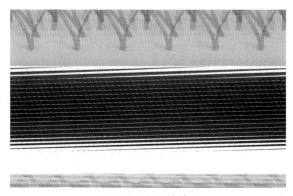

图 9-20　主题性墙面

　　绿化墙面是指室内墙面由乱石砌成,可在墙面上悬挂植物,或采用攀缘植物,再结合地面上的种植池、水池,形成一个意境清幽、赏心悦目的绿化墙面(见图9-21)。

图 9-21　绿化墙面

②柱子。柱子作为建筑物的垂直承重构件一般较粗壮。在室内空间中裸露的柱子为了减少这种粗壮之感,往往通过精心的装饰来美化室内空间(见图9-22)。如中国古代的盘龙柱,古希腊、古罗马的爱奥尼、科林斯等柱式对室内外空间就具有很强的装饰性。

现代建筑对柱子的装饰更是丰富多彩。一般来说,承重柱在室内空间中主要有两种处理手法:一种为在空间中有一到两根柱子临空时,柱子作为空间的重点装饰;另外一种是当室内空间较大有多个柱子成排时,以有很强韵律感的柱列形式装饰柱子(见图9-23)。

图 9-22　柱子作为空间的重点装饰

图 9-23　柱列形式装饰柱子

③隔断。为了达到根据不同的空间使用要求分隔空间的目的,往往强调空间的灵活分隔,使空间显得更开敞、流动性更强。如现代的商业、办公建筑室内空间,采用隔断结合家具在工厂加工成套产品,到现场安装,就比较强调灵活分隔。现代住宅内的公共区域,也多采用灵活分隔的方式,把空间分成不同的功能区域(见图9-24)。

④壁炉。壁炉,原为欧洲国家室内取暖设施,也是室内的主要装饰部件(见图9-25)。在起居室内的壁炉周围,往往布置休息沙发、茶几等家具,供家人团聚、朋友聚会,可形成一种温馨浪漫的室内气氛。而今室内环境虽有现代化的取暖设施,但壁炉作为西方文化习俗,作为一种装饰符号一直被沿用。

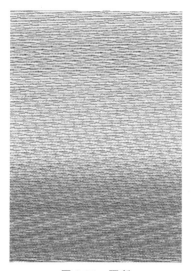

图 9-24 隔断

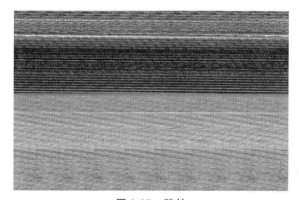

图 9-25 壁炉

⑤栏杆。栏杆作为楼梯、走廊、平台等处的保护构件,由于其造型多样,风格独特,往往也成为室内外装饰的重要构件。在现代室内空间中,栏杆也成为一种有效分隔空间的艺术手段(见图 9-26)。

图 9-26 栏杆

(3)地面装饰设计。地面由于功能区域划分明确,作为室内空间的承重基面,是室内环境设计的主要组成部分。因此,地面设计在必须具备实用功能的同时,还应给人一定的审美感受。

地面装饰设计的要求为:必须保证坚固耐久和使用的可靠性;应满足耐磨、耐腐蚀、防潮湿、防水、防滑甚至防静电等基本要求;应具备一定的隔音、吸声性能和弹性、保温性能;应满足视觉要素,使室内地面设计与整体空间融为一体,并为之增色;地面形状和图案的变化,要结合室内功能区的划分,家具陈设的布置统一考虑。

(三)室内光环境设计

在室内设计中,光不仅满足人们视觉功能的需要,也是一个重要的美学因素。光可以形成空间、改变空间或者破坏空间,它直接影响到人对物体大小、形状、质地和色彩的感知。近年的研究证明,光还影响细胞的再生长、激素的产生、腺体的分泌,以及如体温、身体活动和食物消耗等方面的生理节奏。因此,室内照明是室内设计的重要组成部分,在设计之初就应该加以考虑。

1. 照明的作用与艺术效果

室内照明设计是利用光的一切特性,去创造人们需要的光环境,充分发挥光照明的艺术作用。

(1)创造气氛。光的亮度和色彩是决定气氛的主要因素。一般说来,亮的房间比暗的房间更为刺激,但是这种刺激必须和空间具有的气氛相适应。同时,适度愉悦的光能激发和鼓舞人心,而柔弱的光令人轻松和心旷神怡。

室内的气氛也由于不同的光色而变化。许多餐厅、咖啡馆和娱乐场所常常用加重暖色,如粉红色、浅紫色,使整个空间具有温暖、欢乐、活跃的气氛,暖色光使人的皮肤、面容显得更健康、更美丽动人(见图9-27)。冷色光也有许多用处,特别在夏季,青、绿色的光使人感觉凉爽。因此,设计师应该根据不同气候、环境和建筑的性格要求来确定光色。

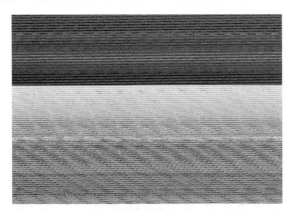

图 9-27 暖色照明

(2)加大空间感和立体感。空间的不同效果,可以通过光的作用充分表现出来。许多商店为了突出新产品,在新产品放置处用亮度较高的重点照明,而相应地削弱次要部位,以获得良好的照明艺术效果。照明也可以使空间变得实与虚,许多台阶照明及家具的底部照明使物体和地面"脱离",形成悬浮的效果,使空间显得空透、轻盈。

(3)光影艺术与装饰照明。利用各种照明装置,在恰当的部位以生动的光影效果来丰富室内空间。既可以表现光为主,也可以表现影为主,还可以光影同时表现,利用不同的虚实灯罩把光影洒到各处。光影的造型是千变万化的,主要的是在恰当的部位采用恰当形式表达出恰当的主题思想,来丰富空间的内涵,获得美好的艺术效果。

装饰照明是以照明自身的光色造型作为观赏对象,通常利用点光源通过彩色玻璃射在墙上产生各种色彩形状。用不同光色在墙上构成光怪陆离的抽象"光画",是表示光艺术的又一新领域。

(4)照明的布置艺术和灯具造型艺术(见图9-28)。天棚是表现、布置照明艺术的最重要场所,因为它无所遮挡,稍一抬头就清晰可见。因此,室内照明的重点常常选择在天棚上,它像一张白纸可以做出丰富多彩的艺术形式。而且常常结合建筑式样,或结合柱子的部位来达到照明和建筑的统一和谐。

图 9-28　灯具造型艺术

灯具造型一般以小巧、精美、雅致为主要创作方向。在选用灯具时,一定要和整个室内装饰一致、统一,不能孤立地评定优劣。由于灯具是一种可以经常更换的消耗品和装饰品,因此它的美学观近似日常用品和服饰,具有临时性和变换性。由于它的构成简单,更利于创新和突破。但是市面上灯具类型不多,这就要求照明设计者每年做出新的产品,不断变化和更新,才能满足社会需求,这也是小型灯具创作的基本规律。

2. 照明设计的原则

(1)实用性。室内照明应保证规范的照度水平,以满足工作、学习和生活的需要。设计时应从室内整体环境出发,全面考虑光源、光质、投光方向和角度的选择,使室内活动的功能、使用性质、空间造型、色彩、陈设等与其相协调,以取得整体环境效果。

(2)安全性。一般情况下,线路、开关、灯具的设置都需有可靠的安全措施,诸如配电盘和分线路一定要有专人管理,电路和配电方式要符合安全标准,不允许超载,在危险地方要设置明显标志,以防止漏电、短路等火灾和伤亡事故发生。

(3)艺术性。室内照明有助于丰富空间,形成一定的环境气氛。照明可以增加空间的层次和深度,光与影的变化使静止的空间生动起来,能够创造出美的意境和氛围,所以,室内照明设计时应正确选择照明方式、光源种类、灯具造型及体量,同时处理好颜色、光的投射角度,以取得改善空间感、增强环境艺术的效果。

3. 照明设计的要求

室内照明设计除了应满足基本照明质量外,还应满足以下几方面的要求。

(1)照度标准。照明设计时应有一个合适的照度值,照度值过低,不能满足人们正常工作、学习和生活的需要;照度值过高,容易使人产生疲劳,影响健康。照明设计应根据空间使用情况,符合《建筑电器设计技术规程》规定的照度标准。

(2)灯光的照明位置。正确的灯光位置应与室内人们的活动范围以及家具的陈设等因素结合起来考虑。这样,不仅满足了照明的基本功能要求,同时加强了整体空间意境;此外,还应把握好照明灯具与人的视线的合适关系,控制好发光体与视线的角度,避免产生眩光,减少灯光对视线的干扰。

(3)灯光的投射范围。灯光的投射范围是指保证被照对象达到照度标准的范围,这取决于人们室内活动的范围及对照明的要求。投射面积的大小与发光体的强弱、灯具外罩的形式、灯具的高低位置及投射的角度有关。照明的投射范围使室内空间形成一定的明暗对比关系,产生特殊的气氛,有助于集中人们的注意力。

(4)照明灯具的选择。灯具不仅限于照明,也为使用者提供舒适的视觉条件,同时起到美化环境的作用,是照明设计与建筑设计的统一体。随着建筑空间、家具尺度以及人们生活方式的变化,光源、灯具的材料、造型与设置方式都会发生很大变化,灯具与室内空间环境结合起来,可以创造不同风格。

4. 照明的布局形式

照明布局形式分为三种,即基础照明(环境照明)、重点照明和装饰照明。在办公场所一般采用基础照明,而家居和一些服饰店等场所则会采用一些三者相结合的照明方式。具体照明方式视场景而定。

(1)基础照明。基础照明是指大空间内全面的、基本的照明,重点在于能与重点照明的亮度有适当的比例,给室内形成一种格调,基础照明是最基本的照明方式。除注意水平面的照度外,更多应用的是垂直面的亮度。一般选用比较均匀的、全面性的照明灯具。

(2)重点照明。重点照明是指对主要场所和对象进行的重点投光。如商店商品陈设架或橱窗的照明,目的在于增强顾客对商品的吸引和注意力,其亮度是根据商品种类、形状、大小以及展览方式等确定的。一般使用强光来加强商品表面的光泽,强调商品形象。其亮度是基本照明的3～5倍。为了加强商品的立体感和质感,常使用方向性强的灯和利用色光以强调特定的部分。

(3)装饰照明。为了对室内进行装饰,增加空间层次,营造环境气氛,常用装饰照明,一般使用装饰吊灯、壁灯、挂灯等图案形式统一的系列灯具。装饰照明只能是以装饰为目的独立照明,不兼作基本照明或重点照明,否则会削弱精心制作的灯具形象。

5. 灯具的选择

在建筑室内空间中,照明设计主要结合灯具开展设计工作,灯具不仅仅局限于照明,还为使用者提供舒适的陈设艺术;另外,照明设计也可以利用不同的界面组合,设计出不同的隐蔽光源及灯光效果,起到美化环境的作用。

(1)吊灯。吊灯是悬挂在室内屋顶上的照明灯具,在一般空间中常独立悬挂在室内空间的中央位置上,形成空间的中心,作为重点照明使用(图9-29)。而且吊灯灯具较大,所以设计师常和灯井结合完成吊顶的设计工作。吊灯多数情况下为多头设计,当然也有独头设计,灯罩常用金属、玻璃和亚克力材料制成。

图 9-29　吊灯

（2）吸顶灯。直接安装在天花板上的一种固定式灯具，通常作为室内基础照明（见图 9-30）。吸顶灯种类繁多，灯罩常用乳白色玻璃、喷砂玻璃、彩色玻璃、亚克力、金属等不同材料制成。灯罩的形状通常为长方形、球形、圆柱体等几何形状，吸顶灯高度通常为 $80\sim150\text{cm}$。吸顶灯主要在一般空间中独立使用，配合使用较少。

图 9-30　吸顶灯

（3）嵌入式灯。嵌入式灯主要是指嵌入在吊棚中以及隐蔽空间中的灯具，常使用的灯具有筒灯、牛眼灯、斗胆灯等（见图 9-31）。具有较好的局部照明作用，适合多个灯具配合使用，灯具照明有聚光型和散光型两种。牛眼灯、斗胆灯属于聚光型，筒灯多数属于散光型。

图 9-31　嵌入式灯

（4）壁灯。壁灯是一种安装在建筑墙壁、柱子等立面上的灯具，属于装饰照明的一种，一般用作补充室内基础照明，具有很强的装饰性，使平淡的墙面具有立体感（见图 9-32）。壁灯的光线比较柔和，作为半直接照明的一种装饰灯具，常用在大型空间的墙壁上，既起到辅助照明作用，又起到装饰作用。

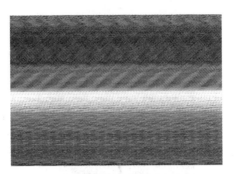

图 9-32　壁灯

　　(5)台灯。台灯主要用于局部重点照明。台灯可以使照明设计更加立体化,它不但具有实用性的照明作用,而且又是很好的装饰品,对室内环境起美化作用(见图 9-33)。

图 9-33　台灯

　　(6)落地灯。落地灯是一种局部重点照明灯具。它常与坐具配合使用,作为局部照明和阅读照明使用(见图 9-34)。

图 9-34　落地灯

　　(7)射灯。射灯也是一种局部重点照明灯具。灯具本身也可改变投射的角度。主要特点是可以通过集中投光以增强某些特别需要强调的物体。已被广泛应用在商业空间、展览空间、家居空间等室内局部重点照明,以增加商品、展品的吸引力(见图 9-35)。

图 9-35　射灯

（四）室内色彩设计

1. 室内色彩的作用与效果

室内的色彩可以对人产生多种作用和效果，研究和运用这些作用和效果，可以创造一个良好的、怡人的室内氛围，并有助于室内色彩设计科学化、艺术化。

（1）物理作用。室内界面、家具、陈设等物体的色彩相互作用，可以影响人们的视觉效果，使物体的尺度、远近、冷暖在主观感觉中发生一定的变化，这种感觉上的微妙变化，就是物体色彩的物理作用效果。

①温度感。人类在长时间的生活实践中体验到太阳和火能够带来温暖，所以在看到与此相近的色彩如红色、橙色、黄色的时候相应地产生了温暖感，在看到海水、月光、冰雪时就有一种凉爽感，后来在色彩学中统称红、橙、黄一类为暖色系；青、蓝等称之为冷色系。

②距离感。在人与物体距离一定的情况下，物体的色彩不同，人对物体的距离感受也有所不同，这就是所谓的色彩的距离感。在色彩的比较中，给人以比实际距离近的色彩称为前进色；给人以比实际距离远的色称为后退色。一般来说，暖色系的色彩具有前进、凸出、拉近距离的效果，而冷色系的色彩则具有后退、凹进、拉开距离的效果。

③重量感。色彩的重量感是通过色彩的明度、纯度确定的。决定色彩轻重感觉的主要因素是明度，即明度高的色彩感觉轻，明度低的色彩感觉重。其次是纯度，在同明度、同色相条件下，纯度高的感觉轻，纯度低的感觉重。从色相方面色彩给人的轻重感觉为，暖色黄、橙、红给人的感觉轻，冷色蓝、蓝绿、蓝紫给人的感觉重。

④尺度感。在色彩学中，色彩还有膨胀色与收缩色之分。给人感觉比实际大的色彩叫膨胀色，给人感觉以比实际小的色彩叫收缩色。由于物体具有某种颜色，使人看上去增加了体量，该颜色即属膨胀色；反之，缩小了物体的体量，该颜色则属收缩色。

（2）色彩的心理效果。色彩的心理效果是指色彩在人的心理上产生的反应。对于色彩的反应，不同时期、性别、年龄、职业、民族的人，其反应是不同的，对色彩的偏爱也是不一样的，比如以女性为主的服务行业，色彩要柔和、可适当提高色彩纯度，办公空间色彩不要渲染热烈、色彩要稳定，可选择以高调为主的室内色彩设计。现今社会中，专门有从事色彩流行趋势研究的行业，定时发布当前的流行色。作为室内设计者，不但要掌握色彩知识，还要掌握当今色彩的流行趋势，以免有落后之感。

色彩的联想作用还受历史、地理、民族、宗教、风俗习惯等多种因素的影响。有些民族以特定色彩象征特定的内容,从而使色彩的情感性发展为象征性。如藏族视黑色为高尚色,常用黑色装饰门窗的边框,朝鲜族常以白色作为内外装饰的主调,认为白色最能反映美好的心灵。在我国古代,朱红、金黄均为皇家色彩,是最高等级的色彩。现在我国人民在庆祝节日等喜庆的日子时还用红灯笼、红对联等表达自己的心情。

(3)色彩的生理效果。长时间地接受某种色彩的刺激,能引起视觉变化,进而产生生理的不同反应,如长时间注视红色,会对红色产生疲劳,这时眼帘中就会出现它的补色绿色。这种促使视觉平衡的色彩适应过程对室内色彩设计是很重要的。设计中不要盲目地大面积地使用某种单一的、刺激的色彩,否则会引起人的视觉不平衡。在实际设计中,设计者经常能接触到一些特殊行业,如炼钢工人的休息室,由于工人长时间接触红色的火焰,休息室用浅绿色饰墙面,就能使视觉器官得到休息,达到视觉平衡。

2. 室内色彩的分类

通常室内装饰会色彩庞杂,墙面、家具、灯光、花草等色彩都不相同。在优秀设计师手里,纷杂的色彩可以井然有序,搭配和谐自如。色彩的分类方法有许多,通常是按照室内色彩的面积和重点划分,大体可以分为三类,即背景色、主体色、点缀色。

(1)背景色。背景色是房间内大块面积表面的颜色,如地板、墙面、天花板和大面积隔断等的颜色。背景色决定了整个房间的色彩基调。大多数场合,背景多为柔和的灰调色彩,形成和谐的背景。如果使用艳丽的背景色,将给人深刻的印象。

(2)主体色。主体色主要是大型家具和一些大型室内陈设所形成的大面积色块。它在室内色彩设计中较有分量,如沙发、衣柜、桌面和大型雕塑或装饰品等。主体色的配色有两种不同方式,如果要形成对比,应选用背景色的对比色或者是背景色的补色作为主体色;如果要达到协调,应选择同背景色色调相近的颜色作为主体色,比如同一色系或者类似的颜色。

(3)点缀色。点缀色是指室内小型、易于变化的物体色,如灯具、织物、艺术品和其他软装饰的颜色。室内需要点缀色是为了打破单调的色彩环境,所以点缀色常选用与背景色形成对比的颜色。点缀色如果运用得当,可以创造戏剧化的效果。不过,点缀色常常会因为物品的体积小而被忽视。

三种色彩之间,背景色作为室内的基调提供给所有色彩一个舞台背景(虽有时也将某些墙面和顶棚处理成主体色),它必须适合室内的功能。通常选用低纯度,含灰色成分较高的色彩,可增加空间的稳定感。主体色是室内色彩的主旋律,它体现了室内的性格,决定环境气氛,创造意境。它一方面受背景色的衬托,一方面又与背景色一起成为点缀色的衬托。在较小的房间中,主体色宜与背景色相似,融为一体,使房间看上去大一些。若是大房间,则可选用背景色的对比色,使主体色与点缀色同处一个色彩层次,突出其效果,改善大房间的空旷感。点缀色作为最后协调色彩关系的媒介是必不可少的。不少成功的案例都得益于点缀色的巧妙穿插,使色彩组合增加了层次,丰富了对比。

一般来说,室内色彩设计的重点在于主体色。主体色与背景色的搭配要协调中有变化,统一中有对比,才能成为视觉中心。通常,三者的配色步骤是由最大面积开始,由大到小依次着手确定。

3. 室内色彩设计的原则

(1)充分考虑功能要求。室内色彩主要应满足空间功能需求。设计时首先应认真分析每一空间的使用性质,如居住空间中儿童卧室与起居室、老年人卧室与新婚夫妇的卧室,由于使用对象不同或使用功能有明显区别,色彩的设计就必须有所区别。

（2）力求符合空间构图需要。室内色彩配置必须符合空间构图原则,充分发挥室内色彩对空间的美化作用,正确处理协调和对比、统一与变化、主体与背景的关系。

在室内色彩设计时,首先确定空间的主色调,使其在室内气氛创造过程中起主导作用。影响室内色彩主色调的因素很多,主要有色彩的明度、纯度和对比度。

其次要处理好统一与变化的关系,在统一的基础上求变化。大面积的色块不宜采用过分鲜艳的色彩,小面积的色块可适当提高色彩的明度和纯度。

此外,室内色彩设计要体现稳定感、韵律感和节奏感,为此常采用上轻下重的色彩关系。室内色彩的变化,应形成一定的韵律和节奏感,并注重色彩的规律性,切忌杂乱无章。

（3）利用室内色彩,改善空间效果。利用色彩的基本属性和色彩对人心理的影响,可在一定程度上改变空间尺度、比例,从而改善空间效果。如居室空间过高时,可用近感色,减弱空旷感,提高亲切感;墙面过大时,宜采用收缩色;柱子过细时,宜用浅色;柱子过粗时,宜用深色,减弱笨粗之感。

（4）注意民族、地区和气候条件。不同的民族,由于生活习惯、文化传统和历史沿革不同,其审美要求也不同。因此,室内设计时,既要掌握一般规律,又要了解不同民族、不同地理环境的特殊习惯和气候条件。

4. 室内色彩的选择

作为装饰的主要手段之一,室内色彩因能改变空间的格调而受到重视。室内色彩不占用室内空间,不受空间结构的限制,运用方便灵活,最能体现居住者的个性风格。室内色彩,构成了整个空间的基调,家具、照明、饰物等色彩选配,都受到它的制约。色彩的确定不仅要考虑空间的用途、朝向、形状等因素,还要与家具的色彩及环境相协调。

（1）根据空间用途选择颜色。空间的用途决定了将要营造的效果。如起居室使用浅暖色,以显得明亮、宽松、舒适;餐厅适当使用暗色,以利清洁;走廊和门厅是入户的第一印象,可大胆用色,以彰显个性;而卧室的色彩风格则完全由个人的品位所决定。

（2）根据空间朝向选择颜色。东向的房间由于最早晒到日光也最早离开日光而使空间较早变暗,使用浅暖色是较稳妥的;南向的房间日照时间最长,使用浅冷色常使人感到更舒适,空间的效果也更迷人;西向的房间由于受到一天中最强烈日照的影响,若用浅冷色,相对更加清爽;北向的房间由于没有日光的直接照射,所以在选色时应倾向于用暖色,且色度要浅。

（3）根据空间界面的不同位置选择颜色。浅色使人感觉清爽,深色使人感觉沉重。通常空间的处理大多是自上而下,由浅到深。如空间的顶棚及墙面采用白色或浅色,踢脚线使用深色,给人一种上轻下重的稳定感;相反,上深下浅会给人一种头重脚轻的压抑感。

（4）根据空间形状选择颜色。颜色能在一定的程度上改变人们对房间形状的感觉。如冷色可使较低的天花板看上去变高,狭窄的房间变宽;在房间远端墙上用深色,会使墙产生前移的效果。

（5）根据家具及环境选择颜色。室内色彩对于家具起衬托作用,墙面色彩过于浓郁凝重,则起不到背景作用,所以,宜用浅色调。如果室外是绿色地带,绿色光影散射进入室内,用浅紫、浅黄、浅粉等暖色装饰的墙面则会营造出一种宛如户外阳光明媚的氛围;若室外是大片红墙或其他红色反射,墙面以浅黄、浅棕等色为装饰,可给人一种流畅的感觉。

(五)室内家具与陈设

1. 室内家具

(1)家具的种类。不同的材料有不同的性能,其构造和家具造型也各具特色,家具可以用单一材料制成,也可和其他材料结合使用,以发挥各自的优势。各式家具见图 9-36。

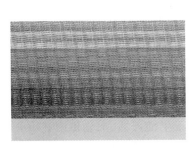

图 9-36　各式家具

家具按制作材料分为木制家具,藤、竹家具,金属家具,塑料家具;按构造体系分为框式家具、板式家具、注塑家具、充气家具等;按家具组成分为单体家具、配套家具、组合家具。

室内家具可按其使用功能、制作材料、结构构造体系、组成方式以及艺术风格等来分类。按照与人体的关系和使用特点,分为坐卧类、凭倚类、贮存类等。

(2)家具设计的原则

①使用方便原则。布置家具时首先要考虑使用方便的原则,尤其是在使用上有相互联系的家具,要确保使用过程中舒适、方便。

②合理利用空间原则。家具对室内空间利用率的影响很大,因此,家具的布置要尽可能充分地利用空间,减少不必要的空间浪费。

③协调统一原则。室内家具布置时要考虑到家具的材质、色彩、尺寸、风格是否与室内装修装饰协调统一,以及家具之间的布置是否协调统一。

(3)家具的选型。

①家具风格与室内装饰风格统一。

选择家具时首先就要看所选家具风格是否相互统一并和空间装饰进行合理的搭配。由于各种人文因素,风格流派的多种多样,目前常见的家具风格搭配有以下几种。

中国古典家具为红木家具、仿红木家具和中国古典元素所设计出的现代家具等(见图 9-37),

这些家具能够体现中国人文气息,营造出优雅的中式氛围。

图 9-37　中国古典家具

欧式古典家具为仿照古典欧式家具及其元素等设计的现代家具(见图 9-38),这些家具往往体现出富丽堂皇的异国情调。

图 9-38　欧式古典家具

现代风格家具采用各种近现代家具的样式或板式家具,营造出现代、时尚、简约的装饰风格,满足当代人的使用需要(见图 9-39)。常见的现代风格有意大利风格、北欧风格等。

图 9-39　现代风格家具

此外,常见的风格搭配还有以联邦式家具为主营造的田园风格和以红木、藤竹家具营造的南洋风格等。

②地域性对家具选型的影响。

家具使用地域因素也是影响家具选择的重要因素之一。例如中国南方地区,四季温差较小,不需要厚重的被褥及棉衣,就不用高大的衣橱和床下能贮藏衣被的高箱床。且南方潮湿,床下不带斗的低箱床便于通风,避免被褥发霉。而北方地区,因为天气冷需要有大量的被褥和棉衣,所以家具就要用到高大的衣橱和高箱床来贮藏衣被等物品。

在都市和较发达地区,因为人口密度大,较之乡镇房间小,所以在选择家具时,都市和发达地区需要选择款式较小、精致的家具。而乡镇和农村因为房间开间进深较大,一般选择款式较大的家具,突出气派。

③空间对家具选型的影响。

随着城市建筑容积率的增大,空间对家具的选型影响也越来越受到重视。

小户型居室家具(见图9-40)的选型原则:

第一,应多选用组合型家具。选用将几种使用目的组合在一起的组合型家具,这样可节省空间,如沙发与床的组合、沙发与柜子的组合、书柜与书桌的组合等。这些家具可以根据日常生活所需进行灵活增减或变化。

第二,选用折叠家具。有些不能组合的家具,可考虑折叠家具,这样也可以节省空间,如选用折叠型用餐桌、凳子等。

第三,避免笨重的家具占去空间,使家具尽量小型化。

图 9-40　小户型居室家具

④根据业主的年龄进行家具选型。

同年龄的业主,因在空间中活动特点的不同,对家具的需求也有所不同,如儿童家具的选型就要充分考虑到儿童的生活及活动规律。

儿童房家具的选型(见图9-41)应从以下几个方面入手:

第一,符合儿童的人体工程学。在儿童房家具选择时,实用的原则至关重要,所以,桌椅特别要讲究人体工程学原理,家具的高度要适宜孩子,橱柜的门和抽屉要推拉方便。

第二,考虑安全性。儿童家具不应有容易碰上的突出结构和棱角。橱柜门和抽屉的把手要方便儿童执握,不能有棱和尖角。

第三,满足童趣。好奇和好玩是儿童的天性,儿童家具要符合儿童的心理特征,富有趣味性,应采用美观有趣的造型和明快的色彩。

第四,环保无毒。挑选儿童家具要注意它是否环保,认明无毒的材质与无毒的表面处理,才能使用。一般来说,木料是制造儿童家具的最佳材料。儿童家具对用漆也十分讲究,尤其是铅会对儿童智力发育、体格生长、学习记忆能力和感觉功能产生不利影响,所以应选用无铅无毒无刺激漆料,才能避免孩子肌肤接触家具时的中毒或过敏事件发生。

第五,便于清洗和打理。儿童经常会把家里的东西弄脏,并且表面不清洁的家具不利于儿童的生理和心理发育,所以,表面易于清洁的家具是儿童家具选择所应考虑的。

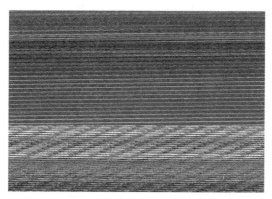

图 9-41　儿童房家具的选型

(4)家具的布置(见图 9-42)。应结合空间的性质和特点,确立合理的家具类型和数量,根据家具的单一性或多样性,明确家具布置范围,达到功能分区合理。组织好空间活动和交通路线,使动、静分区分明,分清主体家具和从属家具,使其相互配合,主次分明。安排组织好空间的形式、形状和家具的组、团、排的方式,达到整体和谐的效果。在此基础上进一步,应该从布置格局、风格等方面考虑。从空间形象和空间景观出发,使家具布置具有规律性、秩序性、韵律性和表现性,获得良好的视觉效果和心理效应。

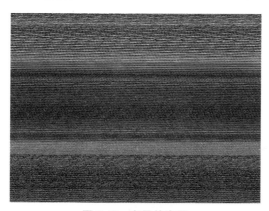

图 9-42　家具的布置

家具布置根据家具在空间中的位置,可分为周边式、岛式、单边式、走道式;从家具布置与墙面的关系可分为靠墙布置、垂直于墙面布置、临空布置;从家具布置格局可分为对称式、非对称式、集中式、分散式等。

2. 室内陈设

(1)陈设的种类。室内陈设或称摆设,是继家具之后又一室内设计的重要内容。陈设品是以表达一定思想内涵和精神文化为着眼点,并起着其他物质功能所无法代替的作用。常用的室内陈设列举如下。

①字画。字画是一种高雅艺术,也是广为群众喜爱的陈设品,是装饰墙面的最佳选择。字画的选择主要考虑内容、品类、风格以及画幅大小等因素,例如现代派的抽象画和室内装饰的抽象风格会十分协调。

②摄影作品。摄影作品是一种纯艺术品,摄影与绘画不同之处在于摄影只能是写实的和逼真的。少数摄影作品经过特技拍摄和艺术加工也有绘画效果,因此摄影作品的一般陈设和绘画基本相同。而巨幅摄影作品常作为室内扩大空间感的界面装饰,意义已有不同。

摄影作品可以制成灯箱广告,这是不同于绘画的特点。摄影能真实地反映当地当时所发生的情景,某些重要的历史性事件和人物写照常成为值得纪念的珍贵文物,因此摄影作品既是摄影艺术品又是纪念品。

③雕塑。雕塑有玩赏性和偶像性之分,它反映了个人情趣、爱好、审美观念、宗教意识和崇拜偶像等。它属三维度空间,栩栩如生,其感染力常胜于绘画的力量。雕塑的表现还取决于光照、背景的衬托以及视觉方向。

④盆景。盆景在我国有着悠久的历史,是植物观赏的集中代表,被称为有生命的绿色雕塑。盆景的种类和题材十分广阔,像电影一样,既可表现特写镜头,如一棵树桩盆景,老根新芽,充分表现植物的刚健有力、苍老古朴、充满生机;又可表现壮阔的自然山河,如一盆浓缩的山水盆景,可表现崇山峻岭、湖光山色、亭台楼阁、小桥流水,千里江山尽收眼底,可以得到神思卧游之乐。

⑤工艺美术品。工艺美术品的种类和用材更为广泛,有竹、木、草、藤、石、泥、玻璃、塑料、陶瓷、金属、织物等。有些本来就是属于纯装饰性的物品,如挂毯之类。有些是将一般日用品进行艺术加工或变形而成,旨在发挥其装饰作用和提高欣赏价值。这类物品常有地方特色以及传统手艺。

⑥个人收藏品和纪念品。个人的爱好既有共性也有特殊性,家庭陈设的选择往往以个人的爱好为转移。这些反映不同爱好和个性的陈设,使不同家庭各具特色,极大地丰富了社会交往内容和生活情趣。不同民族、国家、地区之间,在文化经济等方面差异是很大的,彼此都以奇异的眼光对待异国他乡的物品。我们常可以看到,西方现代厅室中挂有东方的画帧、古装,甚至蓑衣、草鞋、草帽等也登上大雅之堂。

⑦日用装饰品。日用装饰品是指日常用品中具有一定观赏价值的物品。它和工艺品的区别是,日用装饰品主要还是在于其可用性。日用装饰品的共同特点是造型美观、做工精细、品味高雅,在一定程度上具有独立欣赏的价值。因此,不但不必收藏起来,而且还要放在醒目的地方去展示它们,如餐具、烟酒茶用具,植物容器、电视音响设备,日用化妆品、灯具等。

⑧织物陈设。织物陈设,除少数作为纯艺术品外,如壁挂、挂毯等,大量作为日用品装饰,如窗帘、台布、桌布、床罩、靠垫、家具等蒙面材料。它的材质形色多样,具有吸声效果,使用灵活,便于更换,使用极为普遍。

(2)陈设的作用。陈设品的陈列除了具有一定的实用功能外,也对室内空间环境的改善和室内空间氛围的营造起很大的作用。陈设在室内空间中所起的作用主要有:

第一,柔化和完善环境。陈设可作为装修工程的补充,来满足实用功能并柔化室内空间,如安装窗帘、放置绿色植物、摆放工艺品等。

第二,强化空间风格。不同的陈设品可以营造和烘托出不同的环境气氛,如中国古典风格、欧洲古典风格、简约风格、乡村田园风格等。陈设品因其造型、色彩、图案、质地等因素往往表现出一定的风格特点。恰当地选择陈设品,可以对室内环境的风格起到加强、促进的作用。

第三,划分和引导空间。陈设具有改变空间的作用,一些体量较大、造型独特、风格鲜明、色彩鲜艳的陈设品通过特定的放置,能够在室内空间中起到识别空间、分隔空间、引导人流等作用。

第四,彰显个性,陶冶情操。室内陈设在一定程度上能彰显出主人的个性、爱好、修养。同时,造型优美、格调高雅,尤其是具有一定内涵的陈设品,不仅能够美化环境,还可以陶冶人的情操。

第五,体现地域特征和民族特色。不同民族因为其特定的文化背景和风俗习惯,也形成了独特的民族特色。许多陈设品就带有浓郁的民族特色和地域风情,在室内陈列这些陈设品,可以使空间环境体现出一定的民族特色和地域特征。

(3)陈设设计的原则。

①满足使用和陈列的需要。陈列品在选择摆放时,首先考虑满足使用需要,还应注意不能影响空间的正常使用。艺术陈列品要与周围风格搭配,并且也便于陈列品的保存。

②陈列品和家具搭配。陈设应围绕家具进行布置,起到丰富空间、烘托家具的作用。陈列品选择的大小、材料、颜色、造型都要与家具的体量、风格、材质、款式相搭配。

③既要风格统一,又要变化丰富,重点突出。在选择和布置陈设品时,应综合考虑空间的总体格调、陈设与家具、陈设与陈设间的相互关系。陈设品的风格应保持整体上的统一,同时还应该使陈列品富于变化。在摆放的时候,应将视觉冲击力强的陈列品放置于最显眼的地方,从而保证变化丰富而不杂乱、和谐统一而不单调的空间效果,营造出自然和谐、极具生命力的"统一与变化",进一步提升空间环境的品位。

④构图均衡,比例协调。配置陈设品时,应注意陈设品间构图关系的均衡。对称的均衡给人以严谨、庄重之感,不对称的均衡则能获得生动、活泼的艺术效果。同时还应注意陈设品与室内空间的比例关系要恰当,室内陈设品过大,常使空间显得小而拥挤;过小又使室内空间显得过于空旷,产生不协调的感觉。

(4)陈设品的选择。

①根据陈设品的特性选择。大部分陈设品是装饰性的,但亦有部分兼有实用和装饰两种特性。对于前者在陈设布置时不但要考虑视觉艺术的要求,还得满足日常使用时的要求。

由于形状、大小、体量的不同,更加上设置方法的不同(壁挂的、悬吊的、落地的、桌上或橱中放置的),因而在具体布置时必须根据陈设品的不同特性分别对待,才能各得其所,发挥最大的观赏装饰效益。当然,布置时要综合考虑和室内空间环境的一致,要注意它们表达的主题和内容,使之和谐统一。

②根据使用者的需求爱好选择。由于使用者身份职业、年龄性别、文化程度、个人修养、兴趣爱好等不同,对于室内陈设布置亦有不同的需求。

儿童使用的室内空间,常布置各类玩具和色彩鲜艳、富于幻想的装饰物,充满童稚趣味,突出了儿童的心理特征(见图 9-43)。

图 9-43　充满童稚趣味的儿童房

　　而老年人则较偏爱古典的风格、深稳的色调及幽雅的饰物，所以说人的性格、志趣和爱好总会间接或直接地反映在他的室内陈设布置中（见图 9-44）。

图 9-44　稳重的老年房

　　③根据民族性、地方性、区域性的要求选择。不同的民族、不同的区域、不同的地方反映在室内陈设品的布置上亦是不同的。这是由于各民族生活方式、传统习俗、文化渊源以及兴趣爱好不同的缘故，具有深刻的历史文化烙印。

　　（5）陈设的陈列方式。陈列的方式归纳起来，有墙面陈列、台面陈列、落地陈列、橱架陈列、悬挂陈列等。

　　①墙面陈列。墙面陈列适用的范围很广，陈设品中如字画、编织物、挂盘、浮雕等艺术品，或一些小型的工艺品、纪念品及文体娱乐用品如吉他、球拍、宝剑等都可用于墙面陈设。陈设品在墙面上的位置，与整体墙面及空间的构图关系，可以是对称式或者非对称式。当墙面有三个以上的陈列品时，就形成了成组陈列的陈设，成组陈设应结合陈设品的种类、大小以及墙面的空白面积，可用水平、垂直构图或三角形、菱形、矩形等构图方式统筹布置。

　　②台面陈列。台面陈列是将陈设品摆放在各种台面上进行展示的方式。台面包括桌面、几案、柜台、窗台、展台等，如果说墙面陈列方式运用的是平面关系的话，那么台面陈设运用得更多的是立体构成关系。因此，摆放台面陈设品时，应注意陈设品之间的立体布局。台面陈列分为对称式布置和自由式布置。对称式布置庄重大气，有很强的秩序感，但易呆板少变化，如在电视两旁布置音箱；自由式布置，灵活且富于变化，但应注重整体的均衡，突出重点。

③落地陈列。落地陈列指将大型的陈设品,如雕塑、瓷瓶、绿化、灯具等,落地布置。这种布置方法常用于大厅中、门厅处或出入口旁,起到引导作用或引人注目的效果。也可放置在厅室的角隅、走道尽端等位置,作为视觉的缓冲。大型落地陈列布置时应注意不能影响工作和交通路线的通畅。

④橱架陈列。橱架陈列是一种兼有贮藏功能的展示方式,可集中展示多种陈设品。尤其当空间狭小或需要展示大量陈设品时,最宜采用分格分层的搁板、博古架,或特制的装饰柜架进行陈列展示。橱架陈设适用于体量较小、数量较多的陈设品,以达到多而不繁、杂而不乱的效果。橱架陈列适用的陈设品有:书籍、奖杯、古玩、瓷器、玻璃器皿、相框、CD、酒类及各类小工艺品。

橱架的形式有陈列橱、博古架、书柜、酒柜等,橱架可以是开敞通透的,也可以用玻璃门封闭起来。橱架陈列应注意整体的均衡关系和每层陈设品之间色彩、体量、质地上的变化。

⑤悬挂陈列。悬挂陈列也是一种常见的展示方式,常用于空间高大的厅室,可减少竖向空间的空旷感,丰富空间层次,并起到一定的散射光线和声波的效果。悬挂陈列用于吊灯、织物、风铃、灯笼、珠帘、植物等,在商业场所也常悬挂宣传招贴、气球等起引导路线、烘托气氛的作用。悬挂陈列应注意陈设品的高度不能妨碍人的正常活动。

(六)室内绿化、小品

1. 室内绿化

(1)室内绿化的作用。

①装饰美化室内空间。绿色植物千姿百态,无论从形、色、质、味,还是枝、叶、花、果,都给人以强烈的美感享受,使人百看不厌,陶醉其中,其自然美丽的艺术审美趣味是其他任何物品都不能与之相比的。将其放入室内,不但使室内环境富有生机和活力,给人以轻松、愉悦的心情,还能与建筑实体、家具和设备形成对比,以特有的自然美装饰美化室内空间,增强室内环境的视觉表现力。

②改善室内空气质量。室内绿化在调节温度、湿度及净化空气等方面具有不可忽视的作用。植物经光合作用可使室内的氧和二氧化碳达到平衡。同时,通过植物叶子的吸热和水分蒸发可调节室内的气温和湿度,在冬季有利于气温、湿度的保持,在夏季可起到降温隔热作用。树木花草还具有良好的吸音作用,较好的室内绿化能够有效降低噪音,靠近门窗布置的绿化还能有效地阻隔室外噪音的传入。此外,夹竹桃、梧桐、棕榈、大叶黄杨等还可吸收有害气体;松、柏、樟、桉等的分泌物具有杀菌作用,从而达到净化空气、减少空气中含菌量的目的。植物还可吸附大气中的尘埃使空气环境得以净化。

③引导和组织室内空间。利用绿化可以引导、分隔、组织空间,表现在以下几个方面。

第一,对空间的提示与导向。具有观赏性的植物能强烈地吸引人们的注意力,因而常能巧妙而含蓄地起到提示与指向的作用。在空间的出入口、变换空间的过渡处、廊道的转折处、台阶坡道的起止点,可设花池、盆栽作提示,以重点绿化突出楼梯和主要道路的位置。借助有规律的花池、花堆、盆栽或吊盆的线型布置,可以形成无声的空间诱导路线。

第二,对空间的过渡与延伸。将绿化引入室内,使内部空间兼有自然界外部空间的因素,可以更好地形成内外空间的过渡,此外,借助绿化使室内外景色通过通透的围护体互渗互借,可以增加空间的开阔感和变化,使室内有限的空间得以延伸和扩大。

第三,对空间的限定与分隔。建筑内部空间由于功能上的需要常常划分为不同的区域,既要有交通、休息的场所,又要有从事相应活动的空间。利用绿化分隔既保持了各部分不同的功能作用,又不失整体空间的开敞性和完整性,同时还丰富了室内空间的层次感(见图9-45)。

图 9-45 室内绿化

第四,调整和装点室内空间。建筑室内空间有时会存在某些缺陷,而利用绿化植物可以改变室内空间感,分割空旷的室内建筑立面,使人感到其高度和宽度大小比例适宜。绿化还可以装点室内空间。在室内空间中,常有一些空间死角不好利用,这些角落可以用绿化来填充和装点。这样做,不仅使空间更充实,还能打破墙角的生硬感,增添情趣。

第五,柔化空间形象。利用室内绿化中植物特有的曲线、多姿的形态、柔软的质感、悦目的色彩和生动的影子,可以改变人们对建筑空间的冷漠印象并产生柔和情调,从而改善原有空间空旷、生硬的感觉,使人感到气氛宜人和亲切。

第六,增添情趣,陶冶情操。室内绿化形成了具有自然气息的绿化空间,使人们有置身于自然、享受自然风光之感,不论工作、学习、休息,都能心旷神怡,悠然自得,感到无限舒适和愉快。同时,不同的植物种类有不同的枝叶花果和姿色,带给人不同的感受和情趣。

图 9-46 绿化增添情趣,陶冶情操

(2)室内绿化的选择。一般来说,室内绿化的选择和配置要考虑以下几方面的问题。

第一,根据房间的朝向和光照条件选择植物。要选择那些形态优美,装饰性强,季节性不太明显和容易在室内成活的植物。

第二,在选用植物时,要根据不同植物的形态、色彩、造型等表现出的不同性格、情调和气氛进行选择,使植物的陈设和室内要求的环境气氛保持一致。

第三,考虑绿化对空间的组织作用,以弥补或掩盖原建筑空间的不足,从而创造既美观又满足使用需求的室内空间。

第四,根据空间的三维尺寸选择植物。植物的大小应和空间尺度以及家具等陈设品获得良好的比例关系。

第五,根据室内的色调选择植物色彩。

第六,利用不占室内地面面积之处布置绿化。

第七,选择与室外联系较多的地方布置绿化。

第八,绿化植物的养护问题,包括对植物的修剪、绑扎、浇水、施肥等。对悬挂或悬吊植物要注意选择合适的供水和排水方法,避免影响室内环境;还要注意冷气或穿堂风对植物的伤害,特别是观花植物,应予以更多的照顾等。

第九,充分发挥植物的环保功能,避免选用某些散发有毒气体或影响人们身体健康的植物。

第十,注意植物与种植容器的搭配,应按照植物的大小、形状、质地、色彩选择容器,容器花色不宜太过醒目,以免遮掩了植物本身的美。

(3)室内绿化的布局。室内绿化的布局方式是多种多样的,但归纳起来不外乎以下四种形式。

点式:这种绿化是形成独立性的设置,它们往往是室内的景观点,有较强的观赏价值。由于重点突出,因此在选择其形态、质地、色彩等方面要精心。若在旁边放置盆栽最好能置于几架上。吊兰之类应悬挂于空中,使其上下的绿化互相呼应。

线式:这种绿化布置成一字形排列,多适用于划分室内空间。

面式:这种绿化要以体、形、级等突出其前面的景物,因此多数用作背景。它可分为有规则的几何形布局和自由形布局,前者美观耐看,后者灵活自然。

综合式:这是一种点、线、面结合的综合布局方式,也是较多采用的方法,如较大的室内就可利用综合式布局,形成一个室内景园。

2. 室内小品

小品主要是指室内外空间中功能简明、体量小巧、造型别致、带有意境、富于特色的小型艺术造型体。小品内容丰富,在空间环境中具有极强的装饰、美化作用,各类小品在室内外空间中或表达空间的主题,或组织、点缀、装饰、丰富空间内容,或充当小型的使用设施等。

室内小品类型丰富,大可为一个雕塑,小可为一个陈设造型。大型室内小品往往具有强烈的视觉感染力,极易成为视觉中心,因此它的设置应该符合室内空间的性格,体现室内设计的精髓,并和室内空间的尺度相宜。小型的特别是兼有使用功能的小品,需要设计者独具匠心精心选择与配置。

第三节　室外装饰设计

建筑外部装饰设计与室内装饰设计是一个设计的两个部分,两者统一协调,才能构成完美的建筑形象。外部装饰设计是建筑设计的进一步深化和细化,其目的是创造一个良好的室外建筑空间环境。

一、建筑外部装饰设计概述

(一)建筑外部装饰设计内容

建筑外部装饰设计包括建筑外观装饰设计和室外环境设计两部分。建筑外观装饰设计是为建筑创造良好的外部形象,包括建筑外观造型设计、色彩设计、材质设计、建筑局部及细部设计等;室外环境指与建筑主体相关联的外部空间环境,建筑物是室外环境的主体,而其他部分如广场、雕塑、绿化、小品等则是室外环境的辅助设施。

建筑外观装饰设计和室外环境设计是一个有机的整体,外部装饰设计中要统一考虑,协调处理。

(二)建筑外部装饰设计的特征

作为一项相对独立的设计,其特征体现在以下几个方面。

1. 协调性

室外环境设计应从城市环境、室外景观整体出发,服务于建筑造型和室外空间意境及气氛的表现,对建筑起到渲染和烘托作用。建筑装饰设计不能脱离建筑和建筑空间环境而自成体系,应该与建筑及室外环境相协调、融合,成为一个有机的整体。

2. 艺术性

外部装饰设计的目的在于创造一种理想的、具有审美价值的、与视觉特性有关的建筑外部空间形象,因此,装饰设计的过程就是一个艺术创造的过程,也必然要遵循艺术的创作规律,讲究对比、统一、比例、尺度、均衡等。室外装饰设计不同于一般的艺术设计,它与城市规划、建筑、景观、园林有直接的联系,同时也受到文化传统、民族风格、社会思想意识等诸多方面因素的影响和制约。

3. 环境性

环境要素包括光线、形状、设备、设施等,构成了与人的各种关系。设计则是处理、协调人的生理、心理与环境之间的关系。外部装饰设计的实质就是对室外环境的美化处理,使之符合人们的生理特点和心理需求。设计师不仅要研究个体建筑的装饰处理,更需要把个体建筑放到外部环境整体中去,构建协调、统一、完美的室内外空间效果。

(三)建筑外部装饰设计的原则

外部装饰设计涉及到城市规划、建筑设计、装饰设计、景观设计、园林设计等,要遵循以下几项基本原则。

1. 与建筑环境协调统一

建筑外部装饰设计应符合城市规划及周围环境的要求。城市规划对街道两侧建筑布局、建筑设计、色彩等均有总体的要求,这是装饰设计的基本前提;同时,建筑所处的地形、地貌、气候、方位、形状、朝向、大小、道路、绿化及原有建筑都对建筑的外部形象有着极大的影响。

2. 有助于体现建筑的性格

建筑是为满足人们生产生活需要而创造的物质空间环境,不同的建筑有着不同的外观特征。外部装饰设计应结合建筑性格特点,取得室内外设计效果的一致性,增强建筑的可识别性,提高建筑造型的多样性。

3. 反映建筑物质技术

建筑体型和设计受到物质技术条件的制约,建筑装饰设计要充分利用建筑结构、材料的特性,使之成为装饰设计的重要内容。现代新材料、新技术的发展,为建筑外部装饰设计提供了更大的灵活性和多样性,创造出更为丰富的建筑外观形象。

4. 体现时代感

建筑装饰设计与时代发展紧密相连,不同时代有不同的特征。建筑装饰也必然带有浓重的时代特征。随着科学技术的发展,人们的审美观念也在不断提高,因而建筑装饰设计要不断更新自己的思维和知识,创造符合时代特征的设计作品。

5. 符合经济要求

经济合理是建筑装饰设计遵循的基本原则。在保证装饰功能和装饰效果的前提下,降低工程造价是每一位设计人员的职责。

二、建筑外观装饰设计

建筑外部是由许多构件组成的,这些构件包括门窗、墙柱、阳台、遮阳板、雨篷、檐口、勒脚、花饰等。设计就是恰当地确定这些部件的尺寸大小、比例关系以及材料色彩等,并通过形的变换、面的虚实对比、线的方向变化等求得外形的统一与变化。

(一)立面造型处理

建筑形态的特征,主要依赖于它的形状反映出来。形状能够使我们认识和区别对象,在设计中,色彩、质地、尺度等常作为辅助手段,使这一基本特征得到强调。形状是所有形式语汇中最通俗的语汇,世界各文化区域的传统建筑,从千姿百态的屋顶轮廓,到丰富多彩的细部装修,都倾向于用生动的形状来表达。

1. 几何形体

一幢建筑物,不论它的体形怎样复杂,都是由一些基本的几何形体组合而成的,只有在功能和结构合理的基础上,使这些要素能够巧妙地结合成为一个有机的整体,才能具有完整统一的效果。建筑的整体形态可以分解为点、线、面、体几种基本形式。

(1)点。在建筑立面形态构成的概念中,点是指构成建筑立面的最小的形式单位。在建筑的外立面中,建筑的窗洞、阳台、雨篷、入口以及外立面上其他凸起、凹入的小型构件和孔洞等在外墙面上通常显示点的效果。建筑外立面上的点具有活跃气氛、强调重点、装饰点缀等功能,起着画龙点睛的作用。

图9-47所示的苏格兰议会大厦,外墙面上窗户由橡木窗框、金属百叶、甘奈花岗岩等材质组成,窗洞点缀着墙面,在外立面上有着明显的点的效果,使建筑锦上添花,在建筑立面中起到画龙点睛的作用。

(2)线。线是细长的形,与体、面相比,线具有明显的精致感和轻巧感。线型的长短、粗细、曲直、方位、色彩质地的视觉属性所形成的伸张与收缩、雄伟与脆弱、刚强与柔和、拙与巧、动与静等感觉可以在人的心里唤起广泛的联想和不同的情感反应。线有方向性,线的方向可以表示一定的气氛。如水平线的平静、舒展,垂直线的挺拔,斜线的倾斜、动态,曲线的柔美、精致等。

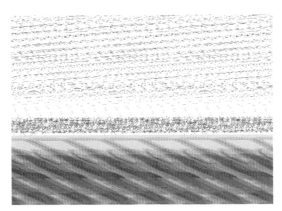

图 9-47　苏格兰议会大厦

建筑外立面中的线的存在形式大致有以下几种：

①实线：线状实体形成的线，它是立体的，有充实的体量感，如梁柱等线形构件、室外墙面上凸出的线脚等。

②虚线：线状空间形成的线，是空间的，如墙面上的凹槽、形体间的缝隙等。

③色彩线：建筑的外立面中以色彩表示的线，是平面的，具有一定的绘画性，装饰感强，如以材料的色彩区别的线、各种粉刷线等。

④光影线：是光和影形成的线，由于光线通常是运动变化着的，因而更具生动感。

⑤轮廓线：体面相交形成的线，如立体转折的棱线、建筑物的边缘线等。

（3）面。面表示物体的外表。它是构成形体空间的基本要素。在建筑中，屋面、墙面、地面、顶棚的表面等，这一系列大大小小的界面展示给观者以范围广阔、包含丰富的视觉图像，建筑形体表面的这种风采各异的展示是建筑物特有的语言表达。

图 9-48 所示的汉斯·夏隆设计的柏林爱乐音乐厅，在结构上拒绝矩形和对称，整个建筑物的内外形都极不规则，周围墙面曲折多变，而大弧度的屋顶面则易让人想起游牧民族的帐篷。

图 9-48　柏林爱乐音乐厅

（4）体。与点、线、面相比，体块具有充实的体量感和重量感，体是在三维空间中实际占有的形体的表达，具有明显的空间感和时空变动感。体量感是体表达的根本特征。在建筑造型设计中经常利用体量感表示雄伟、庄严、稳重的气氛。

建筑形态的基本形式是规则的几何形体。这是因为建筑物是需要大规模就地实施的工程，它要求建筑物的形状尽可能的规则,几何形体准确、规范,符合基本的数学规律,容易施工。

常用的几何形体有:

①方体:方体包括正方体和各种立方体。方体是规则的典范,垂直的转角决定了方体严整、规则、肯定的性格,和便于实施、便于使用的特点。它以一种开放的形式面向四方,便于相互连接,可以向不同方向发展。由于上述种种优点,方体一直是建筑中应用最广泛的形式。

②圆体:圆体可以包括球体、圆柱、圆锥、圆环体、圆弧体等。圆是集中性、内向性的形状,在一般的环境中,它会自然地成为视觉中心。圆体均匀的转折,表现一种连贯的、柔和的动感。

③角体:角体以三角体为代表,可以发展成多边体、棱柱、角锥。三角体的根本特征在于角的指向性,在棱柱、角锥一类形体中斜面与转角都具有明显的方向感。

2. 立面的虚实与凹凸

(1)立面的虚实。建筑立面中"虚"的部分,如窗、空廊等,给人以轻巧、通透的感觉;"实"的部分,如墙、柱、屋面、栏板等,给人以厚重、封闭的感觉。建筑外观的虚实关系主要是由功能和结构要求决定的。充分利用这两方面的特点,巧妙地处理虚实关系可以获得轻巧生动、坚实有力的外观形象。

图 9-49 所示为桢文彦设计的螺旋大厦,将正方体、圆柱、圆锥、球体和网格等元素灵活拼贴在一起,通过空间的凹凸处理使立面呈现出虚实的丰富变化。

图 9-49　桢文彦设计的螺旋大厦

(2)立面的凹凸。由于功能和构造上的需要,建筑外观常出现一些凹凸部分。凸的部分一般有阳台、雨篷、遮阳板、挑檐、凸柱、凸出的楼梯间等,凹的部分有凹廊、门洞等。通过凹凸关系的处理可以加强光影变化,增强建筑物的体积感,丰富立面效果。住宅、宿舍、旅馆等建筑常常利用阳台和凹廊来形成虚实、凹凸变化。

(二)材质

材料质感不同,建筑立面也会给人以不同的感觉。材料的表面,根据纹理结构的粗和细、光亮和暗淡的不同组合,会产生以下四种典型的质地效果。

①粗而无光的表面。有笨重、坚固、大胆和粗犷的感觉。

②细而光的表面。有轻快、平易、高贵、富丽和柔弱的感觉。

③粗而光的表面。有粗壮而亲切的感觉。

④细而无光的表面。有朴素而高贵的感觉。

材料质感的处理包括两个方面,一方面是利用材料本身的特性,如大理石、花岗岩的天然纹理,金属、玻璃的光泽等;另一方面是人工创造的某种特殊的质感,如仿石饰面砖、仿树皮纹理的粉刷等。

(三)色彩

建筑立面的色彩设计主要包括墙体、地面、入口、门窗、屋顶、细部等几个部分,并考虑几个部分之间的色彩关系。

1. 墙体

墙体在建筑立面中占有很大的比重,所以,墙体的颜色很自然成为建筑的主色调。墙体的颜色应注意与周边环境的色彩相衬托,并考虑建筑的功能(见图 9-50)。

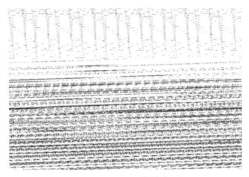

图 9-50　建筑墙体色彩

墙面的色彩设计可以分为明暗型、单色型和彩色型。

明暗型是指无彩色的黑白灰,黑白灰分明的明暗层次给人以丰富和条理清晰的感觉。明暗型很容易与各种色彩的建筑环境匹配,在浓艳的色彩环境中,明暗型具有群体调节作用和自身强调作用。明暗型倾向于表现庄严、朴素的气氛。

单色型是指墙体采用单色调或单一色调配以无彩色的类型。单色型具有单纯鲜明的造型效果,如米黄色、蓝色、淡绿色等。单色型由于明暗、色调的差别可以形成丰富的变化,是建筑立面色彩造型中应用最为普遍的一种。

彩色型是指墙体采用不同的色彩,具有丰富多变的效果。在色彩设计时应注意不同色彩之间的协调,注意色彩面积对色彩协调的影响。在墙体上大面积采用高纯度的颜色容易使人感到疲劳,而大面积地使用低明度色彩又会使人感觉沉闷,以选用明度高、纯度低的色彩为宜。色彩种类不宜过多,否则容易产生杂乱无章的不和谐感。

2. 入口

正确处理入口与整个建筑的色彩关系,可以使用调和色或同类色等达到一种整体美,也可以使用对比色来达到突出入口的目的。各种建筑由于功能不同,入口色彩的使用也多种多样。政府办公楼、金融类建筑表现的是一种稳重、大方的感觉,因此,色彩一般都使用浅灰、灰等一些素雅的色调(见图 9-51);而宾馆、餐厅等一些需要表达与人的亲和感的建筑,色彩会选用乳白、红、黄等一些温馨的色调(见图 9-52)。

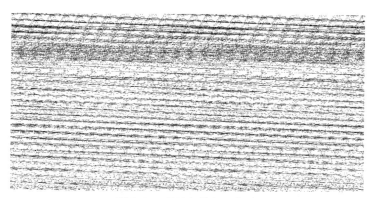

图 9-51　行政机关入口色彩

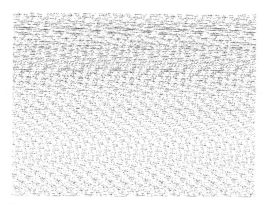

图 9-52　利顺德饭店入口

3. 门窗

墙体上门窗洞的形状、分布和色彩影响着建筑立面的构图。门窗的色彩造型可以使用以下几种方法：

(1)在门窗的局部构件上使用不同的色彩。

(2)直接使用构成门窗的各种颜色的玻璃,形成建筑立面丰富的色彩变化。

(3)使用彩色玻璃和彩色墙面配合,共同创造建筑立面、营造室内彩色光线的效果。

4. 地面

一般情况下建筑地面的色彩不引人注目,通常自然地与建筑物区分。但在可供人们观赏和停留时间较长的地方,地面的色彩设计就具有非同一般的意义。在人们休息逗留的广场,地面的色彩造型常设计成优美的图案,使人赏心悦目。在道路的交界和入口附近的地面上,常用标志性的色彩图为人们指引方向。

5. 屋顶

屋顶也是建筑具有表现力的元素之一。建筑屋顶的轮廓是通过屋顶与天空的色彩对比显示出来的。天空一般呈现冷色调,也是室外最明亮的部位。当屋顶的色彩采用低明度时,与天空形成明暗对比,有利于表达屋顶的轮廓线,使建筑的上部形象清晰。屋顶采用暖色调时,与天空形成色彩的冷暖对比,有利于加强建筑的鲜明感。在设计屋顶的色彩时,还应注意屋顶与其他建筑构件的关系,这样有利于形成建筑立面的整体感。

三、室外环境设计

(一)绿化景观设计

绿化植物是建筑外部景观设计中的关键要素,是美化环境的重要手段,具有净化空气、调节和改善小气候、除尘、降噪等功效。绿化景观设计见图 9-53。

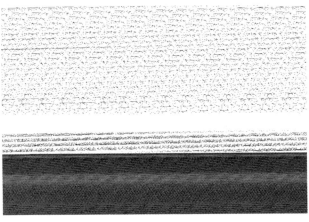

图 9-53　绿化景观设计

1. 绿化景观设计基本原则

(1)尊重自然原则。保护自然景观资源和维持自然景观生态过程及功能,是保持生物多样性及合理开发利用资源的前提,是景观持续性的基础。因此,因地制宜地结合当地生物气候、地形地貌进行设计,充分使用当地建筑材料和植物材料,尽可能保护和利用地方性物种,保护场地和谐的环境特征与生物的多样性。

(2)景观美学原则。突出景观的美学价值,是现代景观设计的重要内涵。绿化设计必须遵循对比衬托、均衡匀称、色调色差、节奏韵律、景物造型、空间关系、比例尺度、"底、图"转化、视差错觉等美学原则,创作出赏心悦目,富有审美特征又具精神内涵的自然景观。

2. 绿化景观设计形式

(1)规则式。规则式是指景园植物成行成列等距离排列种植,或作有规则的重复,或具规整形状,多使用植篱、整形树、模纹景观及整形草坪等。花卉布置以图案式为主,花坛多为几何形,或组成大规模的花坛,草坪平整而具有直线或几何曲线型边缘等。规则式常有明显的对称轴线或对称中心,树木形态一致,或人工整形,花卉布置采用规则图案。规则式景观布置具有整齐、严谨、庄重和人工美的艺术特色。

(2)自然式。自然式是指植物景观的布置没有明显的轴线,各种植物的分布自由变化,没有一定的规律性。树木种植无固定的株行距,形态大小不一,充分发挥树木自然生长的姿态,不求人工造型。充分考虑植物的生态习性,植物种类丰富多样,以自然界植物生态群落为蓝本,创造生动活泼、清幽典雅的自然植被景观,如自然式丛林、疏林草地、自然式花池等。

(3)混合式。混合式是规则式与自然式相结合的形式,通常指群体植物景观(群落景观)。混合式植物造景吸取了规则式和自然式的优点,既有整洁清新、色彩明快的整体效果,又有丰富多彩、变化无穷的自然景色。

（二）室外小品设计

在景观设计中，根据环境功能和空间组合的需要，合理选择和布置景观建筑小品，都能获得良好的景观艺术效果。室外建筑小品是构成建筑外部空间的必要元素，是一种功能简明、体积小巧、造型别致、带有意境、富有特色的建筑部件。它们的艺术处理、形式美的加工，以及同建筑群体环境的巧妙配置，都可构成一幅幅颇具鉴赏价值的画卷，形成优美的景观小品，起到丰富空间、美化环境的作用，并具有相应的使用功能。

1.建筑小品的种类

建筑小品主要是指岸边适当位置点缀的亭、榭、桥、架等，设置古朴精致的花架，空挑出一系列高低错落的亲水平台，进一步增加水体空间景观内容和游憩功能。根据其功能特点大致可以分为两大类：即兼使用功能的建筑小品和纯景观功能的建筑小品。

（1）兼使用功能的室外建筑小品。兼使用功能的建筑小品主要指具有一定实用性和使用价值的环境小品，在使用过程中还体现出一定的观赏性和装饰作用（见图9-54）。包括：交通系统类景观建筑小品、服务系统类建筑小品、信息系统类建筑小品、照明系统类建筑小品、游乐类建筑小品等。

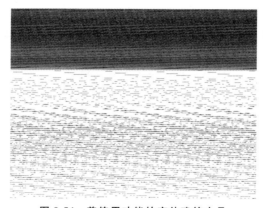

图9-54　兼使用功能的室外建筑小品

（2）纯景观功能的建筑小品。纯景观功能的建筑小品指本身没有实用性而纯粹作为观赏和美化环境的建筑小品，如雕塑、石景等（见图9-55）。这类建筑小品虽没有使用价值，却有很强的精神功能，可丰富建筑空间，渲染环境气氛，增添空间情趣，陶冶人们的情操，在环境中表现出强烈的观赏性和装饰性。

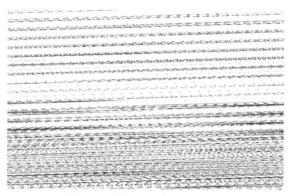

图9-55　纯景观功能的建筑小品

另外,按照其艺术形式分类可以分为具体景观建筑小品和抽象景观建筑小品等。

2. 景观建筑小品设计原则

作为外部空间构成的重要元素,景观建筑小品的设计应以总体环境为依据,充分发挥其作用,创造丰富多彩的空间环境。

(1)设置应满足公共使用的心理行为特点,小品的主题应与整个环境的内容一致。

(2)造型方法符合形式美的原则,要考虑外部环境的特点和设计意图,切忌生搬硬套。

(3)材料选择、安装要考虑环境和使用特点,防止产生危害、变形、退色等,以免影响整体环境效果。

(三)室外水体设计

在室外景观设计中,重视水体的造景作用,处理好园林植物与水体的景观关系,不但可以营造引人入胜的景观,而且能够体现出优美的风姿。景观中的水体有两种,一是自然状态下的水体,如湖泊、池塘、溪流、瀑布等;另一种是人工水景,如各种喷泉、水池等。由水景的存在形态可分为静态水景和动态水景。

1. 室外水体的设计

(1)静态水景。静态水景指水体运动变化比较平缓、水面基本保持静止的水景(见图9-56)。静态水景具娴静淡泊之美,形成镜面效果,产生丰富的倒影。静态水景通常以人工池塘等形式出现,并结合驳岸、置石、亭廊花架等元素形成丰富的空间效果。

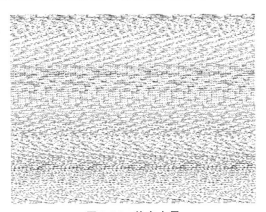

图 9-56 静态水景

(2)动态水景。动态水景由于水的流动产生丰富的动感,营造出充满活力的空间氛围(见图9-57)。现代水景设计通过人工对水流的控制(如排列、疏密、粗细、高低、大小、时间差等)并借助音乐和灯光的变化产生视觉上的冲击,进一步展示水体的活力和动态美。动态水景根据造型特点不同,可以分为喷泉、涌泉、人工瀑布、人工溪流、壁泉、迭水等。

2. 水景设计的原则

在进行水景设计时,要注意以下几点:

(1)水景形式要与空间环境相适应。根据空间环境特点选择设计相应的水景形式,如广场体现热烈、欢快的气氛,适宜喷泉;居住区需要宁静的环境,适合溪流、迭水等。

(2)水景的设计尽量利用地表水体或采用循环装置,以节约资源,重复使用。

(3)水景的设计要结合其他元素,如山石、绿化、照明等,以产生综合的效果。

（4）注意水体的生态化，避免出现"死水一潭"或水质不良的情况。

图 9-57　动态水景

（四）铺装设计

地面铺装是指使用各种材料对地面进行铺砌装饰（见图 9-58），包括各种园路、广场、活动场地、建筑地坪等。作为景观空间的重要界面，它和建筑、水体、绿化一样，是景观艺术的重要内容之一。

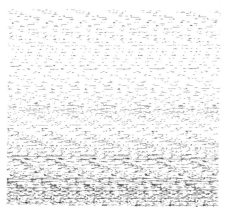

图 9-58　地面铺装设计

1. 道路铺装作用

铺装是为了人行或开展活动的需要而装饰的，其目的是为了保护地面，防止雨水冲刷、人为践踏磨损；人行舒适，不滑、不崴脚、不积水；引导步行者能达到目的地；对环境空间能起到统一或分割的作用；质地如何、砌块大小、拼装的花纹能起到装饰作用。

2. 铺装元素

景观设计中铺装材料很多，但都要通过色彩、纹样、质感、尺度和形状等几个要素的组合产生变化。根据环境不同，可以表现出风格各异的形式，从而形成变化丰富、形式多样的铺装，给人以美的享受。

色彩是兴趣表现的一种手段，暖色调热烈、兴奋，冷色调则素雅、幽静。明快的色调让人清新愉悦，灰暗的色调则使人沉稳宁静。因此，在铺装设计中有意识地利用色彩变化，可以丰富和加强空间的气氛。

铺装设计中,纹样起着装饰路面的作用,以其多种多样的图案纹样来增加景观特色。

质感是人通过视觉和触觉而产生的对材料的真实感受。铺装的美,在很大程度上要依靠材料质感的美来体现。

铺装的形状是通过平面构成要素中的点、线、面得以体现的,如乱石纹、冰裂纹等,使人联想到郊野、乡间,具有自然、朴素感。

3. 铺装的设计方法

第一,铺装的基础和面层使用的关键做法是依当地的气候、土质、地下水位高低、坡度大小、路面承重要求而定。使用上要求严格,或条件较差的地区铺装的基础要较厚;其面层也要能经受高温或严寒的侵害。

第二,块状铺装的接缝影响工程质量和美观。以方块整形砖铺装曲线的路面或不规则的广场时,在边缘处要铺一些异形砖,填满填齐,铺装时要注意平整均匀和整体效果。道路拐弯处、宽窄路面相接处或两种砖块大小不一的接缝处要有一定的设计,事先定点放线安排好图形。

第三,用不同彩色砖或不同颜色卵石在路面上或广场上铺成花纹,是显得细腻、讲究的做法。花纹的平面造型要与周围的环境相衬,地形、场合、室内外都应有区分。

第十章 建筑测绘

第一节 建筑测绘概述

一、建筑测绘的含义与类型

(一)建筑测绘的含义

现代建筑的设计和建造过程,从方案设计阶段开始,经初步设计阶段,至施工图设计阶段设计工作告一段落,施工图设计完成后交付施工单位建造,最终建成成品建筑。这一过程,称为建筑的正向建造过程。建筑测绘则是建筑的正向建造过程的逆向推导,是对已建成建筑的资料性反求过程。

建筑测绘的对象是已经建成的建筑。它的成果由图本和文本两部分组成,图本部分包括建筑测绘图与建筑影像资料;文本部分即建筑考察报告。实际上,建筑测绘就是对已建成建筑的资料性反求过程,是从已建成的建筑实物反求建筑设计图及原始建造过程的工作,其测绘成果的建筑测绘图部分采用的也是现代建筑设计的图式语言表达模式。建筑测绘流程示意图见图10-1。

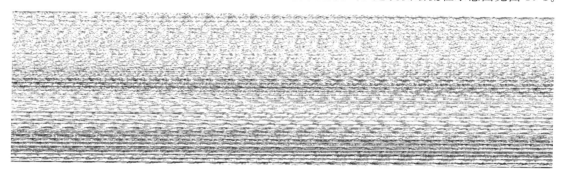

图 10-1　建筑测绘流程示意图

(二)建筑测绘的类型

关于建筑测绘的类型,《古建筑测绘学》一书言:"古建筑测绘的类型是依据测绘工作的精确度来划分的。而精确度的高低是根据测绘工作的目的不同来调整的。总体来说,古建筑测绘有两种基本的类型:精密测绘是为了建筑物的维修或迁建而进行的测绘……法式测绘就是通常为建立科学记录档案所进行的测绘。"①

可见,该书按建筑测绘的目的及由此决定的测绘工作的精确度,将建筑测绘划分为"精密测绘"与"法式测绘"两种类型。

从严谨的学术层面剖析,"精密测绘"与"法式测绘"的主要区别只是位于建筑不同部位的同

---

① 林源.古建筑测绘学.北京:中国建筑工业出版社,2003

类构件是全部测绘,还是选择其中的代表性构件测绘并推及其他部位的同类构件,至于构件本身的测绘精确度要求则应当是完全相同的。

二、常用测绘工具

(一)水准仪

水准仪(见图 10-2)是用来进行水准测量的仪器,辅助工具有水准尺、三角架和尺垫等。仪器安置时,须通过整平,保证望远镜的视准轴水平,然后瞄准前后两个水准尺,读前后视读数(见图 10-3),计算高差和高程。

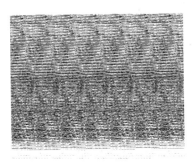

图 10-2　水准仪

图 10-3　水准仪的调整
;(b)

(二)经纬仪

经纬仪(见图 10-4)主要用于测量水平角和竖直角,分为游标经纬仪、光学经纬仪和电子经纬仪。角度测量前,除必须整平外,还需要对中,也就是使测站点标志和仪器的竖轴在同一铅垂线上。

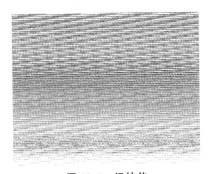

图 10-4　经纬仪

（三）大平板仪

大平板仪（见图 10-5）由基座、图板、照准仪、对点器、圆水准器、定向罗盘和复式比例尺组成，可用于角度测量、视距测量，在精度要求不高的情况下，配合其他仪器进行导线测量。

图 10-5　大平板仪

（四）电磁波测距仪

古建筑测绘中常用到手持式激光测距仪测距。以徕卡 DISTO 系列产品为例，图 10-6 是徕卡公司生产的 D11000 红外相位式测距仪，不带望远镜，发射光轴和接收光轴是分立的，仪器通过专用连接装置安装到徕卡公司生产的光学经纬仪或电子经纬仪上。

图 10-6　电子测距仪

（五）电子全站仪

电子全站仪是集距离测量、角度测量、高差测量、坐标测量于一体的测量设备（见图 10-7）。全站仪的基本功能是测量水平角、竖直角和斜距,借助于机内固化的软件,可以组成多种测量功能。

图 10-7　电子全站仪

（六）罗盘仪

罗盘仪（见图 10-8）是测定直线磁方位角的仪器,构造简单,使用方便,但精度不高,外界环境对仪器的影响较大。罗盘仪的主要部件有磁针、刻度盘、望远镜和基座。

图 10-8　罗盘仪

三、测量工作的基本原则

不论采用何种手段、使用何种仪器,测量值与实际值都存在差异。为了防止测量误差积累和及时发现错误,要求测量工作遵循在布局上"从整体到局部"、在精度上"由高级到低级"、在程序上"步步检核"、在次序上"先控制后细部"的原则。

如图 10-9 所示,在实际测量时,应先在测区范围内选择若干个具有控制意义的点（A、B、C、D、E、F）,作为控制点,用较严密的方法、较精密的仪器测定这些控制点的平面位置和高程,然后根据这些控制点观测周围的地物和地貌的征点。这样可以控制测量误差的大小和传递的范围,使整个测区的成果精度均匀。

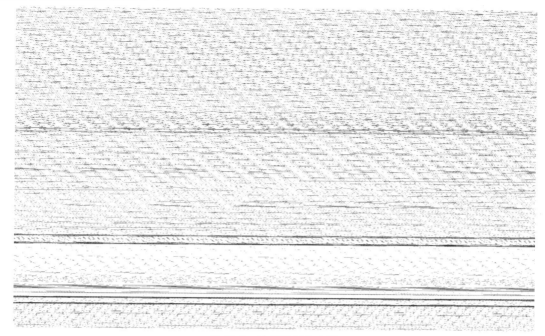

图 10-9　控制测量示意图

第二节　古建筑测绘

一、常用的测绘工具与仪器

（一）测量工具

常用手工测量工具（见图 10-10）包括以下几种：距离测量最常用的工具皮卷尺、钢卷尺、小钢尺；在测量中找水平线（面）及铅垂线（面）时的工具水平尺、垂球和细线；角尺。

图 10-10　测量工具

（二）测量仪器

常用测量仪器有手持式激光测距仪、激光标线仪、水准仪、经纬仪、平板仪、全站仪、罗盘仪等，用于总图测量和单体建筑控制性测量。全站仪、数字相机、数字化近景摄影测量工作站等组成近景摄影测量系统。三维激光扫描仪，可快速获取测量对象的空间坐标数据，生成点云模型，据此可形成三维模型和正射影像和线划图等成果。

二、古建筑测绘工作分级

分级的目的在于提供一个评估测绘工作深度的粗线条框架。测绘者在提交的测绘成果中应声明测绘的等级，以便真实地向测绘成果使用者传递信息。按测量的对象范围可将古建筑的测绘工作划分为以下三级。

（一）全面测绘

从工作深度和范围而言，这是最高级别的测绘。它要求对古建筑进行整体控制测量，并测量所有不同类别构件及其空间位置关系，尤其是对结构性的大木构件，要进行全面而详细的勘察和测量。

（二）典型测绘

这一级测量在对古建筑进行控制测量上与全面测绘要求基本相同，但测量范围并不覆盖到所有构件或部位，只选测其中一个或几个"典型构件（部位）"。不过测量范围要覆盖所有类别的构件或部位，不能有类别上的遗漏。

（三）简略测绘

测量工作深度如未能达到典型测绘的标准，都应属于简略测绘。有时进行古建筑调查时，限于时间和人力、物力条件不足，可临时采用这一等级的测绘。

三、古建筑测绘工作的一般流程

（一）建筑单体测绘流程

利用传统手工测量手段，对一座单体建筑进行测绘，大体经历准备、勾画草图、测量、整理数据、制图、校核、成图、存档等阶段。图10-11是一个典型的单体建筑测绘流程图，借此可大致了解整个测绘工作的概貌。

（二）关于总图测绘流程

由2～3人组成单独的总图组，使用水准仪、经纬仪、平板仪、全站仪或全球定位系统等测量仪器，对建筑组群进行测绘，一般包括总平面图和总剖面图，有时需绘制群体立面表现图或鸟瞰透视图等。测绘一般经过踏勘选点、控制测量、碎部测量、制图、核对等环节。

图 10-11　单体建筑测绘流程

第三节　近代建筑测绘

　　传统建筑测绘方法是行之有效的建筑测绘方法，多年来已经积累了丰富的工作经验，创立了有效的工作模式，取得了丰硕的测绘成果，但是也存在许多亟须改进的问题，测绘工具陈旧即为其一。近代以来，随着测绘技术的不断发展，测绘工具有了进一步的更新和改进，从而使测绘技术更加完善。以开平塘口镇自力村永安居庐为例来分析近代建筑的测绘。

　　永安居庐建于村外，东侧是三层住宅蕴光庐，二庐并列，平面尺寸与高度基本相同，北面是五层碉楼永庆楼。

　　自力村永安居庐是三层平屋顶住宅建筑，室内外均为混水墙刷白色灰浆，外檐所有的外窗均为钢板窗，窗内有铁制防护栏，一层东西两樘入口大门仍为挡笼门，但已改用铁制挡笼门。永安居庐二层屋顶南侧是宽敞的屋顶平台，三层后退，仅占建筑的北半部分，二、三层四角建有圆形平面燕子窝。

　　与建造于村内的锦江里黄宅相比，永安居庐增加了燕子窝、射击孔等碉楼建筑构成要素，防御性明显增强。此外，永安居庐西方建筑构成要素的份额亦已增大，但是其基本建筑模式仍为传统民居建筑模式。

　　永安居庐的图本测绘成果包括一层平面图、二层平面图、三层平面图、屋顶平面图、南立面图、北立面图、东立面图、西立面图、A—A 剖面图、B—B 剖面图，以及东南面透视图与西南面鸟瞰图，如图 10-12～图 10-23 所示。

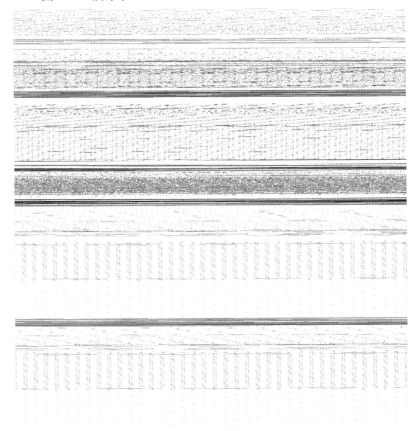

图 10-12　一层平面图

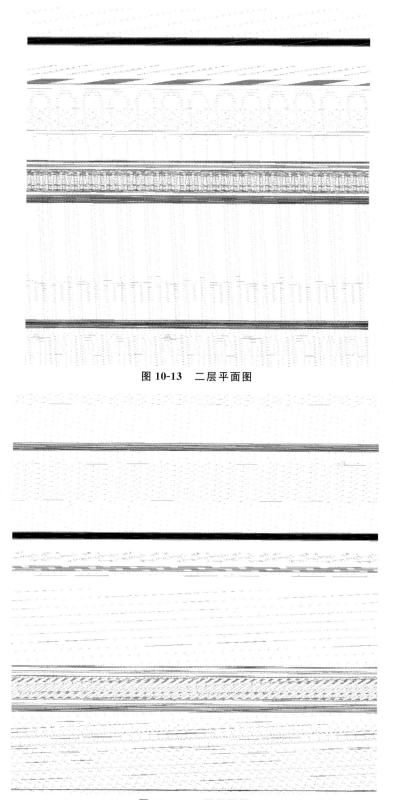

图 10-13 二层平面图

图 10-14 三层平面图

图 10-15　屋顶平面图

图 10-16　南立面图

图 10-17　北立面图

图 10-18　东立面图

图 10-19 西立面图

图 10-20 A—A 剖面图

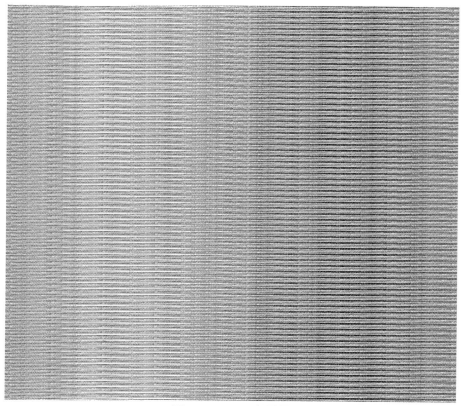

图 10-21　B—B 剖面图

图 10-22　东南面透视图

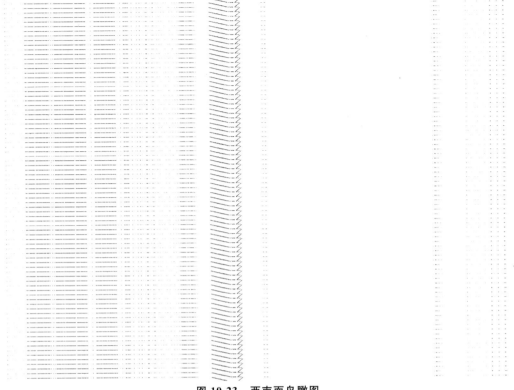

图 10-23　西南面鸟瞰图

参考文献

[1] 钱坤,吴歌. 建筑概论[M]. 北京:北京大学出版社,2010.

[2] 李小华,何仲良. 建筑概论[M]. 北京:化学工业出版社,2013.

[3] 黎志涛. 建筑设计方法[M]. 北京:中国建筑工业出版社,2010.

[4] 林连玉,胡正凡. 环境心理学[M]. 北京:中国建筑工业出版社,2000.

[5] 阮宝湘. 人机工程基础及应用[M]. 北京:机械工业出版社,2005.

[6] 来增祥,陆震纬. 室内设计原理[M]. 北京:中国建筑工业出版社,1996.

[7] 刘盛璜. 人体工程学与室内设计[M]. 北京:中国建筑工业出版社,1997.

[8] 田云庆,胡新辉,程雪松. 建筑设计基础[M]. 上海:上海人民美术出版社,2006.

[9] 杨青山,崔丽萍. 建筑设计基础[M]. 北京:中国建筑工业出版社,2011.

[10] 季雪. 建筑文化与设计[M]. 北京:中国建筑工业出版社,2013.

[11] 张青萍. 建筑设计基础[M]. 北京:中国林业出版社,2009.

[12] 牟晓梅. 建筑设计原理[M]. 哈尔滨:黑龙江大学出版社,2012.

[13] 朱瑾. 建筑设计原理与方法[M]. 上海:东华大学出版社,2009.

[14] 骆宗岳,徐友岳. 建筑设计原理与建筑设计[M]. 北京:中国建筑工业出版社,1999.

[15] 田学哲. 建筑初步[M]. 北京:中国建筑工业出版社,1999.

[16] 陈眼云,谢兆鉴,许典斌. 建筑结构造型[M]. 广州:华南理工大学出版社,1985.

[17] 中国建筑职业网. 建筑结构[M]. 北京:中国建筑工业出版社,2006.

[18] 冯美宇. 建筑设计原理[M]. 武汉:武汉理工大学出版社,2007.

[19] 童霞,李宏魁. 建筑装饰基础[M]. 北京:机械工业出版社,2010.

[20] 朱向军. 建筑装饰设计基础[M]. 北京:机械工业出版社,2011.

[21] 梁雯. 建筑装饰[M]. 北京:中国水利水电出版社,2010.

[22] 李宏. 建筑装饰设计[M]. 北京:化学工业出版社,2010.

[23] 沈福煦. 建筑概论[M]. 上海:同济大学出版社,1994.

[24] 侯幼彬,李婉贞. 中国古代建筑历史图说[M]. 北京:中国建筑工业出版社,2002.

[25] 罗小未,蔡婉英. 外国建筑历史图说[M]. 上海:同济大学出版社,1988.

[26] 建筑设计防火规范(GB 50016—2006)[S]. 北京:中国建筑工业出版社,2006.

[27] 高层民用建筑设计防火规范(GB 50045—1995)[S]. 北京:中国建筑工业出版社,2005.

[28] 建筑防火设计规范图示. 国家建筑标准设计图集 05SJ811.

[29] 高层建筑防火设计规范图示. 国家建筑标准设计图集 06SJ812.

[30] 建筑内部装修设计防火规范(GB 50222—1995)[S]. 北京:中国建筑工业出版社,2005.

[31] 建筑模数协调统一标准(GBJ 2—1986)[S]. 北京:中国建筑工业出版社,1986.

[32] 建筑抗震设计规范(GB 50011—2001)[S]. 北京:中国建筑工业出版社,2001.

[33] 田学哲. 建筑初步[M]. 北京:中国建筑工业出版社,1980.

[34] 黄音,兰定筠,孙继德. 建筑结构[M]. 北京:中国建筑工业出版社,2010.

[35]杨子江．建筑结构[M]．武汉：武汉理工大学出版社,2012.

[36]钱健,宋雷．建筑外环境设计[M]．上海：同济大学出版社,2000.

[37]彭一刚．建筑空间组合论[M]．北京：中国建筑工业出版社,1983.

[38]刘文军,韩寂．建筑小环境设计[M]．上海：同济大学出版社,2000.

[39]沈福熙．建筑设计手法[M]．上海：同济大学生出版社,2000.

[40]黄为隽．建筑设计草图与手法[M]．哈尔滨：黑龙江科学技术出版社,1995.

[41]严翠珍．建筑模型[M]．哈尔滨：黑龙江科学技术出版社,1999.

[42]童鹤龄．建筑渲染[M]．北京：中国建筑工业出版社,1998.

[43]张伶伶．建筑设计基础[M]．哈尔滨：哈尔滨工业大学出版社,2008.

[44]鲍家声．建筑设计教程[M]．北京：中国建筑工业出版社,2009.

[45]郑曙旸．环境艺术设计[M]．北京：中国建筑工业出版社,2007.

[46]亓萌,田轶威．建筑设计基础[M]．杭州：浙江大学出版社,2009.

[47]邢双军．建筑设计原理[M]．北京：机械工业出版社,2012.

[48]席跃良．环境艺术设计概论[M]．北京：清华大学出版社,2006.

[49]李延龄．建筑设计原理[M]．北京：中国建筑工业出版社,2011.

[50]陈冠宏,孙晓波．建筑设计基础[M]．北京：中国水利水电出版社,2013.

[51]周一鸣,李建伟．建筑装饰设计[M]．北京：中国水利水电出版社,2010.

[52]焦涛,李捷．建筑装饰设计[M]．武汉：武汉理工大学出版社,2010.

[53]民用建筑设计通则(GB 50352—2005)[S]．北京：中国建筑工业出版社,2005.

[54]刘育东．建筑的涵意[M]．北京：清华大学出版社,1999.

[55](美)爱德华·T·怀特著;林敏哲,林明毅译．建筑语汇[M]．大连：大连理工大学出版社,2001.

[56]杨秉德,于莉,杨晓龙．数字化建筑测绘方法[M]．北京：中国建筑工业出版社,2011.

[57]王其亨．古建筑测绘[M]．北京：中国建筑工业出版社,2006.